本项目得到中国科学院自然科学史研究所、
中国科学技术史学会传统工艺分会支持

中国手工艺

Chinese Handicraft

华觉明 李绵璐 主编

营造

Traditional Chinese Construction Craft

安沛君 杨瑞 著

中原出版传媒集团
大地传媒

大象出版社
·郑州·

图书在版编目(CIP)数据

营造／安沛君，杨瑞著.— 郑州：大象出版社，2015.4

(中国手工艺／华觉明，李绵璐主编)

ISBN 978-7-5347-8034-9

Ⅰ.①营… Ⅱ.①安… ②杨… Ⅲ.①古建筑—建筑艺术—中国 Ⅳ.①TU-092.2

中国版本图书馆 CIP 数据核字(2015)第 054307 号

中国手工艺

华觉明　李绵璐　主编

营造

安沛君　杨　瑞　著

出 版 人　王刘纯
责任编辑　郭一凡
责任校对　安德华　牛志远　裴红燕
书籍设计　王晶晶

出版发行　大象出版社(郑州市开元路 16 号　邮政编码 450044)
发行科　0371-63863551　总编室　0371-65597936
网　　址　www.daxiang.cn
印　　刷　郑州新海岸电脑彩色制印有限公司
经　　销　各地新华书店经销
开　　本　787mm×1092mm　1/16
印　　张　20.5
字　　数　261 千字
版　　次　2016 年 4 月第 1 版　2016 年 4 月第 1 次印刷
定　　价　65.00 元

印厂地址　郑州市文化路 56 号金国商厦七楼
邮政编码　450002　电话　0371-63944233

与手工艺同行

（总序）

手艺具有实用的品格、理性的品格和审美的品格。

手艺是人性的、个性的、能动的和永恒的。

手艺的这些本质特征，决定了它蕴有重要的民生价值、经济价值、学术价值、艺术价值和人文价值。

中国是世所公认的手工艺大国。所有出土和传世的人工制作的文物、古建筑和古代工程，都是传统技艺的产物。只此一端，可见手工艺在中华文明的发展历程中曾起过何等重大的作用。

在现实生活中，锄、镰、斧、凿、桌、椅、床、柜、油、盐、酱、醋、纸、墨、笔、砚、青瓷、紫砂、刺绣、织锦、草编、竹编、木雕、玉雕、剪纸、年画、灯彩、风筝、金箔、银饰仍广泛使用，为人们所喜闻乐见。随着现代化程度的提升和生活水平的提高，手艺制品和手艺活动将有更大的拓展空间，从而凸现其现代价值和在维护文化多样性、保持民族特质方面的重大作用。

手艺乃国之瑰宝。

手艺的保护和振兴是我国现代化建设的题中应有之义。

请珍爱手艺，与手艺同行！

华觉明

2007 年 9 月 20 日

目录

第一章

中国传统建筑概览

在中国古代建筑历史上，一代代能工巧匠和各族人民用智慧和勤劳创造出无数巧夺天工的建筑作品，并推动着建筑技术不断向前发展。从单幢房屋的材料结构到建筑组群的等级序列再到整个城市的选址布局，从屋面造型、飞檐翼角、梁柱栏枋到装饰装修以及园林造景，无不体现着中华文化的博大精深以及传统营造技艺的高超、精湛。在长期的建筑实践中，华夏民族特有的整体布局方式、木构架梁柱体系、砖石工艺体系等技术类型，形成了中国古代建筑的典型风格，其演变过程成为整个中国古代建筑史乃至世界建筑史上最辉煌灿烂的篇章。

1. 对院落空间的纯熟运用

中国传统建筑以群体组合见长，其中特别擅长于运用院落空间的组合手法来达到各类建筑的不同使用要求和精神目标。用单体建筑围合成院落，由若干院落组成建筑群，利用单体建筑的体量大小和在院中所居位置来区别尊卑内外，各个院落的空间尺度加以变化和对比，以产生不同气氛，这种院落式的组群布局是中国古代建筑的一个突出特点（图 1）。

图 1　北京紫禁城建筑组群

所谓“院落”并不仅仅指由建筑围合成的一块空地，更重要的是建筑和这个院落之间的交流使院落成为整组建筑的灵魂。稍加留意，我们可以发现中国传统生活中很多重要的活动都是在院落中进行，大到皇帝登基大典，小到普通人家的日常起居，都以院落为主。图 2 是中国传统合院式住宅的剖面示意图。从这张图中可以看到，整组建筑以院落为中心，所有的建筑对外几乎完全封闭，不开窗或只开很小的窗，对内部院落则开敞通透，使得建筑室内和院落之间在视觉、听觉、嗅觉上存在密切的接触。院落不仅是整组建筑的几何中心，也成为整组建筑的精神中心。

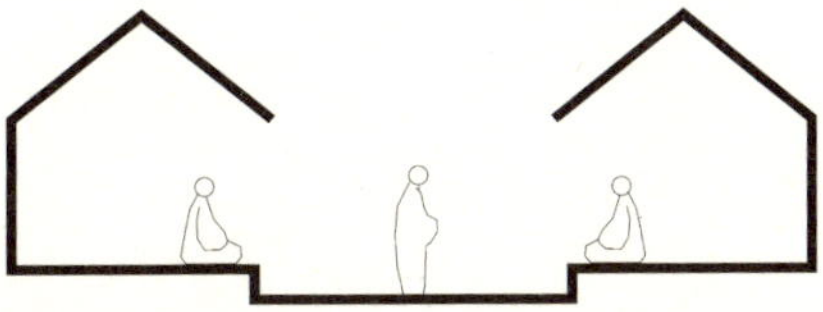
图 2 院落空间剖面示意

同西方传统建筑相比较，我们可以这样说，西方传统建筑是以房间为元素，组织一座建筑的内部空间；而中国传统建筑则是以单体建筑为元素来组织一个建筑群所构成的外部空间。因此，中国古代认为建造单体建筑的只能称为“匠人”，而对整组建筑群进行谋篇布局的才能算作“主人”。

留意中国传统建筑，会发现在优美的比例和精巧的木构之外，建筑群体以及建筑和环境之间形成的外部空间关系才是最能打动人心的地方。

2. 木结构为主

木构架是中国传统建筑屋顶和屋身部分的骨架，传统的建筑平面构成一般都是以“柱网”或“屋顶结构”的布置方式来表示的，平面的形状大小，简单地用“间”或“架”的数量即可表示出来，这和建筑的“标准化”“模数制”有关。 建造房屋时，只要确定了建筑形制、规模，即可按照规定的“材”“分”组织施工。“模数制”可以通过口诀在工匠间传播，不需绘图即可设计房屋，预制构件，这是中国木构建筑宜于大量而快速组织设计和施工的重要原因之一。从建筑群组来看，它可以选择不同等级的材，来表现建筑群中的主次关系，这对于中国这样一个以伦理性文化为特点的国家，要求在建筑群中个体建筑有不同尺度的配置关系，得到了很好的满足。

木构架的主要类型有抬梁式、穿斗式两种。由此体系而派生出以下特点：

（1）**重视台基**

为防止木柱根部受潮（包括土墙）需台基高出地面。台基的高低与形式逐渐成为显示建筑物等级的标志。如王府台基高度有规定、太和殿用三层须弥座汉白玉台基等。

（2）**屋身灵活**

由于墙不承重，可以任意设置或取消，可亭可仓可室可厅，墙体可厚可薄，开窗可大可小，以适应各种不同的使用要求与气候。

（3）**屋顶呈曲线或曲面**

“上欲尊，而宇欲卑，吐水疾而溜远。”屋顶以举折或举架形成上陡下缓的坡度曲线，以取得屋面雨水以最快的速度下注而远离屋身。檐部平缓又取得“反宇向阳”多纳日照的好处。中国建筑的曲线坡屋顶有如建筑的冠冕优美而实惠。屋角起翘，“如鸟斯革、如翚斯飞”。

（4）**重要建筑使用斗拱**

在砖瓦被大量应用于建筑之前，墙体多以夯土筑成，防水要求很高，因此，屋檐出挑尽量深远，以保护墙体不受雨水侵蚀。斗拱的作用就在于承托出挑的屋檐。明代之后，随着砖瓦在建筑上的大量采用，屋檐已无须出挑很多，因此斗拱的结构功能逐渐退化，其主要作用成为装饰以及建筑等级的标志。单就斗拱来说，似乎是一种艺术上的退化，然而总体来看却是建筑技术以及建筑材料进步的表现。

3. 中国古建筑的灵魂——斗拱

传统建筑中兼具结构、造型、装饰等多重功能的重要构件斗拱，是木构建筑的特色所在。斗拱由多种形状各异的木块重叠装配而成，其中层层挑出的弓形短木称为“拱”，它使屋檐得以伸出屋身之外，在两层拱之间垫以“斗”形的小方木块，这种由多层拱和斗组合而成的构件即为“斗拱”（图3）。斗拱位于柱顶、梁枋与屋顶之间，它的使用不仅增加了屋檐的伸出长度，而且能缩短梁枋跨度，使各节点有良好的受力，以保证柱网的稳定，因而为大型重要建筑不可缺少的部分（图4）。

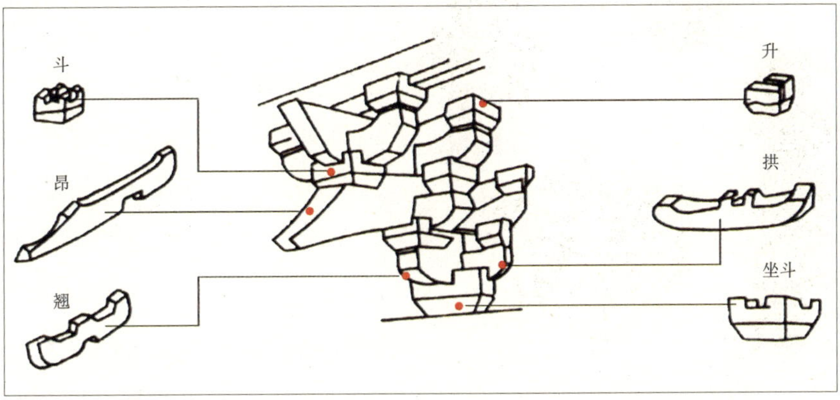

图3　斗拱的组成示意

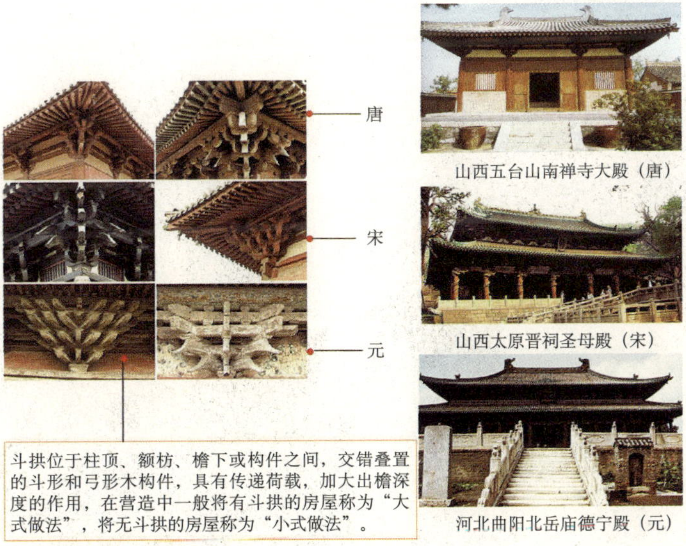

图4　不同时期斗拱的应用

汉代时，斗拱不仅见于各种文献，还见于石阙、崖墓和明器、画像砖中，这时的斗拱既用以承托屋檐，也用以承托平座，它的结构机能是多方面的，同时也是建筑形象的一个重要组成部分。汉代明器中有高达三四层的方形楼阁和望楼，每层用斗拱承托腰檐，其上置平座，将楼阁划为数层（图 5）。这种在屋檐上加栏杆的方法，已见于战国铜器中，到汉代又合理地运用木构架的结构技术，满足功能上遮阳、避雨和凭栏眺望的要求，同时各层腰檐和平座有节奏地挑出与收进，使楼的外观既稳定又有变化，并产生各部分虚实明暗的对比作用，创造了中国楼阁式建筑的特殊风格。

图 5　汉代明器示意

图 6　仿木架斗拱修建的砖塔

斗拱为中国古建筑之灵魂，其大小和复杂程度决定着一幢建筑的用途和规格。即使是砖石修筑的建筑物，也都仿木架斗拱的形制叠砌雕凿而成（图6）。斗拱不仅是中国建筑独有的一部分，而且在后来还成为中国建筑独有的一种制度，其本身的进展也代表了中国各时代建筑演变的大部分历程。

4.“墙倒屋不塌”之妙

我国古代建筑自穴居和巢居发展为地面建筑以来，逐渐创造了传统的木构梁柱式结构体系，并丰富和发展了穿斗式、抬梁式和井干式三大类型，虽然也同时并行着以砖、石材料建造的叠涩和拱券式结构，但是在长期的实践过程中，以木材为主，由柱、梁、枋、檩等主要构件组成的梁柱式结构以其各方面的优越性，成为中国传统建筑结构的主流，并由此形成其独特的艺术风格。

梁柱式结构体系的特点是用木料做成房屋的构架，先从地面上立起木柱，在柱子上架设横向的梁枋，再在这些梁枋上铺设屋顶，所有房屋顶部的重量都由梁枋传到柱子，经过柱子传到地面。柱子之间的墙壁，不论其材料如何，都只起围护、分隔作用，包括门窗隔扇等，亦不承受房屋重量，因此安装和拆卸都很方便，能够非常灵活地划分室内空间。

5.等级制度

中国传统建筑中体现出鲜明的等级制度，这是中国长时间以儒家思想为主这一现象在建筑上的表现。儒家思想强调“礼”在人们社会生活中的重要作用，所谓“礼”就是明确的秩序。也就是说，在社会中的每一个人都具有一定的社会地位。每一个特定社会地位的人都必须遵守一套相应的行为准则，此之谓“父父子子君君臣臣”。如果每个人都自觉遵守自己所应该遵守的行为准则，按照这套行为准则行事，那么整个社会就会像精良的机器一样运转顺畅。因此，“礼”在儒家思想构建的这个理想社会中起着重要的作用。等级制度就是“礼”的一个方面，在这个制度中给每个人一个相应的级别是这个制度得以顺利实施的前提条件。

每个人在等级制度中的级别通过他的装束、服饰、车马、器物等一系列外在的物质标示出来，建筑是这一系列外在物质中的一个方面。由于建筑拥有巨大体量并能留存久远，因此备受青睐，成为体现其主人等级的不二之选。

中国传统建筑中主要通过如下几个方面体现出等级差别。

（1）**屋顶**

中国传统建筑仅从屋顶形式就能判断建筑等级，最高者为重檐庑殿（图7），其次是重檐歇山（图8），然后依次是庑殿（又称四阿顶，可以理解

图7　北京故宫太和殿

为四面坡顶）、歇山（又称九脊殿，可以理解为两面坡顶四周加一圈披檐）、悬山（指屋顶自山墙挑出）（图 9）、硬山（指屋顶夹于两山墙之间）（图 10）。此外还有攒尖顶（图 11）和盝顶（图 12）。

（2）尺度

中国传统建筑中，大到城市小到建筑构件，无不体现着尺度所表现的等级差别。《周礼》中规定，“王城方九里，侯伯五里，子男三里”，这

图 8　北京天安门

图 9　悬山屋顶

图 10　硬山屋顶

图 11　北京故宫中和殿

图 12　盝顶

就是城市尺度中所表现的等级差别。

等级制度也反映在台基高度的规定上。《大清会典事例》记载清顺治十八年（1661 年）关于台基高度的规定：公侯以下三品以上官员的房屋台基高 2 尺，四品以下官员至士民房屋的台基高 1 尺。

在建筑本身的规格上也体现出明确的等级差别。《营造法式》中规定材分八等，也就是把作为建筑模数的“材”依大小分为八等，不同的建筑采用不同的“材”。其中一等材用于殿身九间至十一间的建筑，二等材用于殿身五间至七间的建筑，三等材用于殿身三间至五间或者厅堂七间的建筑，四等材用于殿三间或厅堂五间的建筑，五等材用于小三间殿或大三间堂的建筑，六等材用于亭榭或小厅堂，七等材用于小殿及亭榭，八等材用于殿内藻井或小亭榭。可以看出，不同等级的建筑采用不同的“材”，由于中国传统建筑特有的模数制，只要选定了“材”，整座建筑所有的尺寸都能确定下来。清代采用“斗口”作为建筑的模数，建筑用材分为十一等，用于不同等级的建筑。

（3）色彩

色彩也是区分建筑等级的重要标志之一。周制规定：天子丹、诸侯黝、士夫苍。当时以红色最为尊贵，只能天子采用。到了清代则以黄色为最尊贵，以下次序是赤、绿、青、蓝、黑、灰。在建筑的屋顶色彩上能够看到鲜明的色彩等级。最高等级的建筑，采用黄色琉璃瓦屋顶；等级稍逊的建筑采用绿琉璃瓦屋顶；再次则采用黑色琉璃瓦屋顶；再往下则不能采用琉璃瓦而只能用普通陶瓦了。中国古代屋顶中还有一种“剪边”的做法，即用另一种颜色的瓦布列于屋顶边缘，这种双色的屋顶级别介于其所用两种颜色之间，比如黄琉璃绿剪边的屋顶（图 13），级别比黄琉璃屋顶低而比绿琉

图 13　黄琉璃绿剪边屋顶

璃屋顶高。

6. 世界领先水平的建筑控制体系

北宋建国以后百余年间，大兴土木，宫殿、衙署、庙宇、园囿的建造此起彼伏，造型豪华、精美、铺张，负责工程的大小官吏贪污成风，致使国库无法应付浩大的开支。因而，建筑的各种设计标准、规范和有关材料、施工定额、指标亟待制定，以明确房屋建筑的等级制度、建筑的艺术形式及严格的料例、功限以杜防贪污盗窃被提到议事日程。北宋绍圣四年（1097年）诏李诫重新编修。李诫以他个人十余年来修建工程之丰富经验为基础，参阅大量文献和旧有的规章制度，收集工匠讲述的各工种操作规程、技术要领及各种建筑物构件的形制、加工方法，终于编成流传至今的这本《营造法式》，于崇宁二年（1103 年）刊行全国。

全书共计 34 卷，分为 5 个部分：释名、各作制度、功限、料例和图样，前面还有“看样”和目录各 1 卷。看样主要是说明各种以前的固定数据和做法规定及做法来由，如屋顶曲线的做法。

综观《营造法式》，其内容有几大特点：第一，制定和采用模数制。书中详细说明了“材分制”，“材”的高度分为 15“分”，而以 10“分”为其厚。斗拱的两层拱之间的高度定为 6“分”，也称为“栔”（图 14）。

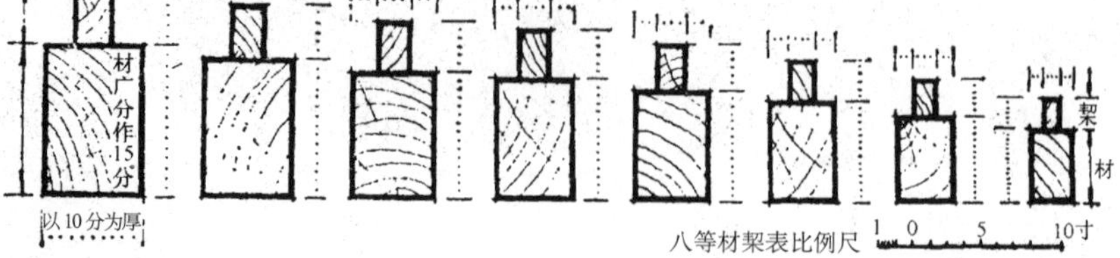

图 14　宋代《营造法式》大木作用材之制

大木作的一切构件均以“材”“栔”“分”来确定。这是中国建筑历史上第一次明确模数制的文字记载。第二，设计的灵活性。各种制度虽都有严格规定，但未规定组群建筑的布局和单体建筑的平面尺寸，各种制度的条文下亦往往附有“随宜加减”的小注，因此设计人可按具体条件，在总原则下，对构件的比例尺度发挥自己的创造性。第三，总结了大量技术经验。如根据传统的木构架结构，规定凡立柱都有“侧脚”及“升起”，这样使整个构架向内倾斜，增加构架的稳定性；在横梁与立柱交接处，用斗拱承托以减少梁端的剪力；叙述了砖、瓦、琉璃的配料和烧制方法以及各种彩画颜料的配色方法。第四，装饰与结构的统一。该书对石作、砖作、小木作、彩画作等都有详细的条文和图样，柱、梁、斗拱等构件在规定它们在结构上所需要的大小、构造方法的同时，也规定了它们的艺术加工方法。如梁、柱、斗拱、椽头等构件的轮廓和曲线，就是用“卷杀”的方法制作的。该手法充分利用结构构件加以适当的艺术加工，发挥其装饰作用。

《营造法式》在北宋刊行的最现实的意义是严格的工料限定。该书是王安石执政期间制定的各种财政、经济的有关条例之一，以杜绝贪污现象。因此，书中以大量篇幅叙述功限和料例。例如计算劳动定额，首先按四季日的长短分中工（春、秋）、长工（夏）和短工（冬）。工值以中工为准，长、短工各增和减10%，军工和雇工亦有不同定额。其次，对每一工种的构件，按照等级、大小和质量要求，如运输远近距离，水流的顺流或逆流，加工的木材的软硬等，都规定了工值的计算方法。料例部分对于各种材料的消耗都有详尽而具体的定额。这些规定为编造预算和施工组织定出严格的标准，既便于生产，也便于检查，有效地杜绝了土木工程中贪污盗窃之现象。

《营造法式》的现代意义在于它揭示了北宋统治者的宫殿、寺庙、官署、府第等木构建筑所使用的方法，使我们能在实物遗存较少的情况下，对当时的建筑有非常详细的了解，填补了中国古代建筑发展过程中的重要环节。

7. 注重风水

“风水”是中国特有的一种古代建筑文化现象，从两汉到明清曾长期流行于南北各地。

风水说源自中国古代的朴素唯物主义世界观。认为世间万物由金、木、水、火、土五种元素组成。有一种传说，周武王伐纣，当仗打到商朝的国都时，士兵很高兴，他们欢呼道：“孜孜无怠，水火者，百姓之所饮食也；金木者，百姓之所兴生也；土者，万物之所资生，是为人用。”这段传说把水、火、金、木、土这五种物质元素看成是人们生活中不可缺少的东西。

而构成这五种元素的基本物质是一种叫作“气”的东西，由于“气”以不同的方式聚集在一起，因此形成了不同的元素，进而构成世间万物。[①] 为了维持或者增加各种有利的物质和非物质，比如财富、健康、福运等，就必须积聚构成这些物质的“气”。而“气”具有“遇水则止，遇风则散”的特性，因此，风水说的主要职责是选择和排布地形地貌以营造一个好的“气场”，让“气”能够聚而不散。所以，这种学问被称为“风水”，从事这种职业的人被称为“风水先生”。风水说中掺以大量禁忌、厌禳、命卦、星象等内容，逐渐变得庞大繁杂并日趋神秘，渗透进中国传统生活中的各个方面，建筑活动尤甚。

人们在建筑的选址、规划、建造、装修、家具的布置等各方面都要听

---

① 汉代的《淮南子》把物质性的气范畴引进了宇宙生成论，明确指出了气是物质世界的本原。唐代柳宗元认为，世界统一于元气，万物出于元气的自己运动。北宋的张载进一步认为，气不仅是世界第一原理，而且具有若干属性。第一，气是“有无”“虚实”的统一体。第二，气具有物质的广延性。第三，气是万物之本性。第四，气是动静的统一。第五，气是对立统一的过程，气的运动、变化、凝聚、离散、吸引、排斥，都是有规律的。

唯心主义哲学家“二程”和朱熹将理气作为一对范畴加以讨论。他们认为，从本原或本体上说，是“理在气先”；而就具体事物而言，则是“理气相依”“理在气中”。

著名哲学家任继愈先生曾经将中华气论的发展划分为三个阶段：先秦的精气论、汉唐的元气论、宋明清的元气本体论。

从风水先生的指点，以趋利避害。在营建坟墓的过程中更看重风水先生的意见，因为人们相信坟墓的风水好坏关系到子孙后代的福祉。风水正是通过这种方式对人们日常生活的方方面面产生广泛而又深入的影响。

我们今天研究风水，不是为了复活风水术，让它继续为今天的建筑活动提供指导。那种把风水说和今天的种种学科相对应，试图阐述那些学科在中国早已有之，甚至认为风水说可以取而代之的做法是非常可笑的。风水说以及风水术只是特定历史条件下的产物，只能在特定的历史条件下存在。虽然科学有其局限性，但是须知科学的思维方式是迄今为止人类认识客观世界的众多方法中最有效的。现在研究风水，是把它当作一个历史现象去研究，目的是通过风水理解古代的人们的所思所想，更深入地了解中国的先民，从而加深对自己的认识。

第二章

城市规制和营建

“城市”一词往往和“活力”“繁华”等印象相联系。那么什么是城市？城市的最初形态是什么样的？城市怎样从最初的形态一步步发展到今天我们所熟悉的城市？

由于汉字是象形字，所以，我们往往可以从古汉字中解读出这个字所代表的事物的最初形态。首先来看看“城”和“市”这两个字的本来意思。

图15是金文中的“城”字。所谓“金文”又称“钟鼎文”，是商周时代刻于钟鼎等青铜器上的文字。这个金文的“城”字形象地描绘了城的形式和功能。字中那个圈表示一圈墙，上下各有一个城门楼，而外面那个形象代表的是古代的一种武器“钺”（图15）。钺是通常所说十八般兵器中的一种，形似斧，《说文》中解释：钺，大斧也。目前出土的商周时代的钺多作为仪仗队中的一种器具，成为军权的象征（图16）。在这个字中，钺的形象表明了军事力量的存在。因此，这个字的意思就是一圈城墙把（攻城的）军队挡在城外。从这个字我们可以看出，所谓“城”，其本来的意思就是指那道隔开敌我的墙，也就是说一个军事防御体系。著名的长城，就是这种军事防御体系的典型代表。

图15　金文中的“城”字

再来看看“市”。“市”要么指买卖行为本身，要么指买卖的场所，都和买卖、交易联系在一起。

图16　妇好墓出土龙纹大铜钺

那么“城”和“市”为什么要联系在一起成为我们所熟悉的“城市”呢？在此我们可以推测，由于“城”中人口密度相对乡村大得多，因此，城中的土地不足以维持城中人口的生存，同时城中的人口大多从事某种专门的职业，所以，必须有“市”作为交换粮食以及生活必需品的场所。因此，虽然“城”的本意指一种军事防御系统，但是“城市”一词具有了更加宽泛的含义，除了军事防御系统，还有经济生产功能以及依附于城市的人口和他们的生产生活等行为。我们通常所说的“城市规划”即是对包含了这样一些内容的广义的城市所进行的计划。

城市，不论是作为军事防御系统还是作为一个经济体，一定规模的人口都是不可或缺的。必须有和这座城市紧密联系在一起的人口作为战时组成军队的兵源和平时统治者攫取利益的源泉。中国古代有这样的筑城原则：“筑城以卫君，造郭以守民”。这里的“城”指内城，“郭”指外城。前半句“筑城以卫君”说的是筑起内城保卫国君；后半句“造郭以守民”说的是筑起外城用以把百姓看守在城中。由于中国历史上大部分时间都处于强有力的中央集权统治之下，出于控制人民的目的，历代统治者都对城市进行了精心规划。

中国古代统治者认为最理想的城市应该是什么样子呢？我们来看《周礼·考工记》中的一段话：“匠人营国，方九里，旁三门。国中九经九纬，经途九轨。左祖右社，面朝后市，市朝一夫。”就是这段简短的文字成为中国古代城市规划所普遍遵循的重要原则。这段话的意思是说：匠人在规划城市的时候，将城市规划成边长九里的正方形，每一边开有三座城门。城中有九条南北向的道路和九条东西向的道路，其中南北向道路的宽度为九轨[①]。国君的祖庙在东，社稷坛在西，前面是宫城，后面是市场，宫城和市场的面积共有一夫。所谓“一夫”是古代面积单位，为 100 步 ×100 步[②]。需要注意的是，这里的“步”指的是向前迈两下的距离，而不是迈一下；迈一下称作“跬”，所谓“不积跬步无以至千里”，跬和步有着明确的区别。

为什么说这一原则是中国古代封建社会统治者理想的城市模式呢？我

① “轨”是长度单位，指当时马车的轮距。

② 一说一夫指一百亩。

们来看看《周礼》是一部什么样的书。从其书名可以判断，《周礼》记述的是周代的典章制度。西汉的景帝、武帝之际，河间献王刘德从民间征得一批古书，其中一部名为《周官》。原书当有天官、地官、春官、夏官、秋官、冬官等六篇，冬官篇已亡，汉儒取性质与之相似的《考工记》补其缺。王莽时，因刘歆奏请，《周官》被列入学官，并更名为《周礼》。

《周礼》的作者是谁至今没有定论。一种观点认为其作者为周代著名政治家周公旦。周公被认为是五帝三代的集大成者，古人将《周礼》的著作权归于周公是十分自然的事。但是根据近代学者的研究，这部书的成书年代应当更晚，有的认为作于战国时期，有的甚至认为是汉代儒家学者所作。书中所记种种周代典章制度与周代实际采用的制度亦有所不同。《周礼》实际描述了封建社会知识分子心目当中理想社会的模型，假托周公旦作《周礼》，实际表达了自己心中理想国的形象。

对于“匠人营国”这段话所反映的城市形象，可参考宋人所作《三礼图》中的描绘（图17）。

这就是中国古代遵循的城市规划原则，虽然尚未发现完全按照这段文字的描述建设的城市，但是从不同时代不同地域的城市当中我们都能够或多或少地发现这一原则的具体体现。

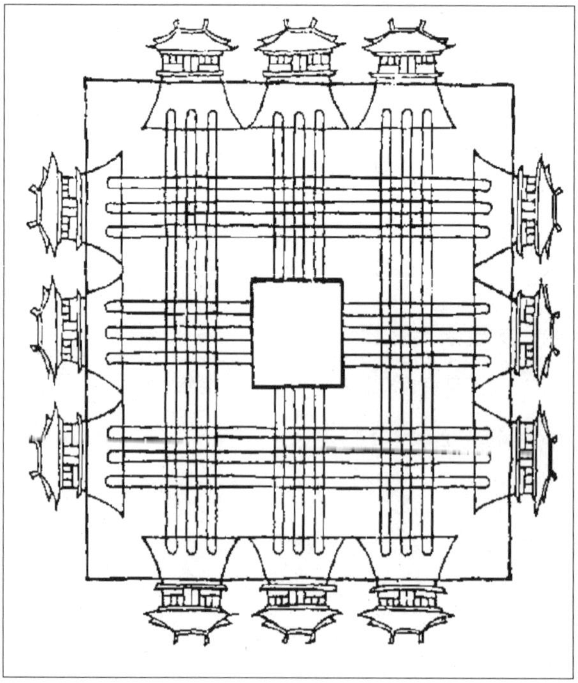

图 17　宋人所作《三礼图》

1. 隋大兴城（唐长安城）（图 18）

隋大兴城主要是由宇文恺设计建造。隋代最突出的建筑成就就是新建一座都城——大兴城（唐长安城）。隋文帝杨坚以汉长安城内宫殿与居民杂处，不便于民；水苦涩，不宜饮用为由，在汉代长安的东南创建了一座全新的都城。城的面积达 84 平方公里。城的外廓方正，城内有纵横干道各三条，称为“六街”。中轴线北端是宫城，宫城前是皇城。全城设

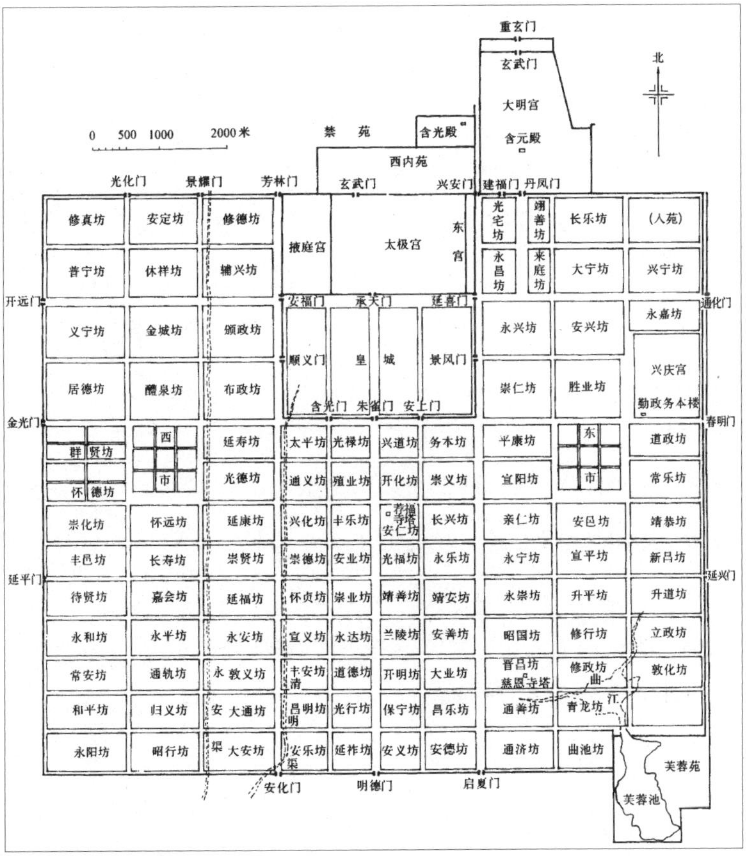

图 18 隋大兴城（唐长安城）

109 个坊和 2 个市。每个坊都有坊墙围绕。坊墙四面开门，按时启闭，晚上关门后不得随意出入。城的东南隅曲江所在的低洼地段，辟为供居民游赏的园林，这在世界城市建设史上，是值得称赞的举措。大兴城布局严整，街道平直，功能分区明确，规划设计井井有条。

唐代将隋代的大兴城改称长安城，作为都城，继续加以完善。后来因为宫城湫隘、宫殿不敷使用，在长安城东北隅城墙之外修建了一座大明宫，大明宫逐渐成为唐代的政治中心。大明宫遗址已经考古发掘，其中的主要建筑含元殿、麟德殿等按遗址做了复原设计。大明宫的尺度比明清北京紫禁城的尺度要大得多，就是非主殿的麟德殿也是太和殿面积的 3 倍。

2. 北宋东京（图 19）

北宋东京是北宋的都城，即今开封。唐时称汴州，地处江南和洛阳之间水陆交通要冲，繁华盛极一时。五代时，后梁、后汉、后晋、后周都建都于此，商业更加繁荣。后周时，汴梁已是人多地窄，要以一个州城规模容纳国家政权机构和庞大的军队，已无法办到。后周显德二年，在原汴州城四周向外扩大数里，征发民工数十万加筑外城，并拓宽内城街道，在路边栽树、掘井、修造凉棚。公元 960 年赵匡胤陈桥兵变，夺取后周政权建立赵宋王朝，仍旧定都汴梁。宋神宗年间重修外城，加筑瓮城和敌楼，宋徽宗政和六年，又将外城向南扩展里许，以添筑官府和军营。

宋朝被认为是中国历史上经济文化最发达的时代之一。著名史学家陈寅恪言："华夏民族之文化，历数千载之演进，造极于赵宋之世。"而西方与日本史学界中认为宋朝是中国历史上文艺复兴与经济革命的也颇有人在。宋朝的经济文化发展与繁荣是规模空前的，农业、手工业、制瓷业、造船业等都十分繁荣。张择端的名作《清明上河图》反映的就是北宋东京繁华富庶的街

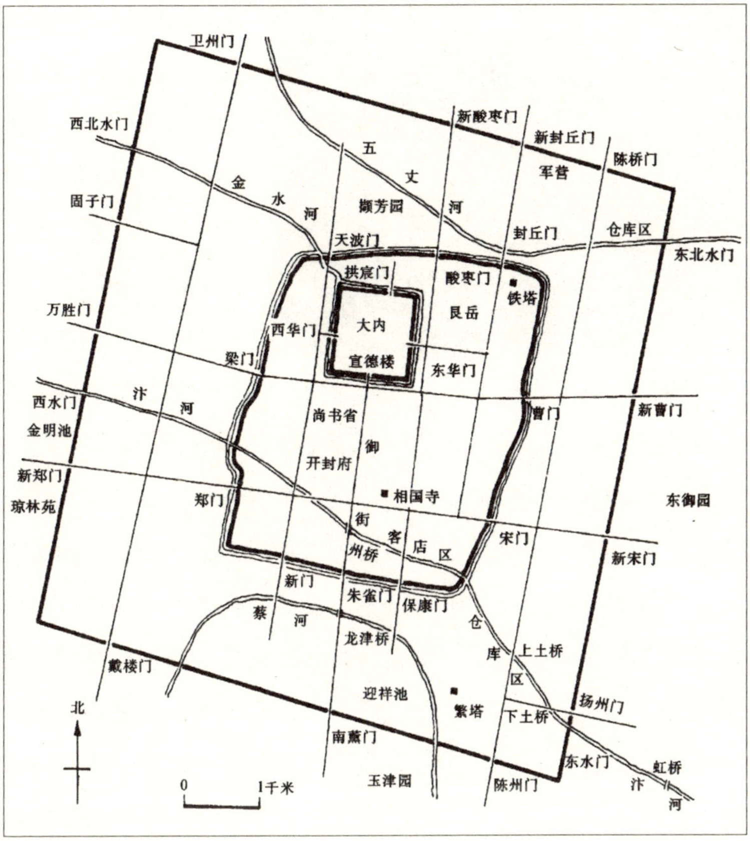

图 19　北宋东京城

市。由于商业发达，城中到处临街设店，酒楼、饭店、浴室、医铺、瓦子随处可见。尤其州桥大街与相国寺一带以及东出曹门外和城东北封丘门内外最为繁华，夜市兴旺，通宵达旦，即便是风雪阴雨，仍照常供应各种饮食。相国寺内有每月开放 5 次的庙会集市。城内有五丈河、金水河、汴河、蔡河穿过，其中汴河是远通江南的漕运渠道。各地船只都可直达城内停泊，水运比洛阳更为通畅（图 20）。

富庶的经济、高度发达的文化反映在城市上就是隋唐长安城中典型的里坊制彻底解体。取而代之的是无处不在的市场和通宵达旦的人群。这是中国古代城市规划史中一个奇特的现象。本书前面曾经提到，中国古代城

图 20 《清明上河图》局部

市规划最本质的目的是要将人民置于统治者的控制之下，隋唐长安城的里坊制正是这一思想的集中体现。宋代之后，元大都以及明清北京城的胡同，其根源亦然。

在中国古代，大多数朝代在开国初期都以征兵制为主，虽然其兵制名称各异，但本质都是征兵制。征兵制的基础是土地和人口固定，因此，为了实行征兵制必须有相应的经济制度与之匹配，具体说来就是土地与人口相对固定、禁止土地买卖。然而随着人口的增长，土地兼并不可避免，征兵制也就无法继续，转而实行募兵制作为补充甚至取而代之。宋朝是唯一的例外，宋朝在开国之初就把募兵制作为主要兵制。与城市规划史中北宋东京这种消灭里坊制的做法相对照，会发现二者之间存在对应关系。也许这种对应关系是一种巧合。但是，考虑到征兵制需要严格控制人口，严格控制人口又会反映在城市规划过程中，我们至少无法排除兵制对城市规划产生的深刻影响。

3. 元大都（图 21）

元代在建筑史上最重大的成就是完全新建了一座都城——大都。元大都基本符合《周礼·考工记》中所述的“王城之制”。它位于金中都的东北方（图 22），城的外廓近于方形，除北面开两门外，其余三面都是开三门。宫城靠南、宫城以北是漕运终点的商业区，太庙在东侧，社稷坛在西侧，布局上基本符合“方九里，旁三门……面朝后市、左祖右社”的规矩。

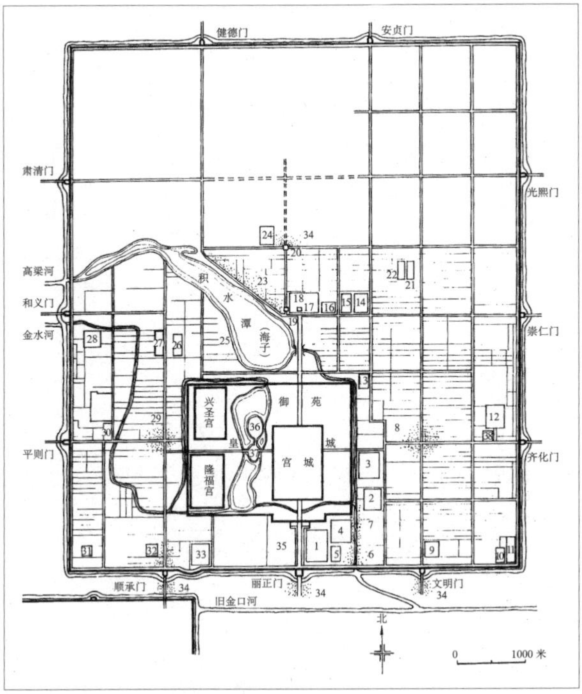

图 21　元大都

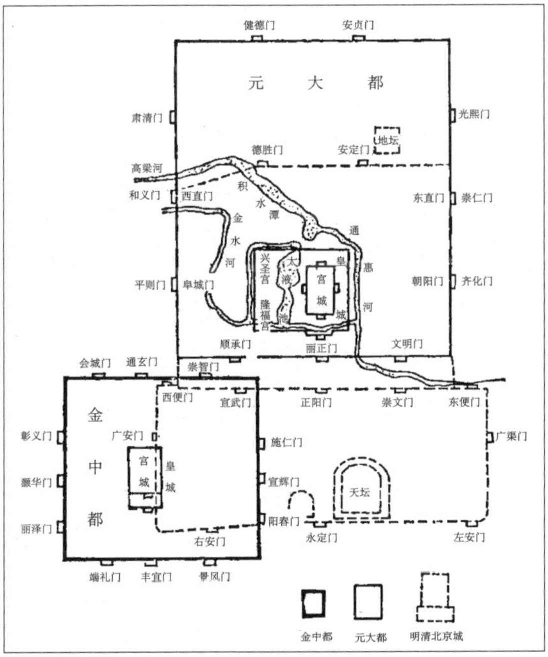

图 22　元大都、金中都和明清北京关系

大都的街道取棋盘状，在南北走向的干道之间平行排列着称为“胡同”的小巷，是成排四合院住宅院落之间的通道。元大都是一座规划周密的城市，街道平直，市政工程完备，郭守敬引西山和昌平水源解决了漕运问题。元大都的规划设计人有刘秉忠和阿拉伯人也黑迭儿。

4. 明清北京城（图 23）

明成祖在元大都的基础上建设北京城。在用砖甃砌元大都的土城时，去掉了北边不发达的五里，向南边扩展了一里。到嘉靖年间加建外城时，本想围绕内城加筑一整圈，但限于财力和时间，只把城南比较繁华的地带围起来，形成了北京城特有的凸字形外轮廓。北京全城有一条全长约 7.5 公里的中轴线贯穿南北，轴线以外城的南门永定门作为起点，经过内城的南门正阳门、皇城的天安门、端门以及紫禁城的午门，然后穿过大小 6 座门 7 座殿，出神武门越过景山中峰和地安门而止于北端的鼓楼和钟楼。轴线两旁布置了天坛、先农坛、太庙和社稷坛等建筑群，体量宏伟，色彩鲜明，与一般市民的青灰瓦顶住房形成强烈的对比。从城市规划和建筑设计上强调封建帝王的权威和至尊无上的地位。紫禁城宫殿规划设计严整，造型华丽，功能完备，是院落式建筑群的最高典范。明代在北京还建造了各种坛庙，如太庙、社稷、天、地、日、月、先农、先蚕等坛，并修建了衙署、仓廪、寺观、府邸等。重要的建筑均采用楠木，规模及造型严谨、规整。

清代定都北京，继续使用明代的紫禁城，在使用中加以完善。

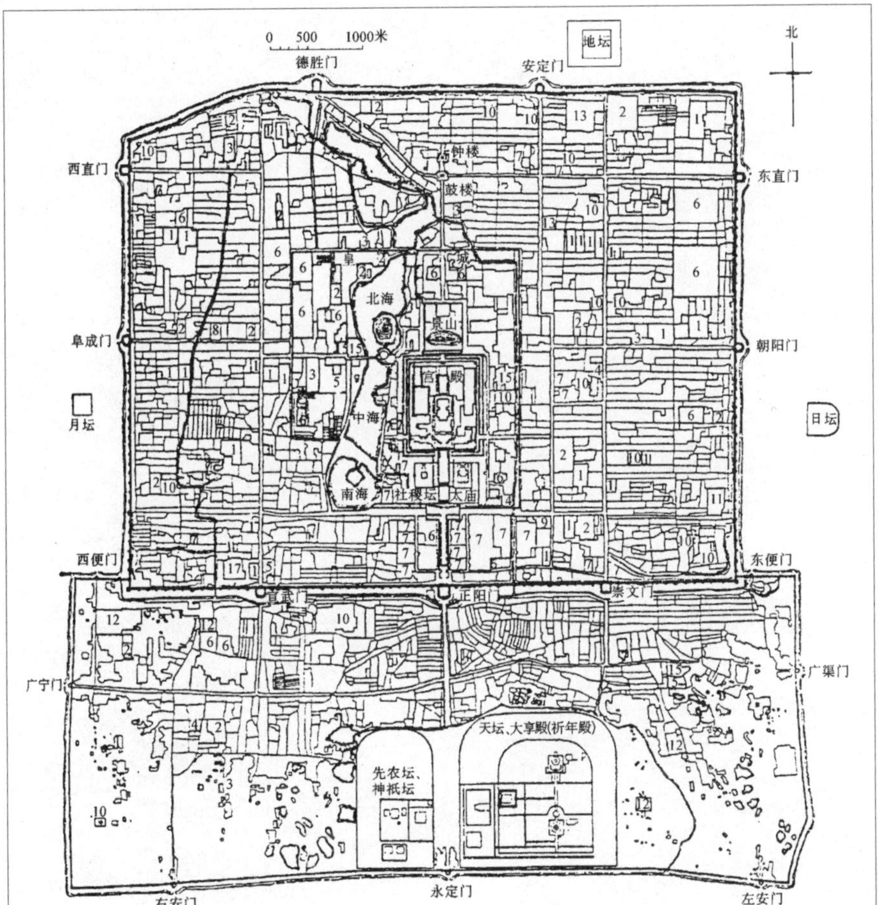
0 500 1000米
地坛
北
德胜门
安定门
钟楼
鼓楼
西直门
东直门
皇
城
北海
景山
阜成门
朝阳门
宫殿
中海
月坛
日坛
南海
社稷坛
太庙
西便门
东便门
宣武门
正阳门
崇文门
广宁门
广渠门
天坛、大享殿(祈年殿)
先农坛、
神祇坛
右安门
永定门
左安门

图 23 明清北京

第三章

民居

所谓民居，可以理解为普通人居住和使用的建筑。这些民居没有皇家建筑的富丽堂皇，但是，民居和普通人的生活息息相关，能够最直接地反映普通人的生活状态。因此，通过研究民居可以认识生活在这些民居中的人，了解他们的所思所想，从而认识不同地域不同文化中的人，进而认识人类自身。

由于中国地域辽阔，不同地区的气候、环境以及文化习俗有所不同甚至迥异，因此，产生了完全不同的民居建筑。正是通过认识这些不同的建筑，我们可以清楚地看到由建筑所反映的不同地域、不同气候以及不同文化背景，进而在这一过程中体会到建筑并不会脱离它所处的时代、地域和文化背景独立存在，建筑是其所处综合环境的真实表达。

中国传统民居大致可以按照如下的分类来认识：合院式民居、窑洞式民居、干栏式民居、毡房和帐房、碉房、“阿以旺”式民居以及其他特殊类型民居。需要说明的是，前已述及，不同的环境产生不同的建筑，由于环境的千差万别，实际的民居亦丰富多彩，变幻无穷。这不过是为了便于叙述而作的一个人为分类而已。

1. 合院式民居

合院式民居是中国传统民居建筑中最常见的形式。一般来说，按照围合的建筑多少有三合院、四合院之分。不同地域有不同的合院式民居，北京四合院、晋中民居、晋东南民居、陕西关中民居、甘肃临夏回族民居、吉林满族民居、白族民居、丽江民居等。下面对合院式民居中的典型代表北京四合院作一简要介绍。

北京四合院是北方地区院落式住宅的典型（图 24）。其平面布局以院为特征，根据主人的地位及基地情况（两胡同之间的隙地），有两进院、

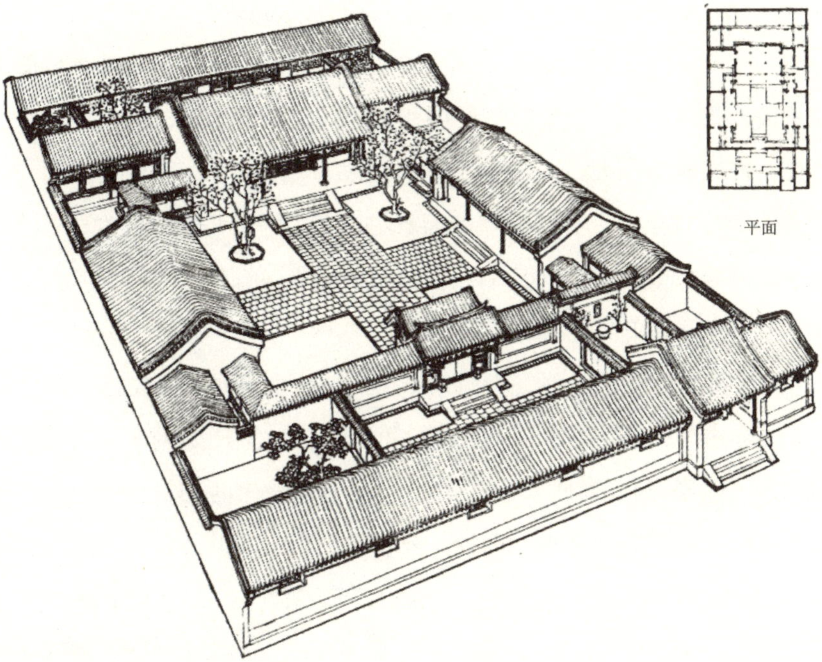

图 24　北京典型四合院鸟瞰图及平面图

图 25　北京恭王府垂花门

三进院、四进院或五进院几种，大宅则除纵向院落多外，横向还增加平行的跨院，并设有花园。

以最常见的三进院的北京四合院为例。前院较浅，以倒座为主，主要用作门房、客房、客厅；大门在倒座以东、宅之巽位（东南隅），靠近大门的一间多用于门房或男仆居室；大门以东的小院为垫；倒座西部小院内设厕所。前院属对外接待区，非请不得入内。

内院是家庭的主要活动场所。外院和内院之间以中轴线上的垂花门相隔，界分内外（图 25）；内院正北是正房，也称上房、北房或主房，是全宅地位最高和规模最大者，为长辈起居处；内院两侧为东、西厢房，为晚辈起居处；正房两侧较为低矮的房屋叫耳房，由耳房、厢房山墙和院墙所组成的窄小空间称为“露地”，常被作为杂物院使用，也有于此布置假山、花木的；连接和包抄垂花门、厢房和正房的为抄手游廊，雨、雪天可方便行走。内庭院面积大，院内栽植花木，陈设鱼缸盆景，家人纳凉或劳作，为安静舒适的居住环境。 后院的后罩房居宅院的最北部，布置厨、贮藏、仆役住房等；如住宅有后门，后门的位置在后罩房西北角的一间；院内有井。后院是家庭服务用区。

整个四合院中轴对称，等级分明，秩序井然，宛如京城规制缩影。其中，门是分界内外、引导秩序、身份地位的体现。如大门，正对街一侧设影壁，入门仍为影壁，再左转才入前院，这组门的秩序成为内、外之间的很好转换。大门又分为屋宇式和墙垣式两种。前者等级高，其中又有广亮大门（门扇装在中柱处）、金柱大门（门扇装在金柱处）、蛮子门（门扇立于外檐柱处）、如意门（一般原为广亮大门，后卖给一般平民，为不僭越，在檐下两侧砌砖，形成窄小洞口）的区别。如意门等级低，即在院墙上开门，在简陋的宅院中使用，或做成小门楼，或做成栅栏门。垂花门是内宅的门，于轴线上，亦内院的开始，其高度和华丽程度取决于主人的社会地位。

北京四合院是构成明清北京城市肌理的细胞，成为北京城市印象中最为独特和厚重的记忆，并因此成为北京乃至中国形象特点之一。可以这样说，北京四合院是中国北方合院式民居的典型代表。因此，我们不妨以北京四合院为例来说明合院式民居的特点。

应当说，所谓“合院式民居”的关键在于“院”。但是需要注意的是，并非所有四面或者三面建筑围合的空地都可以被称为“院”。从北京四合院可以看到，整组建筑对外皆以厚重的砖墙封闭，除了供人出入的门外，仅开很小的窗口或不开窗；而对内，则主要由木质门窗隔断室内外空间（见图 2）。从这张示意图可以看到，“院”和四面的建筑紧密地联系在一起，“院”绝不是独立于建筑存在的空间，而是整组建筑的灵魂。

正像美国建筑师赖特经常引用老子的话："三十辐共一毂，当其无，有车之用。埏埴以为器，当其无，有器之用。凿户牖以为室，当其无，有室之用。故有之以为利，无之以为用。"这段话的字面意思是说，造车轮的时候，把三十根辐条汇聚于一个轮毂上，轮毂中间空着的孔可以用来容纳车轴；制造陶器的时候，中间空的部分可以当作容纳物品的容器；建造房屋的时候，开凿门窗，门窗四壁之间空的部分才能用来当作房间来使用。老子用这段话来说明"有""无"之间的辩证关系，赖特引用这段话则用来说明建筑设计的过程，虽然设计的是墙壁门窗，然而关注的却应当是这些东西围合的那个"空间"。

在北京四合院中，"院"恰恰就是这样。虽然没有屋顶、墙壁与门窗，却是整组建筑中最重要的空间。绝不仅仅是一个供人交通的空地，而是进行很多重要活动的场所。在这个院落中，可以会客、纳凉、吃饭、休息。甚至在皇家建筑中，很多重大的活动，比如登极、大婚以及殿试都在院落中进行。包括皇帝日常办公，比如所谓的"乾清门听政"，其实就是在室外办公。皇帝坐在乾清门内，大臣站在乾清门前，其地点就是在院落中。可以说，很多活动都是以院落为中心进行的，院落成为类似于今天住宅当中起居室的空间。只有这样的空间才能被称为"院"，只有具有这种"院"的建筑才能被称为"合院式民居"。

2. 江南民居

江南民居也可看作一种特殊的合院式民居。南北方气候的不同，造成江南民居建筑形式同北方合院式民居有显著区别。南方气候湿热，建筑要解决的主要问题是防水、防晒；而北方气候干燥，多风沙，建筑形式要背风向阳，才能阻挡来自西北凛冽的寒风并最大可能受到阳光的温暖。江南

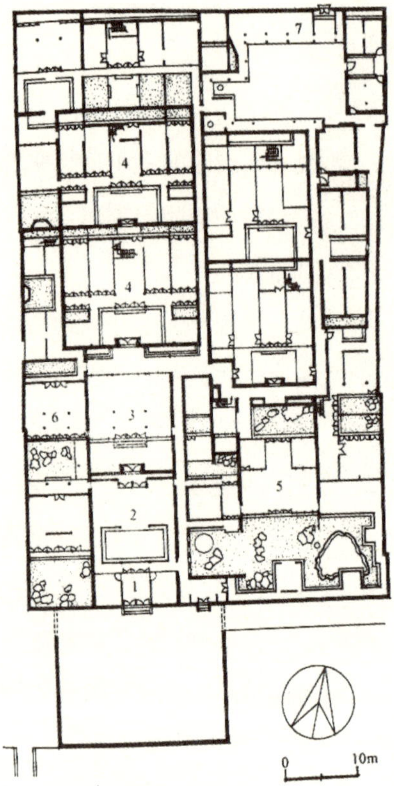

图 26　苏州铁瓶巷任宅平面图

民居与北方合院式民居不同之处在于江南民居院落很小，院落四周建筑屋顶往往相连，以至院落成为天井，因此，这种民居也被称作“厅井式民居”（图 26）。

江南民居大致有以下几种等级：一，城市官式住宅，往往建筑纵深有若干进，横向平行有二三条轴线，从大门起，轴线上排列门厅、轿厅、门楼、大厅、正房，建筑之间为很小的院子相隔；两侧轴线排列花厅、书房、卧室、小花园、戏台等。二，乡镇天井式住宅，是江南民居的典型住宅形式。平面采用对称式，但只有一条轴线，轴线上有门屋、轿厅、仪门、大厅、楼房等建筑，有的还有库房。在水网地区，除轿厅外另设船厅。三，民间小型住宅，平面大多不规则，主体建筑仍成天井式围合，但大门顺应街道，出现斜入、侧入等和利用周边不规则地形作花园的情形。也有的建筑临水架设，临街和面水均有门道出入。

3. 徽州民居

徽州，古称新安，自秦朝设置郡县，已有 2200 余年历史，宋徽宗宣和三年（1121 年），改歙州为徽州。包括歙县、休宁、婺源、祁门、黟县、绩溪。

图 27　徽州民居

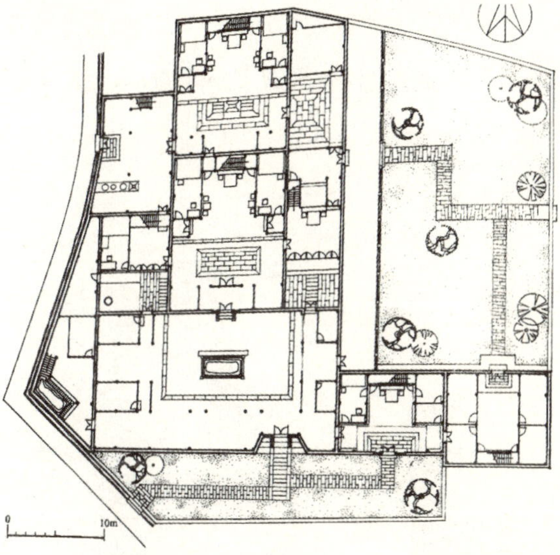

图 28　安徽黟县宏村汪宅承志堂平面图

徽州民居以其黛瓦粉墙为特色，质朴的青瓦作为底色，间或被高耸的白色马头墙打断，形成了徽州民居留给人们的最大印象。其建筑结构本身多为砖木混合。平面布局大多有一明（厅堂）两暗（左右卧室）的三间屋和一明四暗的四合屋（图 27）。进门为前庭，中设天井，后设厅堂住人，厅堂用中门与后厅堂隔开，后厅堂设一堂二卧室，堂室后是一道封火墙，靠墙设天井，两旁建厢房，这是第一进。第二进的结构仍为一脊分两堂，前后两天井，中有隔扇，有卧室四间，堂室两个（图 28）。楼分两层，楼上厅屋一般都比较宽敞，有厅堂、卧室和厢房，沿天井还设有“美人靠”。

徽州流行“商家门不宜南向，征家门不宜北向”的说法。其因源自五行：商属金，南方属火，火克金，不吉利；征属火，北方属水，水克火，也不吉利。明清时期，徽商鼎盛，为图吉利，大门皆朝北，形成了至今徽州所存数以万计的朝北古民居。

4. 井干式民居

在我国盛产木材的地区，存在一种以原木筑造的房屋，称作“井干式民居”（图 29），以东北、西南等盛产木材地区最为多见。所谓“井干”来源于其墙壁的砌筑方式，即以原木稍加砍斫上下叠加形成墙壁。这种方式和远古修筑井壁的方式相同（图 30）。汉字中的“井”字即形象地反映了这种砌筑方式的简单原理。把两根原木平行置于地面，再用两根原木平行置于其上，从平面看，两组原木互相垂直，这就形成了一个最基本的单元，把这个单元反复向上叠加，即形成一个四面墙体围合的空间。为使墙壁不致透风，原木端头相交处需制作成圆形凹槽。这种方式的住宅就地取材，建造速度比较快，而且在严寒的东北保温性能良好。但因受木材长度限制之故，通常面宽与进深较小。此外，由于采用粗大的原木为墙，没有充分发挥木材抗拉

图 29　井干式民居

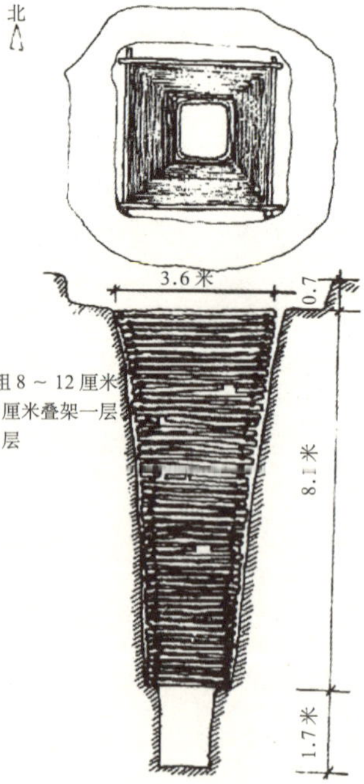

图 30　河南汤阴县白营龙山文化聚落水井

强度高的特点，因此，不利于对木材的充分利用。

5. 窑洞

窑洞式房屋广泛分布在黄河中上游的各省、自治区，如陕西、甘肃和宁夏，居住人口达4000多万。

窑洞式住宅系利用土力学的特性挖掘成筒拱形而成，只适于我国华北、西北黄土层深厚的地区。目前大多数学者认为窑洞是远古“穴居”的当代遗存。

窑洞一般有靠崖式窑洞（图31）、下沉式窑洞（图32）、锢窑等形式（图33）。其中靠山窑应用较多，它是建筑在山坡、土塬边缘处，常依山向上呈现数级台阶式分布，下层窑顶为上层前庭，视野开阔。下沉式窑洞则是就地挖一个方形地坑，再在内壁挖窑洞，形成一个地下四合院。锢窑则是在地面起窑洞，其实是以土坯砖为材形成拱券结构。可以说锢窑是中国传统建筑中为数不多的利用拱券结构的建筑。

图31 靠崖窑

图32 下沉窑

图33 锢窑

窑洞比较坚固、耐用。在当地有着上百年甚至上千年的窑洞。民间也流传着："有百年不漏的窑洞，没有百年不漏的房厦。"为了住着放心，也往往在窑洞里使上木担子撑架窑顶。经过几辈人，风雨过来，几易其主，修修补补，仍不失其居住价值。

窑洞的特点是简单易修、省材省料，坚固耐用，冬暖夏凉。在今天建造生土建筑的过程中虽可从窑洞的建造方式中吸取经验，但必须注意通风、采光以及防潮等问题的解决。

6. 蒙古包（毡包）

分布于内蒙古、新疆、青海等地，是牧民移动式房屋。这种民居形式同游牧民族逐水草而居的生活方式密切相关。

毡包搭建方便，构造简单（图 34）。架设时，铲去地面草皮，略加平整，依毡包大小在地面浅挖槽线，然后将用皮条绑扎枝条的骨架围合竖立成壁，

图 34　蒙古族毡房

再将一伞状拱起网架置于上，节点与竖直骨架交界处，用皮条扎紧，于外被羊皮或毛毡，用绳索束缚即成。毡内地面为防潮湿，铺沙一寸或铺干羊粪一层，上再铺皮垫、毛毡。毡顶伞形骨架中心为一圆形孔洞，白天掀掉毛毡可采光。入口一般矮小，人需弯腰方能入内。

需要迁徙时，可以方便地将毡包拆解为可折叠的木架和一片片毡毯，装在大车上运走。

7. 干栏式建筑

干栏在民间住宅中，是以竹、木梁柱架起房屋为主要特征，将生活层架空，以利防潮，防虫、蛇、野兽的房屋，主要被广西、海南、贵州、四川等僮侗语族地区各少数民族所采用。目前大多数学者认为干栏式建筑是远古“巢居”的当代遗存。《韩非子·五蠹》：“上古之世，人民少而禽兽众，人民不胜禽兽虫蛇，有圣人作，构木为巢，以避群害。”这段话的意思是巢居这种建筑形式主要是为了防止野兽虫蛇的侵扰而建。

直到今天，这一原则依然适用。目前我国干栏式建筑主要分布在西南地区。但在不同的地方，依当地环境会有不同程度的变化。应用干栏民居的少数民族很多，除壮族外，还有傣族、侗族、苗族、黎族、景颇族、德昂族、布依族等。

傣族民居多为竹木结构，茅草屋顶，故又称为竹楼。其下部架空，竹席铺地，席地而坐，有宽大的前廊和露天的晒台，外观上以低垂的檐部及陡峭的歇山屋顶为特色（图 35）。

侗族干栏与壮族麻栏类似，只是居室部分开敞外露较多，喜用挑廊及吊楼。同时侗族村寨中皆建造一座多檐的高耸的鼓楼，作为全村人活动的场所。村村各异，争奇斗巧，是侗族的一项宝贵的建筑遗产。

图 35　傣族竹楼

图 36　黎族船形屋

苗族喜欢用半楼居，即结合地形，半挖半填，干栏架空一半的方式。黎族世居海南岛五指山，风大雨多，气候潮湿。其民居为一种架空不高的低干栏，上面覆盖着茅草的半圆形船篷顶，无墙无窗，前后有门，门外有船头，就像被架空起来的纵长形的船，故又称“船形屋”（图 36）。

景颇族、德昂族的干栏建筑的屋顶皆有民族的独特形式。而布依族的民居原来亦是干栏式房子，但居住在镇宁、安顺、六盘水一带的布依族，由于建筑材料的限制，则完全改用石头做房子，但其原型仍是干栏式规式。

东南亚一些地区的建筑形式也有干栏式民居的影子。

8. 侗寨

侗寨以其风雨桥和鼓楼而闻名遐迩（图 37）。

所谓风雨桥，即因桥上建有廊和亭，既可行人，又可避风雨，故称风雨桥。这些兴于汉末至唐代的古建筑，结构严谨，造型独特，极富民族气质。

整座建筑不用一钉一铆和其他铁件，皆以质地耐力的杉木凿榫衔接，石墩上各筑有宝塔形和宫殿形的桥亭，逶迤交错，气势雄浑。

图 37　侗族风雨桥

鼓楼外形像个多面体的宝塔。一般高 20 多米，11 层至顶，全靠 16 根杉木柱支撑。楼心宽阔平整，约 10 平方米见方，中间用石头砌有大火塘，四周有木栏杆，设有长条木凳，供歇息使用。楼的尖顶处，筑有宝葫芦或千年鹤，象征寨子吉祥平安。楼檐角突出翘起，给人以玲珑雅致、如飞似跃之感。

鼓楼有厅堂式、干栏式、密檐式等多种。无论何种鼓楼，一般都分上、中、下三个部分。上部为顶尖部，用一根长约 3 米的木柱或铁柱立于顶盖中央，并套上由大到小的 5 至 7 颗陶瓷宝珠，使顶尖部成葫芦形，犹如塔尖，凌空而立。顶盖是绚丽多彩的楼顶，多为伞形。顶盖形状有四角、六角或八角。顶盖下斜面的人字格斗拱，像蜂窝百孔窗，其周围木雕像燕窝垒泥点，工艺精巧，造型别致。中部是层层叠楼，形似宝塔楼身。楼檐一般都是六角，亦有简便的四角或复杂的八角。每方檐角均为翘角，层层叠叠，重檐而上。从上而下，一层比一层大。楼身以四根粗大、笔直的长杉木为主柱，从地面直通楼顶，极为壮观。楼内或雕塑，或绘画，鱼虫鸟兽，栩栩如生。

鼓楼由各村寨群众投工献料，集资筹建，由侗族能工巧匠自行设计，自行建造。整个建筑没有图纸，数百上千根梁、枋、柱的尺寸全凭心中计算。

每个侗寨至少有一座鼓楼，有的侗寨多达四五座。过去鼓楼都悬挂牛皮长鼓一面，平时村寨里如有重大事项，即登楼击鼓，召众商议。有的地方发生火灾、匪盗，也击鼓呼救，这样，一寨传一寨，信息很快传到深山远寨，鼓声所及，人们闻声而来。

9. 藏族碉楼

图 38 藏族碉房

西藏大部分地区平均海拔高，气候寒冷干燥，荒原上的石堆成为人们建筑房屋的主材。藏族人用石块石片垒砌出三四层高的房子，因形似碉堡而得名碉房（图 38）。碉楼最初作为具有防御功能的军事建筑出现。中国古代文献对碉楼这种建筑最早加以记载的是《后汉书·南蛮西南夷传》：“冉駹夷者，武帝所开。元鼎六年，以为汶山郡（今四川西北茂汶羌族自治县）……皆依山居止，累石为室，高者至十余丈，为‘邛笼’。”这里说的“邛笼”是目前所见对碉楼建筑最早的称呼。

碉楼主要由以下功能组成。

底层一般是牲畜圈。住宅中人畜共居在我国许多地区都很常见，这来源于旧时农业社会，牛马等牲畜不仅是主要耕作劳力，其本身对于家庭而言也价值不菲，是要保护的财产。

传统藏式楼梯一般采用活动的斜梯，晚上就收到楼上，防止牲畜爬上来。平民家楼梯往往是在一根圆木上砍出台阶。过去只有土司头人家才有条件用板梯。圆梯、板梯坡度都很陡，都是为了防止牲畜上楼。

碉楼后面出挑的阳台就是厕所，防御时兼作瞭望台。使用时，排泄物直接从阳台落到楼下底层地面——建筑底层是牲畜圈，不住人；同时由于气候干燥，污物很快会风干。

晒场设在屋顶上。把粮食晒在屋顶可以不受遮挡，保证了充足的阳光，还可以防止牲畜偷吃。此外，由于碉房内部开窗很小，光线昏暗，晒场也是人们做家务或晒太阳的好地方。

外墙由坚固的石材垒砌而成，具有很强的防御性。碉房底部的牲畜圈，只设很小的窗户或通气孔，而上层居室排列整齐的窗户面积也不大，有利于抵御寒风侵袭。

为了安全，一般只设一个大门。两边饰有上小下大的黑色边框，寓意为“牛角”，能带来吉祥。牦牛是藏族人信奉的图腾之一，有时主人会把牦牛头骨直接挂在门侧边框上。

主室面积较大，是整个楼中最重要的空间。主室内有炉灶或火塘，厨房和餐厅都设在这里。提取酥油、磨青稞粉等日常家务也在此完成。家里来了客人，这里又是客厅。

顶层中相对封闭的空间是经堂，一家中最神圣、庄严的地方。藏族全民信仰藏传佛教，家家都在顶层设经堂，以示对佛的尊敬。

碉楼与山地特殊的地理环境有关，这些地区多山，且石为板岩或片麻岩构造，易剥落加工，取材方便。碉楼外墙为厚实高大多收分石墙楼层（底层厚达 40 厘米，高可达数十米），内为密梁木楼层的楼房，楼层用土面层，即在木梁上密排楞木，再铺一层细树枝，其上再铺 20 厘米的实土层（讲究的也有土层上再铺木楼板的），屋顶亦拍实土层，厚为 30 厘米。

这种楼屋面夯土面层的做法在当地叫作“打阿嘎”（图 39），是藏族传统建筑施工中很有特色的一种劳动方式。“打阿嘎”的工人分成男女两组，每人各持一件专用工具。这工具由一根长杆插在下面一块扁平的石头中构成。男女两组轮流以工具有节奏地夯打土层，同时前后左右按节奏挪动脚步，恰似一段热烈的舞蹈，并辅以同样节奏的歌谣。虽是辛苦的劳作，却更似欢快的聚会！就这样反反复复，夯打一块屋面大约需要 40 天方可完成。

图 39　藏族“打阿嘎”

10. 客家土楼

客家土楼主要分布在福建、广东等地，以福建龙岩、漳州土楼最为著名。

客家人的祖先自三国两晋以来在唐宋和明清等几个时期，为逃避北方战乱而迁移南方。迁移之后，对于当地土著来说，他们来自远方，因此被称作“客家人”。

客家土楼属于庭院式住宅。客家人的住宅，由于移民之故，以群聚 楼为主要方式，楼高耸而墙厚实，用土夯筑而成，称为土楼（图 40）。

土楼虽分布于不同地区，形式和做法上也略有区别，但由于客家土楼是客家人迁居后图存稳定和发展的历史条件下产生的，因此在形制上还是有许多共同之处。第一，土楼以祠堂为中心，是客家聚族而居生活的必需内容，供奉祖先的中堂位于建筑正中央；第二，无论是圆楼、方楼、弧形楼均为轴对称，保持北方四合院的传统格局性质；第三，基本居住模式是单元式住宅。

图 40 福建客家土楼

客家土楼的技术是北人南迁后结合需求及当地气候条件创造出来的。第一，出于防卫需求，土夯外墙高大厚实，福建永定一带土楼墙一般厚达 1 ~ 1.5 米。诏安“在田楼”厚达 2.4 米，在做法上把竹筋、松枝放入生土墙，起加筋作用，再在土内配以块石混合，进行夯筑后十分牢固。第二，地处南方，注意防晒，在内墙、天井、走廊、窗口处及屋顶部分，将檐口伸出，利用建筑物的阴影，减少太阳辐射热。第三，在建筑物内部，采用活动式屏门、槅扇，空间开敞、通透，有利空气流通。第四，外环楼层开箭窗，呈梯形，外小内大，既利防卫，又宜人用。第五，选址注重风水，并保留北方住宅坐北朝南的习惯，宅基“负阴抱阳”，一些特殊情况如受禁忌、避煞等限制，可朝东或朝西，但不得朝北。靠近河流或水塘，但忌讳背水。背靠大山或丘陵，面对朝山，左右两侧有小丘陵。

11. 广东开平碉楼

古代的广东开平地处偏远，匪患严重，当地居民早已有筑碉楼以御盗匪的习俗。当前广为人知的碉楼主要形成于清末民初时期。当时开平居民多往海外经商，并把辛苦积攒的钱财运回家乡建楼。他们不仅带回了巨额财富，也带回了他们的眼界和西方的建筑风格，使得开平碉楼成为中国乡

图 41　广东开平碉楼

土建筑的一个特殊类型，一种集防卫、居住和中西建筑艺术于一体的多层塔楼式建筑（图 41）。

出于防御的考虑，开平碉楼远远高于一般的民居；碉楼的墙体比普通的民居厚实坚固，其材料有石、砖、夯土甚至混凝土。尤以当时最新的混凝土楼为最多，不怕匪盗凿墙或火攻；碉楼开有小窗，装有铁栅和窗扇，外设铁板窗门。碉楼上部的四角，一般都建有突出悬挑的全封闭或半封闭的角堡（俗称“燕子窝”），角堡内开设了向前和向下的射击孔，可对墙脚射击；同时，碉楼各层墙上开设有射击孔。

开平碉楼的上部着力运用外国建筑中的穹顶、山花、柱式等建筑元素，形成了丰富多彩的建筑造型。这些造型有柱廊式、平台式、退台式、悬挑式、城堡式和混合式等多种。这些不同的建筑造型反映着楼主人的经济实力、审美情趣和受外来建筑文化影响的程度，是开平碉楼最引人入胜的地方。

12. 上海石库门

提到旧上海，人们大致的印象总是十里洋场、外滩的高楼大厦、霓虹的五光十色还有收音机里柔软甜蜜但却录音质量欠佳的歌声，以及少不了的石库门中的七十二家房客带着他们的酸甜苦辣、喜怒哀乐演出着一幕幕人间喜剧。石库门早已成为上海最具特色的建筑（图 42）。由于这种民居以石条围束大门，因此被叫作“石箍门”，宁波人“箍”字发的是“库”字音，久之就被称为“石库门”了。

石库门建筑出现在太平天国起义时期，主要是开发商修建以提供给当时因战乱自江浙一带涌入上海寻求庇护的富商、地主、官绅。因此这一时期的石库门建筑与传统江南民居相似，保持了中国传统建筑以中轴线左右对称的布局，一般为三开间或五开间。一进门是一个小天井，两侧为左右

图 42　上海石库门

厢房，正对面是客堂。客堂宽约 4 米，深约 6 米，为会客、宴请之处。客堂两侧为次间，后面有通往二层楼的木扶梯，再往后是后天井，其进深仅及前天井的一半，内设水井。后天井后面为单层斜坡的附屋，一般做厨房、杂屋和储藏室。整座住宅前后各有出入口，前立面正中即为“石库门”，以石料做门框，配以黑漆厚木门扇；后围墙与前围墙大致同高，形成一圈近乎封闭的外立面。

20 世纪初，老式石库门逐渐被新式石库门取代。新式石库门中原有的传统院落空间已被打破，有些石库门只保留一侧的前后厢房，另一些则完全取消了厢房，格局更为紧凑。在内部最大变动是后面的附屋改坡顶为平顶，上面搭建一间小卧室，即亭子间。亭子间采用钢筋混凝土屋面板，周围砌以栏杆墙，可用作晒台。新式石库门还缩小了居室的进深，降低了楼层和围墙的高度。在外观上，新式石库门外墙面多用清水青砖、红砖或青红砖混用，石灰勾缝，而不是像老式石库门那样用白色石灰粉刷，老式石库门常用的马头墙或观音兜式的山墙也已不再使用。另一个重要的区别是，新式石库门不再用石料做门框，而改用清水砖砌，门楣的装饰也变得更为繁复。受西方建筑风格的影响，常用三角形、半圆形、弧形或长方形的花饰，类似西方建筑门窗上部的山花楣饰，这些花饰形式多样，风格各异，是石库门建筑中最有特色的部分。有些新式石库门还会在门框两边使用西方古典壁柱的样式，作为装饰。

到了 20 世纪 30 年代中期，随着新式里弄和花园里弄的兴起，石库门便风光不再了，开始逐步沦为城市下层居民的栖身之所。

第四章

宫殿建筑

今天我们往往把“宫”和“殿”连在一起，称作“宫殿”。然而须知这两个字的含义有所不同，“宫”往往指称一组建筑群，而“殿”往往用来命名组成“宫”的单体建筑。比如历史上著名的大明宫，所指即唐代长安城北面积约 3.2 平方公里的皇家建筑群。含元殿、宣政殿、紫宸殿、麟德殿都是大明宫中的重要建筑。当然也有例外，北京紫禁城的“后三殿”即被命名为“乾清宫、交泰殿和坤宁宫”。

甲骨文中的“宫”字形象地表示一个屋顶下面有两个各自独立的空间，金文和小篆的“宫”字变化不大，都说明了远古时代所谓的“宫”是具有复杂内部空间的建筑（图 43）。最初，这个字并非皇家专用。《尔雅》中记载：“上古，宫、室不分。宫谓之室，室谓之宫。”殷商以后，“宫”渐成房屋之统称。《墨子》：“父母妻子皆同其宫，赐衣食酒肉，信吏善待之。”秦以后这个字渐渐成为皇家建筑的专用名词。

图 43　甲骨文中的“宫”字

中国古代宫殿早期实行三朝五门之制（图 44）。这一制度自周代就确立了。周制三朝五门：外朝——决定国家大事，治朝——王视事之朝，内朝——办理皇族内部事务、宴会。

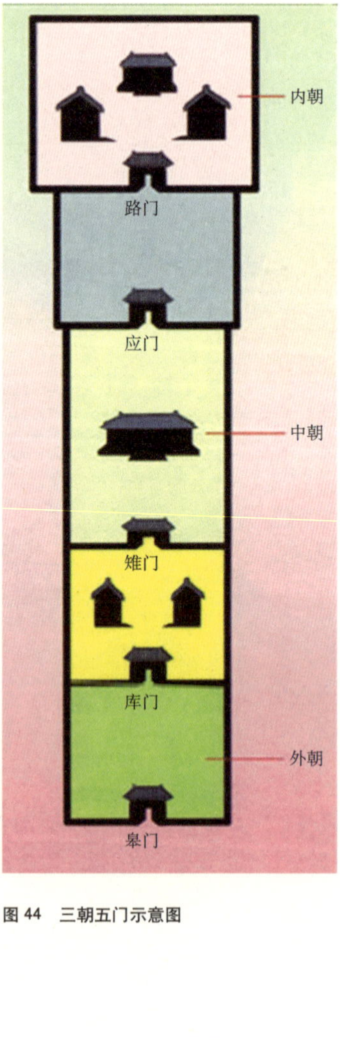

图 44　三朝五门示意图

汉代开东西堂制之先声，晋、南北朝（北

周除外）均为东西堂制。东西堂制：大朝居中，两侧为常朝。隋及以后均复行三朝纵列之周制。

隋、唐的五门：承天门、太极门、朱明门、两仪门、甘露门。

自此，三朝五门制度被一直沿用至清代。

1. 大明宫

唐初利用隋代旧宫，改名为太极宫，位于长安城中轴线北端。唐高宗时，在城东北角御苑内龙首原高地上，将唐太宗时所建大明宫扩建成新宫（图45），遂成唐朝政治中心所在地。

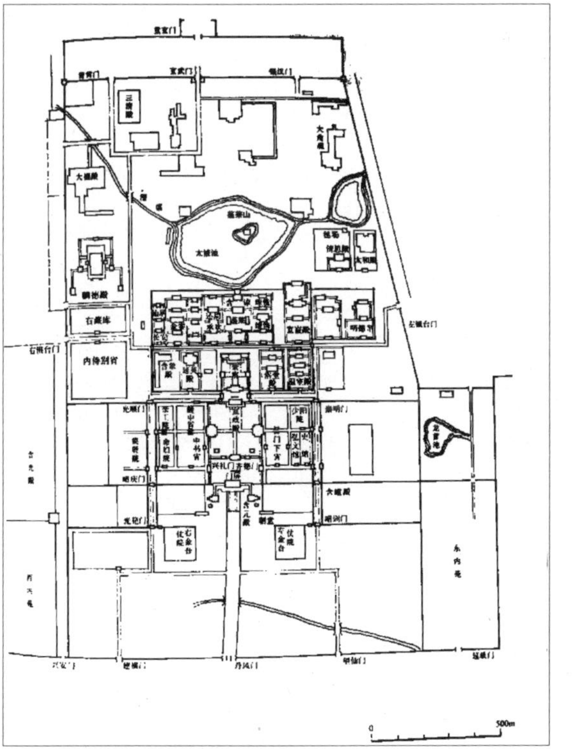

图 45　唐长安大明宫平面图

大明宫占地面积约为明清北京紫禁城的4.5倍。全宫分为外朝、内廷两大部分，是传统的“前朝后寝”布局。主要建筑有含元殿、宣政殿、紫宸殿等。宫前横列五门，中间正门称丹凤门，从丹凤门到紫宸殿轴线约为1.2公里。含元殿前两侧则有钟、鼓楼和左右朝堂。含元殿台基高出地面10余米，殿基东西面宽76米，南北进深42米。大殿面阔十一间。殿前有长达70余米的坡道，远望如龙尾，故称“龙尾道”。龙尾道不是一直北上含元殿三台的，而是呈“S”形盘上。即正南龙尾道直达第一层大台；然后龙尾道由两侧北上，在二层台处各向中间转折坡上；到达二层台面后，恰可与三层台面的两阶相接应。如《含元殿赋》所云“象龙行之曲直，夹双壶（按：宫中道谓之‘壶’）之鸿洞”而谓之“龙尾道”。坡道上铺设莲花砖，两侧为石栏杆。殿前左右有阙楼一对相向而立，有飞廊与殿身相联，形成环抱之势。这组建筑造型雄伟、壮丽，表现了盛唐的气魄。含元殿后为宣政门、宣政殿，殿前庭内遍植松树，殿东西两侧院内有门下省、中书省、御史台、待诏院、史馆等官署。宣政殿后有紫宸门、紫宸殿。

内廷以太液池为中心，布置殿阁楼台，形成宫与苑相结合的起居游宴区。太液池西侧的麟德殿，是天子赐宴群臣、宰臣奏事、蕃臣朝见、观看伎乐等活动的重要场所。殿平面进深17间，面阔11间，面积约5000平方米，规模宏大。殿两侧还有阁楼相辅，形成一座体型复杂的殿宇。麟德殿两侧宫墙外有翰林院，是学士待诏制诰之处。太液池利用龙首原北低地开凿水面，池中有土山，称蓬莱山，池南岸有长廊，并环以殿阁楼台和树木，形成禁中的园林区。

2. 北京紫禁城（图46）

现存的北京紫禁城为明成祖朱棣为迁都北京所建，始建于明永乐四年

图 46 北京故宫博物院

（1406 年），完成于永乐十八年（1420 年）。东西宽 760 米，南北深 960 米，周围有护城河环绕。城墙四面辟门：南面正门曰午门，北面为神武门，东、西分别为东华门和西华门。

紫禁城分为外朝、内廷两大部分。

外朝三殿包括太和殿、中和殿、保和殿，是紫禁城中最重要的建筑。这三座殿宇共立于一座三层台基上。其中太和殿用重檐庑殿顶，中和殿用攒尖顶，保和殿用重檐歇山顶，皆用黄琉璃瓦。

自乾清门以北，就是内廷，包括以乾清宫为中心的中路和左右侧大片嫔妃所居的东、西六宫。乾清宫是皇帝正寝，坤宁宫是皇后居所，明嘉靖时，两宫之间又建了一座小殿“交泰殿”，是为内三殿。紧靠乾清宫东西两侧，即为东六宫、西六宫、乾东五所、乾西五所等。东六宫东侧自北向南还有几组小庭院，是管理衣食的服务机构，南端是宫内祭祖用的奉先殿。西六宫西侧有两路院落：紧靠西六宫的是一些小殿和庭园，供居丧及游赏之用，再两侧为喇嘛教佛堂（明代为道观）。

以上内廷部分周围有内宫墙环绕保护，墙外还有长巷相隔。

由此再向东、向西直到紫禁城墙，南抵文华殿、武英殿，称为“外东路”与“外西路”，是皇帝长辈、晚辈居住的区域和服务机构。如外东路有乾隆做太上皇时居住的皇极殿、宁寿宫和“乾隆花园”，以及皇子所居的南三所；外西路有老太后、老太妃住的英华殿、寿安宫、慈宁宫等，其中英华、寿安两处正殿为明代建筑。

在中轴线的最后，有一区御花园，殿阁亭台作对称布置。其中钦安殿又称玄极宝殿，是一座明代建筑，重檐盝顶。明时供秋季大享及祭祀玄武之神等用。

北京故宫是中国封建社会末期的代表性建筑之一，在利用建筑群来烘托皇帝的崇高与神圣方面达到了登峰造极的地步。它的主要手法是在1.6公里的轴线上，用连续的、对称的封闭空间，形成逐步展开的建筑序列来衬托出三大殿的庄严、崇高、宏伟。

从商周起，院落是各类建筑群的基本组合手段。北京故宫从大清门起经过6个封闭庭院而后到达主殿：大清门北以500余米长的“千步廊”组成一个狭长的前院，再接一个300余米长的横向空间，形成丁字形平面，北端就是高耸的皇城正门——天安门，门前配有白石华表，金水河桥，形成第一个建筑高潮。进入天安门，是一区较小的庭院，尽端是体量、形式和天安门相同的端门。这种重复，使天安门的形象得到加强。通过端门，进入一个深300余米的狭长院落，午门以其丰富的轮廓和宏伟的体量形成第二个高潮。午门内是太和门庭院，宽度达200余米，至此豁然开朗。过太和门，庭院更大，是一个面积4公顷多的近乎正方形的大广场，正中高台上的太和殿有10余座门、楼和廊房环列拱卫，达到了全局的最高潮。

在建筑处理上，应用以小衬大、以低衬高等对比手法突出主体。如天安门、午门都用城楼式样，基座高达10余米；太和殿用3层汉白玉须弥座，配有栏杆、螭首，显得豪华高贵；而附属建筑的台基就相应简化和降低高度，从而保证主要门殿的突出地位。屋顶则按重檐、庑殿、歇山、攒尖、悬山、硬山的等级次序使用：午门、太和殿用重檐庑殿，天安门、太和门、保和殿用重檐歇山，其余殿宇相应降低级别。建筑细部和装饰也有繁简高低之别，如太和殿斗拱上檐采用九踩斗拱，等级最高，下檐采用七踩斗拱。主要殿、门之前还用铜狮、龟鹤、日晷、嘉量等建筑小品和雕饰作为房屋尺度的陪衬物（图 47），并以示皇权之神威。建筑色彩采用强烈的对比色调：白色台基，土红墙面，朱色门窗和青绿彩画之中密布着闪光的金色，再加上黄、绿、蓝等诸色琉璃屋面，使故宫在蓝天和全城大片灰瓦屋顶的衬托下，显得格外绚丽璀璨、光彩夺目。在中国古代，使用色彩也有等级限制，金、朱、黄最高贵，用于帝王、贵族的宫室；青、绿次之，百官宅第可用；黑、灰最下，庶民庐舍只用这类色调。

图 47　太和殿前日晷

第五章

宗教建筑

中国古代流行的宗教是佛教、道教和伊斯兰教。还有很多如摩尼教（明教）、祆教（拜火教）、天主教、基督教、本教等。影响最大的是佛教。

人们在旅游中，常常会看到寺、庙、祠、观、庵等建筑。有些人把这些建筑物统称为宗教建筑，这是错误的。又比如俗话讲“跑得了和尚跑不了庙”，其实这也不准确，和尚并不住在庙里。那么，寺、庙、祠、观、庵有什么区别呢？

寺：《说文》云“廷也”，即指宫廷的侍卫人员，以后寺人的官署亦即称为“寺”，如“大理寺”“太常寺”等。大理寺是中央的审判机关，太常寺则为掌管宗庙礼仪的部门。西汉建立“三公九卿”制，三公的官署称为“府”，九卿的官署称之“寺”，即所谓的“三府九寺”。汉代，九卿中有鸿胪卿，职掌布达皇命，应对宾客，其官署即“鸿胪寺”，大致相当于后来的礼宾司。相传东汉明帝时，天竺僧人以白马驮经东来，最初住在洛阳鸿胪寺。后来鸿胪寺改建，取名“白马寺”。于是寺就成了僧人住所的通称。梵语中“寺”叫僧伽蓝摩，意思是“僧众所住的园林”，因此佛寺又被称作“伽蓝”。隋唐以后，寺逐步成为中国佛教建筑的专用名词。

庙：古代本是供祀祖宗的地方。那时，对庙的规模有严格的等级限制。《礼记》中说：“天子七庙，卿五庙，大夫三庙，士一庙。”“太庙”是帝王的祖庙，其他凡有官爵的人，也可按制建立“家庙”。汉代以后，庙逐渐与原始的神社（土地庙）混在一起，蜕变为阴曹地府控辖江山河渎、地望城池之神社。“人死曰鬼”，庙作为祭鬼神的场所，还常用来敕封、追谥文人、武士，如文庙　孔子庙（图 48），武庙——关羽庙（图 49）。

祠：是为纪念伟人、名士而修建的供舍（相当于纪念堂）。这点与庙有些相似，因此也常常把同族子孙祭祀祖先的处所叫“祠堂”。祠堂最早出现于汉代，据《汉书·循吏传》记载，“文翁终于蜀，吏民为立祠堂。岁时（指诞辰和忌日）祭祀不绝”。东汉末，社会上兴起建祠抬高家族门第之风，甚至活人也为自己修建“生祠”。由此，祠堂日渐增多。

图 48　北京孔庙大成殿

图 49　山西运城解州关帝庙

观：《释名》云："观者，于上观望也。"观就是古代天文学家观察星象的"天文观察台"。史载汉武帝在甘泉造"延寿观"，以后，建"观"迎仙蔚然成风。据传，最早住进皇家"观"中的道士是汉朝的汪仲都。他因治好汉元帝顽疾而被引进皇宫内的"昆明观"。从此，道教徒感激皇恩，把道教建筑称为"观"（图 50）。

庵：古时是一种小草屋，即所谓"结草为庵"。旧时文人的书斋亦称"庵"，如"老学庵""影梅庵"。汉以后建了一些专供佛徒尼姑居住的庵堂，于是"庵"也就成了佛教女子出家行佛事的专用建筑名称了（图 51）。

佛教产生于印度，最初的佛教反对偶像崇拜，因此不立释迦牟尼造像，以塔作为崇拜的对象。当时佛寺平面为方形，中间立塔，四面作为僧众居住之用。史上最重要的佛寺就是那烂陀寺（Nālandā Vihāra）。据记载，那烂陀寺始建于 5 世纪。古代中印度佛教最高学府和学术中心，在古摩揭陀国王舍城附近，今印度比哈尔邦中部都会巴特那东南 90 公里。那烂陀寺规模宏大，曾有多达九百万卷的藏书，最盛时有万余僧人学者聚集于此，历代学者辈出，最为著名者即为唐代的玄奘。

根据义净在 7 世纪末的记述，那烂陀寺宛如一座方城，四周围匝长廊（图 52）。寺高三层，高三到四丈，用砖建造，每层高一丈多。横梁用木板搭造，用砖平铺为房顶。每一寺的四边各有九间僧房，房呈四方形，宽约一丈多。

图 50　北京白云观玉皇殿

图 51　河南登封少林寺初祖庵

僧房前方安有高门，开有窗洞，但不得安帘幕，以便互相瞻望，不容片刻隐私。僧房后壁乃是寺的外围墙，有窗通外。围墙高三四丈，上面排列人身大小的塑像，雕刻精细，美轮美奂。

寺的房顶、房檐和院落地面，都要用特制的材料覆盖，这种覆盖料是用核桃大小的碎砖和以黏土制成，覆盖辗平后，再用浸泡多日的石灰杂以麻筋麻滓烂皮涂上，盖上青草三五天，在完全干透之前，用滑石磨光，然后先涂上一道赤土汁，最后再涂上油漆，光亮如明镜一般。经过如此处理的寺院地面，坚实耐用，经得起人们践踏二三十年而不坏。

1193 年突厥人巴克赫提亚尔•卡尔积（Bakhtiyar Khalji）带兵侵占那烂陀寺，寺院和图书馆遭受严重破坏，大批那烂陀僧侣逃往西藏避难，从此那烂陀寺失去昔日的光辉，并渐渐被遗忘，变成废墟（图 53）。

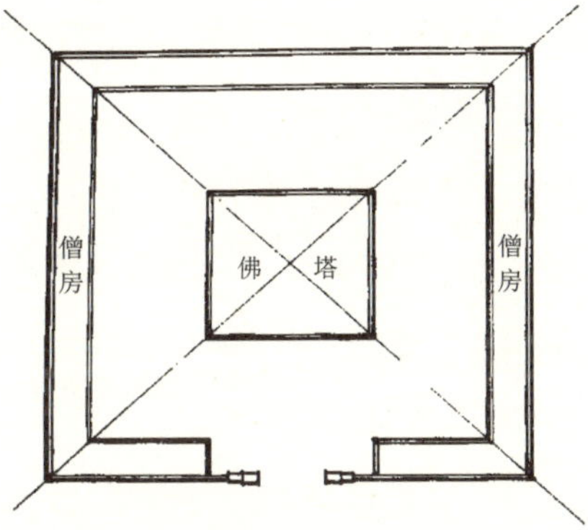

图 52　天竺佛寺平面示意图

图 53　那烂陀寺遗址

大约在东汉初期佛教传入我国，所建的第一个寺院是洛阳的白马寺。根据记载，白马寺的平面为方形，佛塔为寺院中心，仿照印度的形式建造，这种形式的佛寺被称为“天竺式”。现在见到的白马寺是重建的。

此后，随着佛教在中国传播过程中与中华文化相互影响，不断融合的过程，佛寺的形制也在悄然发生变化，由最初以塔为主的天竺式佛寺逐渐演变为今天常见的以殿为主的院落式佛寺。

汉末笮融在徐州兴建了浮屠寺，据记载寺院规模很大，楼阁建筑和回廊为中国风格。中国的第一座佛雕像就诞生于浮屠寺中。

两晋南北朝时期，佛教得到很大的发展，仅洛阳一带就曾建寺院 1200 多座，我国著名的佛像石窟多数是在这个时代开始建造的。北魏的永宁寺是当时著名的寺院之一，由皇室建造，该寺的主体部分由塔、殿和廊院组成，采取中轴线对称布局，中心为三层台基上的九层方塔，塔北建佛殿，四面环绕围墙形成矩形院落。院落的东、南、西三面中央开门，门上都建有门楼。院北是较简单的乌头门。僧舍等附属建筑在主体建筑的后面和西侧。寺墙四角建角楼，墙上有短椽并盖瓦，墙外挖壕沟环绕，栽种槐树。该寺与东汉末期的浮屠寺一样属于前塔后殿的形式。

这个时期有很多“舍宅为寺”的情况，像这种寺院一般利用原有的建筑，成为“前殿后堂”的样式。

此时期的石窟寺还没有脱离印度佛寺的影响，表现的特征主要是：石窟内除了佛像外还有佛塔，火焰形的拱门、束莲柱、卷涡纹柱头。但是寺院布局、木梁柱屋架和很多建筑符号都表现出中国特点。

隋、唐五代到宋，是中国佛教大发展时期，虽然其间出现过唐武宗和周世宗灭佛事件，但时间较短，并没有影响整个佛教的发展。

隋唐时期较大的佛寺采用轴线对称的布局方法，按照轴线依次排列山门、莲池、平台、佛阁、配殿、大殿。建筑群的核心已经从塔变为殿，佛塔一般建在侧面或另建塔院。唐代晚期密宗盛行，佛寺出现了十一面观音和千手千眼观音造像，还有刻有《佛顶胜尊陀罗尼经》的石幢。到晚唐时，寺院已经有钟楼的定制，钟楼一般在轴线的东侧，到了明代才普遍在轴线的西侧建鼓楼。五代时候出现了“田”字形的罗汉堂；转轮藏最早出现在南朝，我国现存的最早的转轮藏在宋代建造的隆兴寺里；宋代律宗寺院出现了专门的戒坛。元、清两代在西藏和蒙古一带藏传佛教流行，但对中原佛教建筑的影响不大。流行在汉族地区的佛教一般称为汉传佛教。小的寺院称为“庵”（或为比丘尼寺院），大的称寺，更大的在寺院名称前加一个“大”字，如大慈恩寺、大相国寺、大圆满寺等。明清时期又建立了以四座名山为圣地的道场，所谓的道场就是佛教的普法之地。山西五台山为文殊菩萨道场，四川峨眉山为普贤菩萨的道场，安徽九华山为地藏菩萨的道场，浙江普陀山为观音菩萨的道场。

藏传喇嘛寺院的建筑一直采用厚墙、平顶的样式，没有受中原佛教的影响（图 54）。南传小乘佛教分布范围小，在我国西双版纳一带，建筑和中原一样，没有什么区别。

中国的道家思想起源较早，并不是像现在所传的是老子创立的，而是起源于中国早期的巫术，后引用了老子的《道德经》为经典，东汉时期形成正式的宗教。道教建筑没有形成独立的风格体系，而遵循的是我国传统的宫殿、祠庙体制，一般为中轴线布局，以殿堂楼阁为主，不建塔和经幢。

图 54　西藏拉萨色拉寺经堂

1. 山西五台山佛光寺东大殿

五台山在唐代已是我国的佛教中心之一，建有许多佛寺。佛光寺位于台南豆村东北约5公里的佛光山腰，依山势自下而上并沿东西向轴线布置。寺内现存主要建筑有成于晚唐的大殿、金代的文殊殿、唐代的无垢净光禅师墓塔及2座石经幢。大殿建于唐大中十一年（857年），是现存唐代木构建筑中体量最大者（图55）。

大殿面阔7间，中间5间设板门，两端各1间设直棂窗，面阔34米余；进深4间，17米余。上覆单檐庑殿顶。殿内有一圈内柱，此种平面布局称为“金厢斗底槽”。中设佛坛，坛上有30多尊晚唐彩塑像，沿大殿后墙和左右墙在阶状台座上有清代以后所塑500罗汉。殿内还残存数处唐代壁画和建筑彩画。

大殿立面竖向分为台基、屋身、屋顶3段。台基素平无华。屋身立柱侧脚和生起明显，使得体型稳定而富有韵味。柱上斗拱雄大，高度占到柱高一半。出檐深远，挑出达4米，约当檐口到柱底高度的一半。补间斗拱只有一朵，布局疏朗，呈现出刚健朴质的结构美和本色美。屋顶坡度平缓，

图55 山西五台山佛光寺东大殿立面图

屋檐从立面中心起即向两端以柔韧曲线微微上翘，整座屋顶舒展从容。整条正脊也是中低边高的弧线，两端以尺度颇大而轮廓简洁的内卷鸱吻收束，其位置恰与立柱相应，加强了整体造型的有机性。

2. 山西五台山南禅寺大殿

南禅寺位于山西五台山东冶镇李家庄。寺院坐北向南，有山门、龙王殿、菩萨殿和大佛殿等主要建筑，围成一个四合院形式。除大佛殿是唐代原物外，其余几座殿宇都是明、清时所建。

大殿重建于唐德宗建中三年（782 年），是现存唐代木构建筑中年代最早的。较佛光寺东大殿早 75 年。后经宋、元、明、清各代维修和装绘，唯唐代主要木结构和殿内唐代塑像基本留存，1973 年经过复原修葺，恢复了唐代建筑拙朴浑厚之风貌（图 56）。

大殿单檐歇山顶，面阔进深各三间，面阔 11.75 米，进深 10 米。前檐明间辟板门，两次间为破子棂窗。殿四周施檐柱 12 根，西山施抹楞方柱 3 根，皆为创建时的原物，余皆圆柱，柱底自然料石做柱础。各柱微向内倾，角柱增高，侧脚、生起显著。柱间用阑额联系，无普拍枋，转角处阑额不出头。殿内无柱，无天花板，内部构架一览无余，称为“彻上露明造”。殿顶举折平缓，总举高为前后撩檐榑之间的 1/5.15，即 19.4％。檐出部分仅施檐椽一层，不加飞椽。翼角处大角梁通达内外，无子角梁，平直古朴。

图 56　山西五台山南禅寺大殿

南禅寺大殿虽然很小，但人们仍可以从中感受到大唐建筑的艺术性格。舒缓的屋顶，雄大疏朗的斗拱，简洁明朗的构图，体现出一种雍容大度、气度不凡、健康而爽朗的格调。

3. 河北正定隆兴寺摩尼殿

隆兴寺位于河北正定，是国内现存时代较早，规模较大，保存比较完整的一座佛教寺院。创建于隋开皇六年（586 年），始称龙藏寺，北宋开宝四年（971 年）奉宋太祖赵匡胤之命于寺内修铸一尊高七丈三尺的铜质千手观音并盖大悲阁后，遂以大悲阁为主进行扩建，基本奠定了现有的平面布局和规模，成为国内名刹之一。金、元、明各代均有不同程度的维修。清朝康乾盛世，曾两次奉旨重修全部建筑，寺院规模不断扩大，发展到鼎盛时期，康熙四十九年（1701 年），颁赐“敕建隆兴寺”匾额。

隆兴寺主要建筑分布在南北中轴线上。建筑自南向北依次为照壁、石桥、天王殿、大觉六师殿（遗址）、摩尼殿、牌楼、戒坛、慈氏阁、转轮藏阁、大悲阁、御书楼、集庆阁、弥陀殿、毗卢殿。摩尼殿是其中最具特色的建筑（图 57）。

摩尼殿坐落在中轴线前部，始建于宋仁宗皇祐四年（1052 年），距今已有九百多年历史，总面积为 1400 平方米。殿身五间，进深五间，中央部分为重檐歇山顶。大殿平面呈十字形，这在现存中国古代建筑中十分罕见。这种十字形平面是通过四面正中各出抱厦来实现的，其中位于中轴线上的南北两个抱厦为三开间，东西两个抱厦为一开间。殿顶为绿琉璃瓦剪边、檐下斗拱雄大。从平面看，斗拱斜向 45 度出挑，这也是宋辽金时期建筑中较为典型的做法。

殿内正中北向一泥塑踞坐观音像。其表情自然生动，神态宁静安详，姿态端庄优雅，是不可多得的艺术珍品，被鲁迅先生誉为“东方美神”（图 58）。

图 57　河北正定隆兴寺摩尼殿

图 58　河北正定隆兴寺摩尼殿内泥塑观音像

4．独乐寺观音阁及山门

独乐寺，位于天津蓟县城内西大街。建于唐贞观十年（636 年），辽统和二年（984 年）重建。目前寺中只有山门和观音阁为辽代所建。

山门面阔三间，进深二间，柱身不高，侧脚明显；斗拱雄大，布置疏朗，高度约为柱高之半；屋顶为单檐庑殿顶（图 59）。正脊两端的鸱吻，鱼尾翅转向内，与明、清寺院建筑的大吻龙尾翻转向外不相同，是我国较早的鸱尾实物。南面檐下正中，悬有"独乐寺"扁额，相传是明代严嵩手笔（图 60）。

主体建筑观音阁，是一座三层木结构的楼阁；第二层为结构层，所以在外观上像是两层建筑（图 61）。阁高 23 米，中间腰檐和平坐栏杆环绕，上为单檐歇山顶，飞檐深远。阁内中央的须弥座上，耸立着一尊高 16 米的泥塑十一面观音像，头部直抵楼顶。观音躯干微微前倾，仪态端庄（图 62）。观音塑像两侧，各有一尊胁侍菩萨塑像，均为辽代原塑。

图 59　河北蓟县独乐寺山门

图 60　河北蓟县独乐寺山门匾额

观音像目光穿过阁窗，凝视远方，据称在观音阁正前方数百米处原有一座塔作为观音目光的焦点。如今塔早已不存，只有观音空洞的目光。中国传统建筑所

图 61　河北蓟县独乐寺观音阁

图 62　河北蓟县独乐寺观音阁内观音雕像

注重的不是某一座建筑本身，而是一个组群中每一个单体建筑之间的关系，以及人工建筑物和构筑物与周围环境乃至整个大地之间的关系。我们今天在认识以及保护古代建筑遗产中，应该像古人那样放开眼界，开阔视野，更多地注意建筑群体及其与环境的总体关系。

5. 塔幢

塔源于印度的窣堵坡（Stupa）。在1世纪佛教传入我国以前，我国没有塔，也没有“塔”字。当梵文的Stupa与巴利文Thupo传入我国时，曾被音译为“塔婆”“佛图”“浮图”“浮屠”等，由于古印度的窣堵坡是用于珍藏佛家的舍利子和供奉佛像、佛经之用的，亦被意译为“方坟”“圆冢”，直到隋唐时，翻译家才创造出了“塔”字，作为统一的译名，沿用至今。

5.1 佛塔类型

我国的佛塔，在类型上大致可分为大乘佛教的楼阁式塔、密檐塔、单层塔、喇嘛塔和金刚宝座塔，以及小乘佛教的佛塔几类。

（1）楼阁式塔楼

楼阁式塔是仿我国传统的多层木构架建筑的，它出现较早，历代沿用之数量最多，是我国佛塔中的主流。楼阁式塔最显著的特点就是每层塔都是一个完整的建筑形象，有屋檐、塔身，还有基座。整个楼阁式塔就像由若干单层建筑叠加而成。最著名的楼阁式塔是山西应县佛宫寺释迦塔，也就是应县木塔，又称应州塔。塔建于辽清宁二年（1056 年），是国内现存最古与最完整之木塔（图 63）。

塔位于寺南北中轴线上的山门与大殿之间，属于“前塔后殿”的布局。塔建在方形及八角形的 2 层砖台基上，塔身平面也是八角形，底径 30 米；高 9 层，其中 4 层为结构暗层，因此外观 5 层，67.31 米。

底层的内、外二圈柱都包砌在厚达 1 米的土坯墙内，檐柱外设有回廊，即《营造法式》所谓的“副阶周匝”。而内、外柱的排列，又如佛光寺大殿的“金厢斗底槽”。位于各楼层间的平坐暗层，在结构上因增加了柱梁间的斜向支撑，使得塔的刚性有很大改善，虽经多次地震，仍旧安然无恙。这种结构手法和独乐寺观音阁基本一致。

图 63　山西应县佛宫寺释迦塔

（2）**密檐塔**

密檐塔底层较高，上施密檐 5 ~ 15 层（一般 7 ~ 13 层，用单数），与楼阁式塔相对，密檐塔每层不是完整的建筑形象，视觉上最突出的就是屋檐，因此整座塔像是由层层屋檐重叠而成，故名密檐塔。密檐塔大多不供登临眺览，有的虽可登临，但因檐密窗小，又不能外出，故观览效果远不如楼阁式塔。建塔材料一般用砖、石。

图 64　河南登封嵩岳寺塔

河南登封嵩岳寺塔在登封嵩山南麓，是我国现存最古的密檐式砖塔，建于北魏正光四年（523 年），塔顶重修于唐（图 64）。

塔平面为 12 边形，是我国塔中的孤例。建有密檐 15 层，高 40 米。此塔最下为低平台座。上建划为二段之塔身，下层塔身平素，无门窗及任何装饰。上层塔身辟饰以火焰式尖瓣之拱门及小龛，龛下置有壶门之须弥座。转角立莲瓣依柱。虽门楣及佛龛上已用圆拱券，但装饰仍多保存外来风格。密檐出挑都用叠涩，未用斗拱。塔心室为八角直井式，以木楼隔板为 10 层。

塔身外轮廓有缓和收分，呈一略凸之曲线。塔刹则用石构成，其形式为在简单台座上置俯莲覆钵，束腰及仰莲，再叠相轮七重与宝珠一枚。

密檐间距离逐层往上缩短，与外轮廓的收分配合良好，使庞大塔身显得稳重而秀丽。檐下的小窗，既打破了塔身的单调，又产生了对比作用，也是较好的处理手法。

（3）**单层塔**

单层塔大多用作墓塔，或在其中供奉佛像。前者已知最早遗例建于北齐，后者则为隋代。至唐代时，其外形已大力模仿木构，隐出柱、枋、斗拱等

图 65　山东历城神通寺四门塔

各种构件。塔的平面有方、圆、六角、八角多种。

山东济南神通寺四门塔在济南市南部山区，地处柳埠国家森林公园。塔全由石建，根据内部题记，最迟建于隋大业七年（611 年）（图 65）。

平面方形，每面宽 7.38 米，中央各开一圆拱门。塔室中有方形塔心柱，柱四面皆刻佛像。塔檐挑出叠涩 5 层，然后上收成四角攒尖顶，最上置山花蕉叶托相轮，全高约 13 米。整个风格朴素、简洁。

（4）**喇嘛塔**

喇嘛塔分布地区以西藏、内蒙古一带为多。多作为寺的主塔或僧人墓，也有以塔门（或称过街塔）形式出现的。内地喇嘛塔始见于元代，明代起塔身变高瘦，清代又添“焰光门”。

北京妙应寺白塔在阜成门内，又称白塔。建于元至元八年（1271 年），是尼泊尔著名工匠阿尼哥的作品，全高约 53 米。

塔建在凸字形台基上。台上再设亚字形须弥座 2 层（角部向内递收二折），座上置覆莲与水平线脚数条，承以肥短的塔身（又称宝瓶或塔肚子）、塔脖子、十三大（即相轮）与金属的宝盖。塔体为白色，与上部金色宝盖相辉映，外观甚为壮伟（图 66）。

（5）**金刚宝座式塔**

金刚宝座塔是 5 座塔共用一座台基，仅见于明、清两代，为数很少。台上塔的式样，或为密檐塔，或为喇嘛塔。

北京大正觉寺金刚宝座塔在西直门外，创建于明永乐间，原名真觉寺，

图 66　北京妙应寺白塔

图 67　北京正觉寺金刚宝座塔

因有五塔，故又称五塔寺。塔建于明成化九年（1473 年），是我国此类佛塔的最典型实例（图 67）。虽模仿印度的菩提迦耶大塔，但在塔的造型和细部上全用中国式样。

它是在由须弥座和5层佛龛组成的矩形平面高台上，再建5座密檐方塔。台座南面开一高大圆拱门，由此入内，可循梯登台。台上中央的密檐塔较高，13 层；四角的较小，11 层。

5.2 幢

幢，原是中国古代仪仗中的旌幡，是在竿上加丝织物做成，又称幢幡。由于印度佛教的传入，特别是唐代中期佛教密宗的传入，起先将佛经或佛像书写在丝织的幢幡上，为保持经久不毁，后来改书写为石刻在石柱上，因此称为经幢。经幢一般由幢顶、幢身和基座三部分组成，主体是幢身，刻有佛教密宗的咒文或经文、佛像等，多呈六角或八角形（图 68）。

图 68　山西五台山佛光寺东大殿前经幢

唐代经幢形体较粗壮，装饰也较简单。宋代经幢高度增加，较瘦长，幢身分为若干段，装饰也更加华丽。

河北赵县陀罗尼经幢全高 15 米，幢身为八角形，由下往上面积递减（图 69）。

该幢基座分为 3 层：底层是边长约为 6 米的方形低平须弥座，由莲瓣、束腰及叠涩二道组成。其束腰以束莲柱将每面划分为 3 间，中刻火焰式拱门、佛像、力神及妇女掩门等雕饰。第 2 层八角形基座是上、下各用三层叠涩的须弥座，束腰用间柱和坐在莲瓣上的歌舞伎乐。第3层八角形基座用宝装莲瓣与束腰作为回廊建筑的形式，回廊每面3间，有柱础、收分柱和斗拱，当心间前雕刻有踏步，其他各间分别雕刻佛陀本生故事。

图69　河北赵县陀罗尼经幢

幢身也分为三段：下段包括宝山、刻有经文的八角幢柱和施缨络垂帐的宝盖。中段包括有狮象首和仰莲的须弥座、八角幢柱和垂缨宝盖。上段由2层仰莲、八角幢柱、有显著收分的城阙（刻释迦游四门故事）组成。

宝顶段有带屋顶的佛龛、蟠龙、八角短柱、仰莲、覆钵和宝珠等。

幢各部比例很匀称，细部雕刻也很精美，在造型和雕刻上都达到很高水平，是国内罕见的石刻佳品。

第六章

祭祀建筑

《春秋·左传》曰："国之大事，在祀与戎。"对于"戎"也就是军事的作用都好理解，而对于"祀"也许今天的人不太容易理解其对于国家稳定的重要性。古代帝王强调"君权神授"，因此必须用各种手段来强调君权来自神授，否则其统治的合法性就会被怀疑甚至被动摇。"祀"是帝王与神之间的交流，对这种交流权力的垄断成为统治者强化自己权力来自神的一个重要步骤。"祀"实际上是统治者稳定其统治在精神方面的动作，与此相对应，"戎"就是在物质方面的手段。

《三辅黄图》解释宗庙曰："宗，尊也；庙，皃（貌）也，所以仿佛先人尊貌也。"宗庙是祭奠祖先的场所。和祀神对于国家的重要性一样，祭祖对于普通人来说同样具有不可或缺的作用。在中国传统农业社会中，土地对于家族的重要性不言而喻。然而在理想社会模型中，人与土地相对固定，禁止土地流通使某人拥有的土地不会逐渐增加。为了保持土地不会越来越小，必须保持家族的统一和完整。一个家族共同的祖先就是维系家族完整的重要标志，在对共同祖先的祭奠追忆过程中，一个家族实现了交流、沟通和团结。祭祖的家庙成为一个家族最重要的建筑。

祀神和祭祖都是中国传统生活中最重要的活动。《礼记》曰："君子将营宫室，宗庙为先，厩库为次，居室为后。"祭奠祖先的家庙才是最重要的。

祭祀建筑往往还被称为"坛庙建筑"。对于"庙"字的解释，在"宗教建筑"一章已作说明。"庙"的本意是指祭祀祖先的场所，比如从家庙、太庙、庙堂等词都可以看出"庙"的庄严神圣。"坛"往往指用来祭祀各种神的场所，比如祭天，称为天坛；祭地，称为地坛；等等。因此，把祭祖和祀神的场所统称为祭祀建筑。不过虽然都是祭祀建筑，但是坛和庙因为功能不同，而具有不同的建筑形式。简单说来，庙需要摆放祖宗牌位，容纳祭祖等活动，因此是一座或一组建筑物；而坛需要提供一个和神直接交流的场所，因此往往是一座高台，其上不建任何建筑物。

1. 明堂

据文献记载，明堂创始于黄帝，夏代叫“世室”，商代叫“重屋”，周代才叫“明堂”。古代文化的中心在宗教，而明堂则是以宗教为中心，集宗教、政事、教化为一体的所在。商周以后，明堂的职能渐渐发生分化，主要是天子祭祖祀天的所在。儒家经典对明堂的建筑模式没有明确记载，所以后代聚讼纷纭。

据《逸周书·明堂解第五十五》的解释，明堂是周公所建，目的是明诸侯之尊卑，所以在明堂朝见诸侯。明堂的式样为：“明堂方百一十二尺，高四尺，阶广六尺三寸。室居中方百尺，室中方六十尺，户高八尺，广四尺。东应门，南库门，西皋门，北雉门。东方曰青阳，南方曰明堂，西方曰总章，北方曰玄堂，中央曰太庙。左为左介，右为右介。”

据《吕氏春秋通诠》载：明堂中方外圆，通达四出，各有左右房……东出谓之青阳，南出谓之明堂，西出谓之总章，北出谓之玄堂。

汉武帝封禅泰山后，想仿照古代传统修建明堂，却无人能说清其具体样式。于是方士公玉带献上了一张黄帝时期的明堂图：图中有一宫殿，四面无壁，以茅草为盖，四周环水。汉武帝就照这张图，修建了汉家明堂。但据后人考证，这张黄帝明堂图是公玉带伪造的。尽管如此，汉代以后历代王朝所建明堂，基本上沿袭了这一模式，即宫殿上圆下方，四周环水。这在古代有着神秘的象征意义。东汉桓谭解释说：“天称明，所以命名曰明堂。上圆法天，下方法地，八窗法八风，四达法四时，九室法九州，十二座法十二月，三十六户法三十六雨，七十二牖法七十二风。”

历代明堂以武则天所建“万象神宫”最为壮丽。宋政和年间东京建成明堂一所。明嘉靖年间北京南郊建大享殿（今北京天坛祈年殿）也有明堂之意。

2. 北京天坛

提到天坛，往往会在脑海中浮现那个著名的场景：广袤的大地，碧空如洗，中间矗立巍峨的三重檐圆形建筑（图 70）。这个建筑如此著名，以至成为北京旅游业的象征。然而，这却是一个误会。祭天的场所并非这座建筑，这座建筑名叫“祈年殿”，用来祈求五谷丰登之用，真正的天坛位于祈年殿之南一座圆形的高台，称为“圜丘”，这里才是古代皇帝祭天的场所。

古代帝王亲自参加的最重要的祭祀有三项：天地、社稷、宗庙。所谓坛庙，主要指的就是天坛、社稷坛、太庙，还有其他一些祭祀建筑。它们都各有自己的形制演变，今天所见，为明代制定。 最隆重的祭祀是祭天。皇帝例于每年冬至祭天；皇帝登位也例须祭告天地，表示“受命于天”。

图 70　北京天坛祈年殿

祭天起源很早，《周礼·大司乐》云“冬至日祀天于地上之圜丘”；但是采取周制祭天，其实是很晚以后魏晋时的事。

北京天坛建于明永乐十八年（1420年），与故宫同时修建，位于北京城的南端。明初建都南京，实行天地合祭，建大祀殿，而不是露祭，这是不合于古制的。明迁都北京，仍建合祭大祀殿；但南京大祀殿为矩形平面，北京则为圆形。天坛面积约270平方米，分为内坛和外坛两部分，主要建筑物都在内坛（图71）。南有圜丘坛、皇穹宇，北有祈年殿、皇乾殿，由一座高2米半、宽28米、长360米的甬道，把这两组建筑连接起来。

大祀殿初为三重檐，上檐青色表示天，中檐黄色表示地，下檐绿色表示万物。嘉靖时，改大祀殿称祈谷坛，降为雩祭（求雨、求丰年）之所，另设圜丘为祭天之坛，形成今天所见的平面布置。在城北增设地坛，实行天地分祭。嘉靖时，并建朝日坛及夕月坛，分别位于北京东郊和西郊。清乾隆时，改建天坛，加大圜丘尺寸，重新雕琢全部地面、台基、栏杆石作；石坛每层周围都有汉白玉栏杆和栏板。坛面、台阶、栏杆所用石块全是九

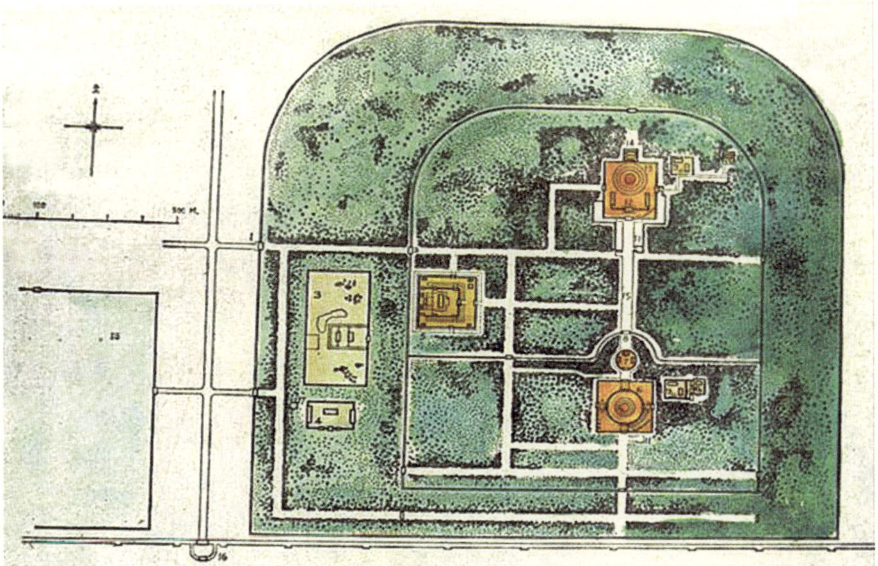

图71 北京天坛平面图

图 72　北京天坛皇穹宇

的倍数，九为阳数中最大，据说，这是象征九重天。

这次修缮后，将祈谷坛易名祈年殿，三重檐不同色改为一律青色。这一改使祈年殿获得纯净统一的色调，更为庄重鲜明。现存祈年殿是雷火焚毁后于光绪十六年（1890 年）重建，殿高 38 米，是一座有鎏金宝顶的三重檐的圆形大殿。大殿的全部重量都依靠 28 根巨大的楠木柱支撑着。殿内地面正中，是一块圆形大理石，上面有天然的龙凤花纹，与殿顶中央的盘龙藻井遥遥相对。

皇穹宇位于圜丘正北，是一座单檐圆形建筑，高 19 米多，直径 15.6 米。单檐蓝瓦，殿顶有鎏金宝顶，殿下有台基和汉白玉的栏杆（图 72）。内存“昊天上帝”牌位，祭天时取出，完毕放回。皇穹宇外有一道圆形磨砖对缝的围墙，围墙亦是圆形，因墙体坚硬光滑，所以是声波的良好反射体，又因圆周曲率精确，声波可沿墙内面连续反射，向前传播，所以人贴墙而站，能听见站在圆形围墙对面的人说话，因此这道圆形围墙被称为“回音壁”。这说明了这组建筑施工质量极佳，回音并非建造目的。

现存中国最大的“庙”就是北京的太庙。太庙位于北京城中轴线之东、宫城之南，符合《周礼·考工记》记载的“左祖右社”之制，是明清两代皇帝祭奠祖先的家庙，始建于明永乐十八年（1420 年），占地 200 余亩。太庙是皇帝举行祭祖典礼的地方，大殿两侧各有配殿 15 间，东配殿供奉着历代的有功皇族神位，西配殿供奉异姓功臣神位。大殿之后的中殿和后殿都是黄琉璃瓦庑殿顶的 9 间大殿，中殿称寝殿，后殿称祧庙。此外还有神厨、神库、宰牲亭、治牲房等建筑。太庙以古柏著称，树龄多高达数百年，千姿百态，苍劲古拙。

太庙享殿又名前殿，明清两代皇帝举行祭祖大典的场所（图 73）。始建于明永乐十八年（1420 年），是整个太庙的主体。后虽经明清两代多次修缮，但基本保持明代规制。黄琉璃瓦重檐庑殿顶，檐下悬挂满汉文“太庙”九龙贴金额匾。面间 11 间（长 68.2 米），进深 6 间（宽 30.2 米），坐落在 3 层（高 3.46 米）汉白玉须弥座上，殿高 32.46 米。殿内梁栋饰金，地设金砖，68 根大柱及主要梁桥为金丝楠木，是我国现存规模最大的金丝楠木宫殿。清代皇帝祭祖，每年四季首月祭典称“时享”，岁末祭典称“袷祭”，凡婚丧、登极、亲政、册立、征战等国家大事之祭典称“告祭”。殿内陈设金漆雕龙雕凤帝后神座及香案供品等。祭前先将祖先牌位从寝殿、祧庙移此殿神座安放，然后举行隆重的仪式。

图 73　北京太庙享殿

第七章

园林建筑

提到中国古代园林，我们首先想到的是“小桥流水”“曲径通幽”“白墙青瓦”等。这些都是中国古代园林艺术传承演变到今天留给我们的典型手法。事实上，中国园林从最初以实用为主到后来升华为一种纯粹的艺术形式，经历了漫长的发展过程。

中国园林发展大致经历了五个历史阶段：①汉以前以帝王贵族狩猎园囿为主体；②魏、晋、南北朝奠定了山水园的基础，使园林成为真正的艺术；③唐代风景园全面发展；④两宋造园普及；⑤明清形成中国园林艺术的最后兴盛时期。

我们依然可以从古汉字来推测中国园林最初的形态。甲骨文中的“囿”表示的是一块方形的田地，栽种着整齐的青苗（图 74）；甲骨文中的“圃”同样是方形的田地，只不过把青苗移到了田地外面（图 75）。《说文》云：囿，苑有垣也。一曰禽兽曰囿。圃，种菜曰圃。又说：囿，养禽兽也；园，所以树果也。《周礼》云：园圃树果瓜，时敛而收之。《汉旧仪》载：上林苑方三百里，苑中养百兽，天子秋冬射猎取之。其中离宫七十所，皆容千乘万骑。汉代著名文学家司马相如的《上林赋》《子虚赋》等文学作品对上林苑作了生动描写，虽有夸张，然上林苑规模之宏大亦可窥一斑。可以看出，园林最初具有实用的功能——栽种植物或养殖动物，统治者的园林还有另外一个功能——操演军队，游赏玩乐并不是建造园林的主要目的。

图 74　甲骨文中的“囿”字

图 75　甲骨文中的“圃”字

1. 清代皇家园林

清代皇家园林兴盛，这和清代早期国势强盛有关，皇帝有能力组织大规模的园林兴建工程，北京的静宜园（今香山公园）、静明园（今玉泉山）、畅春园、清漪园（今颐和园）以及承德避暑山庄都兴建或重修于康乾时期。

清代帝苑一般有两大部分：一部分是居住和朝见的宫室，另一部分是供游乐的园林。清代园囿理景的指导思想是集仿各地名园胜迹于园中。根据各园的地形特点，把全园划分为若干景区，每区再布置各种不同趣味的风景点和园中园。

帝王园囿由于其政治和生活上的要求而产生特定的建筑布局与形式，和一般宫廷建筑不同。宫廷建筑极其严肃隆重：轴线对称，崇台峻宇，琉璃彩画，高脊重吻。园囿建筑除了朝会用的那一部分外，其他多较活泼，随宜布置，使人有亲切轻松感，建筑式样变化多，与地形结合紧密，和山石、花木、池水打成一片，建筑体量比较小巧，屋面以灰瓦卷棚顶为多，常不用斗拱，装修简洁轻巧，或不用彩画，即用也较素雅等。但和文人园林相比，则皇家园林又显得堂皇而壮丽，大木构件比例基本是官式做法，常有庙宇布置在园中，成为重要的风景点或构成图中心，如承德避暑山庄、颐和园、圆明园等都有若干庙宇。其中的一些塔殿楼阁作为苑中的中心建筑，为了与空间相衬，体量与尺度都很高大，如北海的白塔、颐和园的佛香阁等。

在园囿中也运用我国传统的叠石手法，但园林面积很大，不可能依靠石山来作园中主要景物，只能是在一些园中之园的小范围中，使用若干石山。而在大范围内，主要还是依靠堆土来形成山丘沟壑的地形起伏，再适当与真山相结合的办法。这一点也是与私家园林不同的。

至于花木配植，也因园林规模大而作群植或成林布置，不同于私家园林的以单株欣赏为主。

由于园囿规模大，又根据自然山水改造而成，因此各园都巧利用地形，因地制宜，形成各自的特色。

清代皇家园林的典型代表——三山五园。三山五园是北京西郊一带皇家行宫园囿的总称，是从康熙朝至乾隆朝陆续修建起来的。自辽、金以来，北京西郊即为风景名胜之区，西山以东层峦叠嶂，湖泊罗列，泉水充沛，山水衬映，具有江南水乡的山水自然景观。因此，历代王朝皆在此地营建行宫别苑。乾隆时为增加玉河水量以满足京城用水需要，同时为防洪及发展西郊水稻生产，而大规模整治西山水系。河湖水系的改善为进一步开拓西郊风景园林建设打下基础。三山五园始建于清康熙时期，兴盛于乾隆时期，大多在1860年第二次鸦片战争中被焚毁。

1.1. “三山五园”一称的来源

第一种说法认为：三山是指万寿山、香山和玉泉山。三座山上分别建有静明园、静宜园、清漪园（颐和园），此外还有附近的畅春园和圆明园，统称五园。

第二种说法认为：五园的范围不包括静宜园、静明园、清漪园，而是另指圆明园、长春园、绮春园（三者合称圆明园）和畅春园、西花园（两者合称畅春园）这五座园林，因此“三山五园”实际上包括八座园林。

第三种说法则将畅春园排除在外，认为圆明三园及圆明园附属的另外两座园林——春和苑［又名春熙院，乾隆后期至嘉庆时陆续拆分为淑春园（漱春园）、鸣鹤园、朗润园、镜春园，在今北京大学校园内］和熙春园（咸丰时拆分为熙春园和近春园，在今清华大学校园内）才是“五园”，这种说法的理由是五园及三山都是供皇帝游幸的，而畅春园为皇太后居住的园林，不应包括在内。

1.2. 历史沿革

北京西北郊区泉水丰富，风景秀丽，早在金代便已在西山地区建立了名为“八大水院”的八处离宫。明时在此营建了多处带有园林的寺庙和私家园林，最著名的是外戚李伟的清华园（清代改建为畅春园，与现存的清华园同名异地）和米万钟的勺园（在今北京大学校园内）。但明朝时期由于西北存在蒙古边患，没有在北京西郊修建皇家园林。

清朝入关后，由于满族游猎文化影响，其皇帝不喜久居宫城，多在宫外寻找风景优美之处居住。顺治帝常居于南苑和皇城的西苑。康熙帝即位初期，于康熙十九年（1680 年）将玉泉山南麓改为行宫，命名为“澄心园”，并在香山寺旁建行宫。康熙二十三年（1684 年），在清华园废址上修建了畅春园，成为北京西郊第一处常年居住的离宫。在畅春园周围为各皇子和宠臣的赐园，著名的有圆明园、自得园、水村园等。

雍正三年（1725 年），雍正帝将圆明园升为离宫，开始大规模扩建，将其面积由 300 亩扩大至约 3000 亩，并命名了“圆明园二十八景”。乾隆帝即位后，开始了大规模的园林兴建。他首先在乾隆二年（1737 年）将圆明园二十八景扩建为四十景，随后在乾隆十年（1745 年）在其东边修建长春园。同年在香山修建静宜园，建成二十八景。1749 年（乾隆十四年），为向其母祝寿，在瓮山（改名万寿山）兴建清漪园，至 1764 年建成。同一时期对太后居住的畅春园进行大修，在其西部增建西花园，为皇子读书、居住之所。1750 年（乾隆十五年）扩建玉泉山静明园（1692 年由澄心园改名），将玉泉山全部圈占，并修建了静明园十六景，1759 年建成。1760 年，长春园北部西洋楼景区竣工。1769 年，将圆明园东南若干皇子和公主赐园收回，并为绮春园。至此“三山五园”工程基本全部完成。

在全盛时期，自海淀镇至香山，分布着静宜园、静明园、清漪园、圆明园、长春园、绮春园、畅春园、西花园、熙春园、镜春园、淑春园、鸣

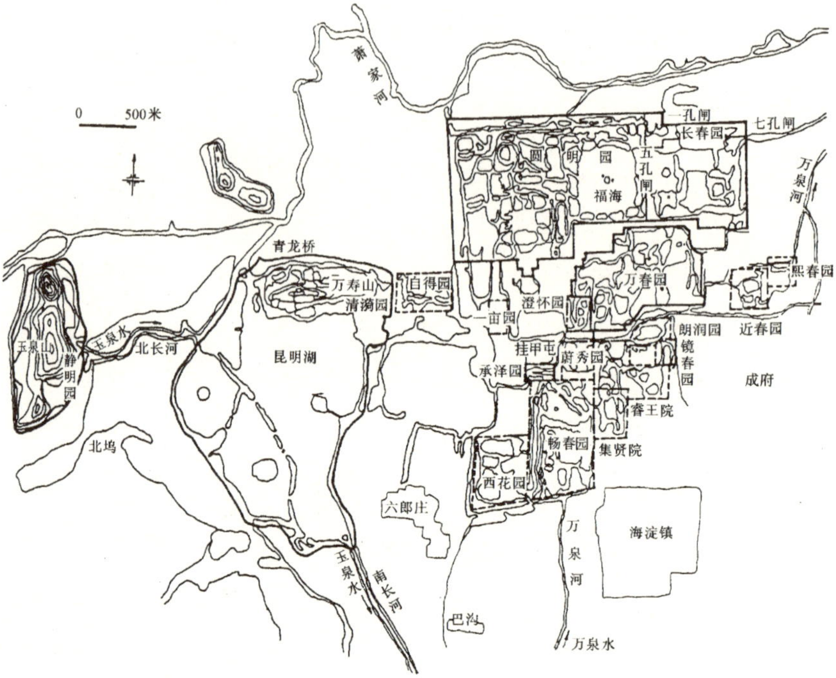

图 76　北京西郊清代苑园分布图

鹤园、朗润园、弘雅园、澄怀园、自得园、含芳园、墨尔根园、诚亲王园、康亲王园、寿恩公主园、礼王园、泉宗庙花园、圣化寺花园等，90 多处皇家离宫御苑与赐园，园林连绵二十余里，蔚为壮观（图 76）。

嘉庆以后，清朝国力逐渐衰落，无力增建新的园林。道光帝甚至令撤除三山各宫殿的家具陈设，实际上相当于将其废弃，放任不顾。1860 年第二次鸦片战争中，英国军队将西郊各园林悉数焚毁。同治年间曾计划重建圆明园，为此拆除了周围附属园林中幸存建筑的木料，但因财力窘迫而被迫搁置。1884 年集中力量重修清漪园（前山部分），改名为颐和园。1900 年八国联军占领北京后，虽然未对颐和园加以破坏，但移走了园中大量文物陈设，圆明园内的残存建筑和树木也被中国百姓哄抢殆尽。

清朝灭亡后，颐和园被列为皇室财产，对公众开放。1924 年后由北平市政府接管，改为公园，但不少院落被改为私宅。香山静宜园遗址在清末被皇室赐给教育家英敛之、熊希龄等人，用于开办学校，民国时期香山多处地方被北洋政府官员圈占，兴建别墅。玉泉山的情况与之类似。

圆明园遗址中残存的石雕、栏杆、太湖石、围墙、砖瓦被移走兴建花园、坟墓（张作霖、谭延闿等人墓地均使用了圆明园石料），部分华表、石狮、假山湖石被移置于燕京大学、清华大学、正阳门、新华门、中山公园等处。畅春园残留遗迹也被搬运一空。圆明园周围各附属园林及亲王赐园，大多转卖给燕京大学和清华大学以及民国显贵富商，部分园林保存至今。

2. 文人园林

江南的私家园林是中国古典园林中最具代表性的精华部分，按规模可以分为小、中、大型，按选址可以分成“城市地”“山林地”“江湖地”“村庄地”等，按具体的景色可以分山景园、水景园、山水园和植物园。

2.1 寄畅园（图 77）

寄畅园坐落在无锡市西郊东侧的惠山东麓，毗邻惠山寺。原为惠山寺僧舍，明嘉靖初年（约 1527 年前后）曾任南京兵部尚书秦金（号凤山）得之，辟为园，名“凤谷山庄”。万历十九年（1591 年），园主秦燿取王羲之《答许椽》诗“取欢仁智乐，寄畅山水阴”句中的“寄畅”两字名园，流传至今。

现在寄畅园的面积为 14.85 亩，南北长，东西狭。园景布局以山池为中心，巧于因借，混合自然。假山依惠山东麓山势作余脉状。又构曲涧，引“二泉”伏流注其中，潺潺有声，世称“八音涧”，前临曲池“锦汇漪”。而郁盘亭廊、知鱼槛、七星桥、涵碧亭及清御廊等则绕水而构，与假山相映成趣。

清朝的康熙、乾隆二帝曾多次游历此处，一再题诗。北京颐和园内的谐趣园，圆明园内的廓然大公（后来也称双鹤斋），均为仿无锡惠山的寄

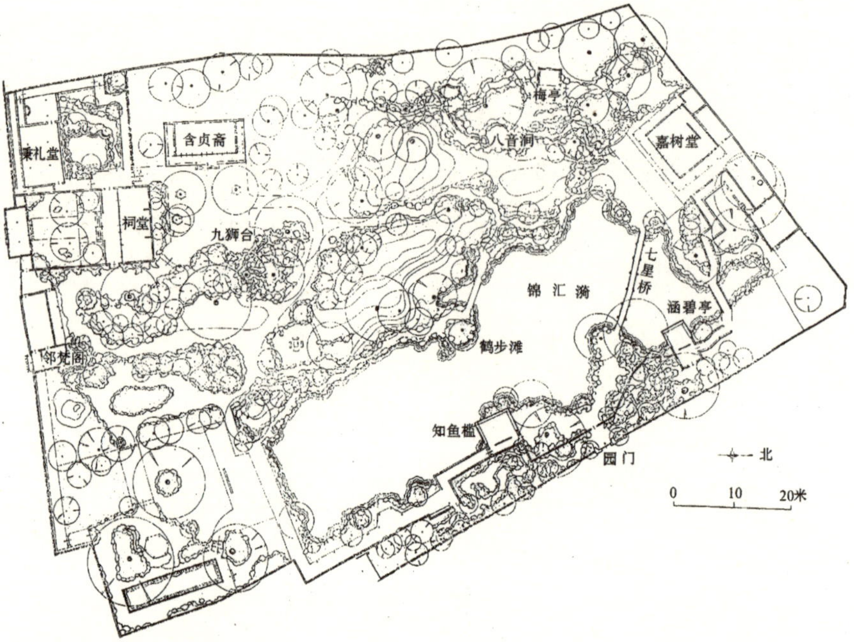

图 77　江苏无锡寄畅园平面图

畅园而建。

寄畅园主要赏景建筑都背东面西。

为便于西借惠山，从知鱼槛、涵碧亭、环翠楼、凌虚阁等主要观赏点望去，但见惠山绿嶂巍峙。它东南借锡山，“今且锡山姑且置，闲闲塔影见高标”。无论在环翠楼、鹤步滩、六角石亭，举目所极，龙光塔影，总是近在咫尺，使得只有十五亩的寄畅园，收纳了惠山、锡山，使景观延伸得很远，有限的空间变成无限的空间。这是我国传统的造园手法之一——借景的巧妙运用。

2.2 留园（图 78）

留园始建于明朝，称东园、寒碧山庄，后归刘姓，改刘园，再名“留园”。与苏州拙政园、北京颐和园、承德避暑山庄并称全国四大名园。留园坐落在苏州阊门外，明万历年间太仆徐泰时所建，时称东园，清嘉庆时归

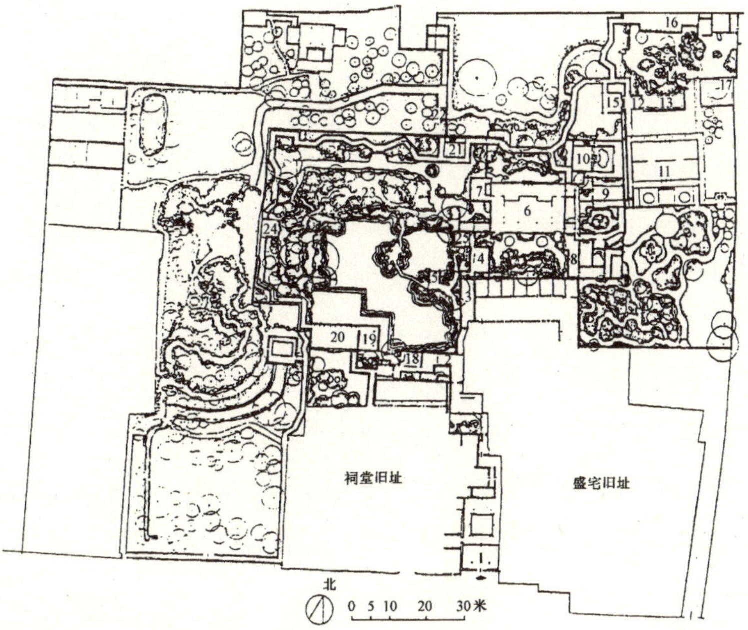

图 78　江苏苏州留园平面图

曾任广西右江兵备道的刘恕，名寒碧山庄，俗称刘园。同治年间盛旭人（其儿子即盛宣怀，清著名实业家、政治家，南洋公学创始人）购得，重加扩建，修葺一新，取“留”与“刘”的谐音，始称留园。科举考试的最后一个状元俞樾作《留园记》称其为吴下名园之冠。

留园占地30余亩，集住宅、祠堂、家庵、园林于一身，该园综合了江南造园艺术，并以建筑结构见长，善于运用大小、曲直、明暗、高低、收放等文化，吸取四周景色，形成一组组层次丰富、错落相连的，有节奏、有色彩、有对比的空间体系。

留园内建筑的数量在苏州诸园中居冠，厅堂、走廊、粉墙、洞门等建筑与假山、水池、花木等组合成数十个大小不等的庭园小品。其在空间上的突出处理，充分体现了古代造园家的高超技艺、卓越智慧和江南园林建筑的艺术风格和特色。建筑物将园划分为几部分，各建筑物设有多种门窗，可沟通各部景色，使人在室内观看室外景物时，能将以山水花木构成的各种画面一览无余，视野空间大为拓宽。

留园全园分为四个部分，在一个园林中能领略到山水、田园、山林、庭园四种不同景色：中部以水景见长，是全园的精华所在；东部以曲院回廊的建筑取胜，园的东部有著名的佳晴喜雨快雪之厅、林泉耆硕之馆、还我读书处、冠云台、冠云楼等十数处斋、轩，院内池后立有三座石峰，居中者为名石冠云峰，两旁为瑞云、岫云两峰；北部具农村风光，并有新辟盆景园；西区则是全园最高处，有野趣，以假山为奇，土石相间，堆砌自然。池南涵碧山房与明瑟楼为留园的主要观景建筑。

留园以水池为中心，池北为假山小亭，林木交映。池西假山上的闻木樨香轩，则为俯视全园景色最佳处，并有长廊与各处相通。

留园内的建筑景观还有表现淡泊处世之坦然的“小桃源（小蓬莱）”（图79）以及远翠阁、曲溪楼、清风池馆等。

留园内的冠云峰乃太湖石中绝品，齐集太湖石“瘦、皱、漏、透”四奇于一身，相传这块奇石还是宋末年花石纲中的遗物。北宋末年，虽然北面战事吃紧，金兵压境，但宋徽宗却在东京城内大兴土木，建造“延福宫”“万寿山”。他下令在全国范围内征集奇花异石，夸口要搜罗天下珍品于宫廷之中。徽宗崇宁四年特地在苏州设立了苏杭应奉局，专门负责搜罗名花奇石。冠云峰就是未来得及运的花石纲的遗物。

图 79　留园小蓬莱

五峰仙馆俗称“楠木殿”。“五峰”源于李白的诗句：“庐山东南五老峰，晴天削出金芙蓉。”楠木殿厅堂面阔 5 间，中间用纱隔屏风隔出前后两厅。其中前厅约占了整个建筑的 2/3 的面积。正厅中间朝南设供桌、天然几、太师椅等家具，左右两边分设几、椅（图 80）。众多家具将正厅空间分隔成为明间、次间和梢间等空间系列，这样的空间分布较一般的江南厅堂更加错综复杂、典雅繁美。仙馆东西墙上分别设了一列开合非常大，但是装饰却简洁精雅的窗户。这样的做法是要把窗户外的两个小庭院的风景借鉴进来，拓展厅堂的视觉空间，保证建筑中有充分的光线，所以感觉这个厅堂宽敞明亮，宏丽而大气。五峰仙馆的建筑用材非常奢华，梁柱全部采用楠木，中间也全部采用红木银杏纱隔屏风。使用如此贵重的木材可见五峰仙馆在留园中的地位非比寻常。

图 80　留园五峰仙馆室内

五峰仙馆内保存有一件号称“留园三宝”之一的大理石天然画“鱼化石”。是立于墙边一面大理石立屏，石表面中间部分隐隐约约群山环抱，悬壁重叠，下部流水潺潺，瀑布飞悬，上部流云婀娜，正中上方，一轮白白的圆斑，就像一轮太阳或者一轮明月，这是自然形成的一幅山水画，这块直径 1 米左右的大理石出产于云南苍山山中，厚度仅有 15 毫米。

涵碧山房取义宋朱熹诗“一水方涵碧，千林已变红”。建筑面池，水清如碧，“涵碧”二字不仅指池水，同时也指周围山峦林木在池中的倒影，故借以为名。建筑3间，卷棚硬山造，东面紧靠明瑟楼，刘氏时称“卷石山房”，盛氏时名“涵碧山房”，因建筑前临荷池，故通常又称荷花厅，俞樾《留园记》中“凉台燠馆”即是指此。

闻木樨香轩是留园中另一座著名的建筑。木樨就是桂花，小轩周围遍植桂花，农历八月桂花开放，香气扑鼻。然而，“闻木樨香”所指不仅于此，而是来自一段著名的公案。相传北宋著名文学家黄庭坚曾经师从著名禅师慧堂学禅，然而学了几年似乎没有收获，于是便向慧堂发问，想要其传授一点便捷法门给自己。慧堂没有直接回答，而是引用了《论语》中的一段话：二三子，以我有隐乎？吾无隐乎耳。这段话是孔子对他的学生说的，意思是你们几个小子以为我对你们有所隐瞒，其实我对你们没有隐瞒啊。慧堂问黄庭坚是否知道这句话的意思。对于饱读诗书的黄庭坚来说，这太容易了，刚要回答，慧堂打断了黄庭坚摇头说："不是，不是。"然后走开了。留下一头雾水的黄庭坚愣在原地。不久之后，师徒二人一起登山，时值秋季，开放的桂花满山遍野。行间，慧堂忽然停下脚步，回头问黄庭坚："闻木樨香否？"黄庭坚答："闻！"慧堂笑着说："吾无隐乎耳！"据说，在这一刻，黄庭坚恍然大悟，原来所谓的佛法就像这桂花香一样，虽然看不见摸不着，但却无处不在，需要自己用心体会才是。

中国园林是园主人抒发感情的工具，是寄托园主人情操的载体。欣赏园林需要欣赏者同样具有渊博的知识和不凡的修养，只有这样的人才能和园主人产生心灵的共鸣。

2.3 拙政园（图 81）

拙政园位于苏州城内东北。始建于明正德年间。包括中部、东部和西部三个部分。

此地初为唐代诗人陆龟蒙的住宅，元朝时为大弘（宏）寺。明正德四年（1509 年），明代弘治进士、明嘉靖年间御史王献臣仕途失意归隐苏州后将其买下，聘著名画家、吴门画派的代表人物文征明参与设计蓝图，历时 16 年建成，借用西晋文人潘岳《闲居赋》中"筑室种树，逍遥自得……灌园鬻蔬，以供朝夕之膳（馈）……此亦拙者之为政也"之句取园名，暗喻自己把浇园种菜作为自己（拙者）的"政"事。园建成不久，王献臣去世，其子在一夜豪赌中，把整个园子输给徐氏。400 多年来，拙政园屡换园主，

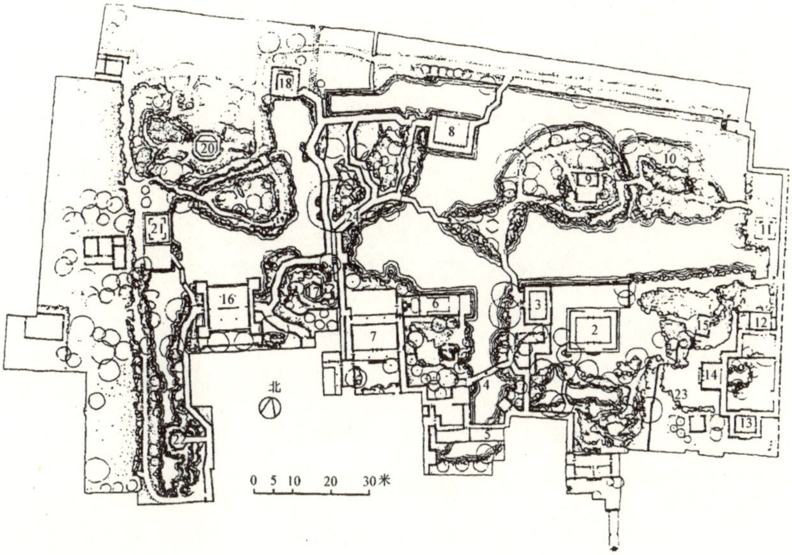

图 81　江苏苏州拙政园平面图

曾一分为三，园名各异，或为私园，或为官府，或散为民居，直到 20 世纪 50 年代，才完璧合一，恢复初名“拙政园”。拙政园全园占地 78 亩（52000 平方米），分为东、中、西和住宅四个部分。现有的建筑，大多是清咸丰九年（1850 年）拙政园成为太平天国忠王府花园时重建。

拙政园的布局疏密自然，其特点是以水为主，水面广阔，景色平淡天真、疏朗自然。它以池水为中心，楼阁轩榭建在池的周围，其间有漏窗、回廊相连，园内的山石、古木、绿竹、花卉，构成了一幅幽远宁静的画面，代表了明代园林建筑风格。拙政园形成的湖、池、涧等不同的景区，把风景诗、山水画的意境和自然环境的实境再现于园中，富有诗情画意。淼淼池水以闲适、旷远、雅逸和平静氛围见长，曲岸湾头，来去无尽的流水，蜿蜒曲折、深容藏幽而引人入胜；通过平桥小径为其脉络，长廊逶迤填虚空，岛屿山石映其左右，使貌若松散的园林建筑各具神韵。整个园林建筑仿佛浮于水面，加上木映花承，在不同境界中产生不同的艺术情趣，如春日繁花丽日，夏日蕉廊，秋日红蓼芦塘，冬日梅影雪月，无不四时宜人，处处有情，面面生诗，含蓄曲折，余味无尽，不愧为江南园林的典型代表。

主景区在拙政园的中部，为精华所在。面积约 18.5 亩。其总体布局以水池为中心，亭台楼榭皆临水而建，有的亭榭则直出水中，具有江南水乡的特色。池广树茂，景色自然，临水布置了形体不一、高低错落的建筑，主次分明。总的格局仍保持明代园林浑厚、质朴、疏朗的艺术风格。以荷香喻人品的“远香堂”为中部拙政园主景区的主体建筑，位于水池南岸，隔池与东西两山岛相望，池水清澈广阔，遍植荷花，山岛上林荫匝地，水岸藤萝纷披，两山溪谷间架有小桥，山岛上各建一亭，西为“雪香云蔚亭”，东为“待霜亭”，四季景色因时而异。远香堂之西的“倚玉轩”与其西船舫形的“香洲”（“香洲”名取以香草喻性情高傲之意）遥遥相对，两者与其北面的“荷风四面亭”成三足鼎立之势，都可随势赏荷。倚玉轩之西有一曲水湾深入南部居宅，这里有 3 间水阁“小沧浪”，它以北面的廊桥“小飞虹”分隔空间，构成一个幽静的水院。

拙政园西部原为“补园”，面积约 12.5 亩，其水面迂回，布局紧凑，依山傍水建以亭阁。因被大加改建，所以乾隆后形成的工巧、造作的艺术风格占了上风，但水石部分同中部景区仍较接近，而起伏、曲折、凌波而过的水廊、溪涧则是苏州园林造园艺术的佳作。西部主要建筑为靠近住宅一侧的三十六鸳鸯馆，是当时园主人宴请宾客和听曲的场所，厅内陈设考究。晴天由室内透过蓝色玻璃窗观看室外景色犹如一片雪景。三十六鸳鸯馆的水池呈曲尺形，其特点为台馆分峙，装饰华丽精美。回廊起伏，水波倒影，别有情趣。西部另一主要建筑“与谁同坐轩”乃为扇亭，扇面两侧实墙上开着两个扇形空窗，一个对着倒影楼，另一个对着三十六鸳鸯馆，而后面的窗中又正好映入山上的笠亭，而笠亭的顶盖又恰好配成一个完整的扇子。“与谁同坐”取自苏东坡的词句“与谁同坐，明月，清风，我”。故一见匾额，就会想起苏东坡，并顿时感到这里可欣赏水中之月，可受清风之爽。西部其他建筑还有留听阁、宜两亭、倒影楼、水廊等。

东部原称“归田园居”，是因为明崇祯四年（1631年）园东部归侍郎王心一而得名。约31亩，因归园早已荒芜，全部为新建，布局以平冈远山、松林草坪、竹坞曲水为主。配以山池亭榭，仍保持疏朗明快的风格，主要建筑有兰雪堂、芙蓉榭、天泉亭、缀云峰等，均为移建。

2.4 沧浪亭（图82）

“沧浪亭”始为五代时吴越国广陵王钱元璙近戚中吴军节度使孙承祐的池馆。宋代著名诗人苏舜钦以四万贯钱买下废园，进行修筑，傍水造亭，因感于“沧浪之水清兮，可以濯吾缨；沧浪之水浊兮，可以濯吾足”，题名“沧浪亭”，自号沧浪翁，并作《沧浪亭记》。欧阳修应邀作《沧浪亭》长诗，诗中以“清风明月本无价，可惜只卖四万钱”题咏此事。自此，“沧浪亭”名声大振。苏氏之后，沧浪亭几度荒废，南宋初年（12世纪初）一度为抗金名将韩世忠的宅第，清康熙三十五年（1696年）巡抚宋荦重建此园，把傍水亭子移建于山之巅，形成今天沧浪亭的布局基础，并以文征明隶书“沧浪亭”为匾额。清同治十二年（1873年）再次重建，遂成今天之貌。沧浪亭虽因历代更迭兴废，已非宋时初貌，但其古木苍老郁森，还一直保持旧时的风采，部分地反映出宋代园林的风格。

踱步沧浪亭，未进园门便见一池绿水绕于园外，临水山石嶙峋，复廊蜿蜒如带，廊中的漏窗把园林内外山山水水融为一体。园内以山石为主景，山上古木参天，山下凿有水池，山水之间以一条曲折的复廊相连。沧浪亭外临清池，曲栏回廊，古树苍苍，

图82　江苏苏州沧浪亭

垒叠湖石。人称“千古沧浪水一涯，沧浪亭者，水之亭园也”。

沧浪亭主要景区以山林为核心，四周环列建筑，亭及依山起伏的长廊又利用园外的水面，通过复廊上的漏窗渗透作用，沟通园内、外的山、水，使水面、池岸、假山、亭榭融为一体。园中山上石径盘旋，古树葱茏，箬竹被覆，藤萝蔓挂，野卉丛生，朴素自然，景色苍润如真山野林。

著名的沧浪亭即隐藏在山顶上，它高踞丘岭，飞檐凌空。亭的结构古雅，与整个园林的气氛相协调。亭四周环列有数百年树龄的高大乔木五六株。亭上石额“沧浪亭”为俞樾所书。石柱上石刻对联：清风明月本无价，近水远山皆有情。上联选自欧阳修的《沧浪亭》诗中“清风明月本无价，可惜只卖四万钱”句，下联出于苏舜钦《过苏州》诗中“绿杨白鹭俱自得，近水远山皆有情”句。全园漏窗共 108 式，图案花纹变化多端，无一雷同，构作精巧，环山就有 59 个，在苏州古典水宅园中独树一帜。

园中最大的主体建筑是假山东南部面阔三间的明道堂。明道堂取“观听无邪，则道以明”意为堂名。为明、清两代文人讲学之所。堂在假山、古木掩映下，屋宇宏敞，庄严肃穆。墙上悬有三块宋碑石刻拓片，分别是天文图、宋舆图和宋平江图（苏州城市图）。相传乾隆帝南巡时，曾召誉满江浙的苏州评弹艺人王周士于此堂内说书。堂南，“瑶华境界”“印心石层”“看山楼”等几处轩亭都各擅其胜。折而向北，有馆三间名“翠玲珑”，四周遍植翠竹，取“日光穿竹翠玲珑”意而为名。

竹是沧浪亭自苏舜钦筑园以来的传统植物，亦是沧浪亭的特色之一。现植各类竹 20 余种。“翠玲珑”馆连贯几间大小不一的旁室，使小馆曲折，绿意四周，前后芭蕉掩映，竹柏交翠，风乍起，万竿摇空，滴翠匀碧，沁人心脾。同“翠玲珑”相邻的是五百名贤祠，祠中三面粉壁上嵌 594 幅与苏州历史有关的人物平雕石像，为清代名家顾汀舟所刻。五百名贤只是取其整数而言。每五幅像合刻一石，上面刻传赞四句，从中可知这些古贤的概况，他们是从春秋至清朝约 2500 年间与苏州历史有关的人物。名贤中的绝大部分是吴人，也有外地来苏为官的名宦。名贤像多数临自古册，也有的来自名贤后裔，具有文献价值。

全园景色简洁古朴，落落大方。不以工巧取胜，而以自然为美。所谓自然，一是不矫揉造作，不妄加雕饰，不露斧凿痕迹；二是表现得法，力求山水相宜，宛如自然风景。沧浪亭园外景色因水而起，园门北向而开，前有一道石桥，一湾池水由西向东环园南去，清晨夕暮烟水弥漫，极富山岛水乡诗意。而园内布局以山为主，入门即见黄石为主、土石相间的假山，山上古木新枝，生机勃勃，翠竹摇影于其间，藤蔓垂挂于其上，自有一番山林野趣。建筑亦大多环山，并以长廊相接。但山无水则缺媚，水无山则少刚，遂沿池筑一复廊，蜿蜒曲折，既将临池而建的亭榭连成一片，不使孤单，又可通过复廊上一百余图案各异的漏窗两面观景，使园外之水与园内之山相映成趣、相得益彰，自然地融为一体，此可谓借景的典范。

2.5 狮子林

狮子林原为菩提正宗寺的后花园，1341 年，高僧天如禅师来到苏州讲经，受到弟子们拥戴。翌年（元代最后一位皇帝顺帝至正二年），弟子们买地置屋为天如禅师建禅林，初名“狮子林寺”，后易名“普提正宗寺”“圣恩寺”。

因园内“林有竹万，竹下多怪石，状如狻猊（狮子）者”（图 83），又因天如禅师维则得法于浙江天目山狮子岩普应国师中峰，为纪念佛徒衣钵、师承关系，取佛经中狮子座之意，故名“师子林”“狮子林”。亦因佛书上有“狮子吼”一语

图 83　江苏苏州狮子林内山石

（“狮子吼”是指禅师传授经文），且众多假山酷似狮形而命名。园建成后，当时许多诗人、画家来此参禅，所作诗画列入“狮子林纪胜集”。天如禅师谢世以后，弟子散去，寺园逐渐荒芜。

明洪武六年（1373 年），73 岁的大书画家倪瓒（号云林）途经苏州，曾参与造园，并题诗作画（绘有《狮子林图》），使狮子林名声大振，成为佛家讲经说法和文人赋诗作画之胜地。明万历十七年（1589 年），明姓和尚托钵化缘于长安，重建狮子林圣恩寺、佛殿，再现兴旺景象。至康熙年间，寺、园分开，后为黄熙之父、衡州知府黄兴祖买下，取名“涉园”。1703 年 2 月 11 日清康熙皇帝巡游至此，赐额“狮林寺”，后清乾隆皇帝六游狮子林，先后赐“镜智圆照”“画禅寺”及现存“真趣”等额匾。清乾隆三十六年（1771 年），黄熙高中状元，精修府第，重整庭院，取名“五松园”。至清光绪中叶黄氏家道衰败，园已倾圮，唯假山依旧。1917 年，上海颜料巨商贝润生（世界著名建筑大师贝聿铭的叔父）从民政总长李钟钰手中购得狮子林，花 80 万银元，用了将近 7 年的时间整修，新增了部分景点，并冠以“狮子林”旧名，狮子林一时冠盖苏城。贝润生原准备筹备开放，但因抗战爆发而未能如愿。1945 年贝润生病故后，狮子林由其孙贝焕章管理。新中国成立后，贝氏后人将园捐献给国家，苏州园林管理处接管整修后，于 1954 年对公众开放。

园内建筑可分祠堂、住宅与庭园三部分，现园子的入口原是贝氏宗祠，有硬山厅堂二进。住宅区以燕誉堂为代表，是全园的主厅，建筑高敞宏丽，堂内陈设雍容华贵，其名出自《诗经》，“式燕且誉，好尔无射”，堂屋门上有“入胜”“通幽”“听香”“读画”“幽观”“胜赏”砖刻匾额。北厅称“绿玉青瑶之馆”，出自元画家倪云林诗中，“绿水”指水，“青瑶”指假山。狮子林的漏花窗形式多样，做工精巧，尤以九狮峰后“琴”“棋”“书”“画”四樘和指柏轩周围墙上以自然花卉为题材的泥塑式漏花窗为上品。

主花园内荷花厅、真趣亭傍水而筑，木装修雕刻精美。石舫是混凝土结构，但形态小巧，体量适宜。暗香疏影楼是楼非楼，楼上走廊可达假山，设计颇具匠心。飞瀑亭、问梅阁、立雪堂则与瀑布、寒梅、修竹相互呼应，点题喻意，回味无穷。扇亭、文天祥碑亭、御碑亭由一长廊贯穿，打破了南墙的平直、高峻感。

狮子林以假山著称，山占地面积约 0.15 公顷。可以说，狮子林假山是中国园林大规模假山的仅存者，具有重要的历史价值和艺术价值。

2.6 网师园（图 84）

网师园是苏州典型的府宅园林，地处旧城东南隅葑门内阔家头巷，后门可达十全街，地方志记载为带城桥阔家头巷 11 号。现为市内友谊路南侧。

网师园始建于南宋，旧为宋代藏书家、官至侍郎的扬州文人史正志的“万卷堂”故址，花园名为“渔隐”，后废。至清乾隆年间，退休的光禄寺少卿宋宗元购之并重建，定园名为“网师园”。网师乃渔夫、渔翁之意，又与“渔隐”同意，含有隐居江湖的意思，网师园便意谓“渔父钓叟之园”，此名既借旧时“渔隐”之意，且与巷名“王四（一说王思，即今阔街头巷）”谐音。园内的山水布置和景点题名蕴含着浓郁的隐逸气息。

网师园现面积约 10 亩（包括原住宅），其中园林部分占地约 8 亩余，内花园占地 5 亩，其中水池 447 平方米。总面积还不及拙政园的 1/6，但小中见大，布局严谨，主次分明又富于变化，园内有园，景外有景，精巧幽

图 84a　苏州网师园

图 84b　苏州网师园看松读画轩室内

深之至。建筑虽多却不见拥塞，山池虽小却不觉局促。

网师园分为宅第和园林两部分，是一座典型的江南住宅园林。作为古代苏州世家宅园相连布局的典型，网师园东宅西园，有序结合。其中中部为主园，名曰“网师小筑”，全园以水池彩霞池为中心，面积约半亩。池岸西北、东南两隅，各有水湾一处，曲折深奥，有渊源不尽之感。池南主厅小山丛桂轩位于峰石木樨间，有廊左通住宅的轿厅，右达西侧的亭榭。西南侧的濯缨水阁和东北岸的竹外一枝轩隔水相望，东侧的射鸭廊和西侧的月到风来亭遥遥相对。再北为集虚斋、五峰书屋和殿春簃等建筑，都是旧日园主读书作画之所。

网师园东部为宅第，中部为主园，西部为内园。宅第规模中等，为苏州典型的清代官僚住宅。大门南向临巷，前有照壁，东西二侧筑墙，跨巷处设辕门，围成门前广场。场南对植盘槐，东西墙置拴马环。大门两边置抱鼓石，饰以狮子滚绣球浮雕，额枋上有阀阅 3 只，正门东侧设便门。

住宅区前后三进，屋宇高敞，有轿厅、大厅、花厅，内部装饰雅洁，外部砖雕工细，堪称封建社会仕宦宅第的代表作。由大门门厅至轿厅，东有避弄可通内宅。轿厅之后，大厅崇立，即万卷堂。其前砖雕门楼为乾隆间物，雕镂之精，被誉为苏州古典园林中同类门楼之冠。其后撷秀楼原为内眷燕集之所。楼后五峰书屋为旧园主藏书处。以上三处的家具陈设，多为清式，尤富丽端庄。屋东北梯云室内黄杨木落地罩上镂刻双面鹊梅图，雕工极精。

2.7 环秀山庄（图 85）

环秀山庄位于苏州城中景德路 262 号，今苏州刺绣博物馆内。此园本是五代吴越钱氏金谷园旧址，明、清时期成为私家园林。现占地面积 2179 平方米，其中建筑面积 754 平方米。园景以山为主，池水辅之，建筑不多。

环秀山庄占地不大，但其内湖石假山为中国之最。据载，此山为清代叠山大师戈裕良所作，虽由人作，有如天开，尽得造化之妙，堪称假山之珍。

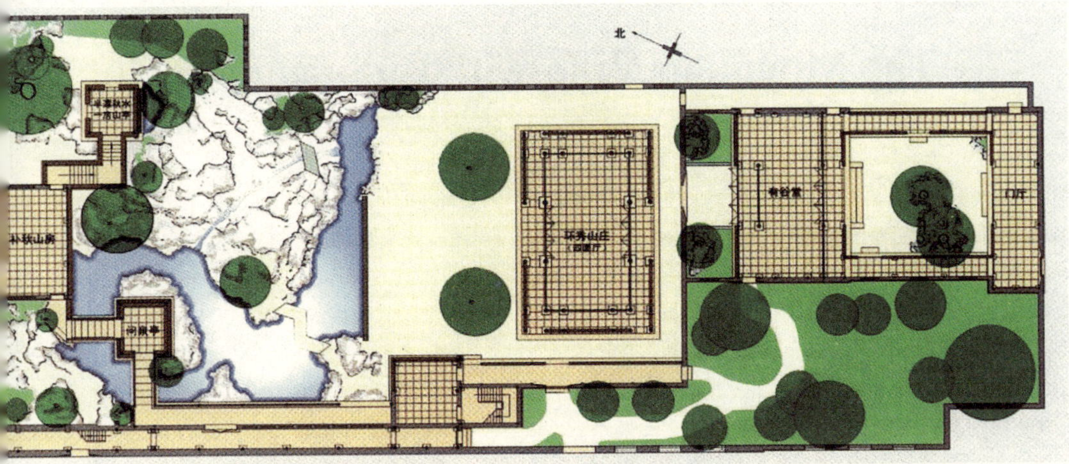

图 85　江苏苏州环秀山庄平面图

园内湖石假山占地仅半亩，而峭壁、峰峦、洞壑、涧谷、平台、磴道等山中之物，应有尽有，极富变化。环秀山庄亦因此而驰名。

环秀山庄西面是秋山，临池石壁上刻有“飞雪”两个字，也曾经是苏州园林中的一处名泉。环秀山庄在明代曾一度归申时行所有，到清朝乾隆年间，刑部员外郎蒋楫（字济川）购得重修，掘地得泉，水质优美，蒋楫以苏东坡试院煎茶诗中“蒙茸出磨细珠落，眩转绕瓯飞雪轻”的意思题名为“飞雪泉”。飞雪泉年久淤塞，现存遗址，后人巧用其地作为大假山山涧的源头。山涧中有险巧步石，雨后瀑布奔流而下，进入池中和主山山腹。石壁占地很少，却洞、壑、涧、崖毕备，构筑自成一体，与主山一主一从、一正一副，极富神韵，壁间有磴道和边楼相通。从楼上循山岩而下，可直抵水边，路径极其险峻，妙的是在岩壁合适的位置上都设有扶手石，安排得恰到好处，自然而又不留痕迹，不能不令人惊叹造园家非凡的匠心。

第八章

桥梁

桥梁以其独特的技术性和功能性成为中国古代建筑中十分特殊的一个类别。然而，与其他建筑类型一样，桥梁仍然反映了不同历史时期人类对于技术与艺术的认识，是当时人类最高智慧的体现，同样鲜活地反映了人类历史的轨迹。

中国古代桥梁按照材质可分为木桥、石桥、铁桥以及其他；按照结构类型可分为梁柱结构桥梁、拱结构桥梁和悬索结构桥梁等。

1. 木拱桥

木材由于具有抗拉抗弯能力强，而抗压能力弱的特性，大多被用来作为梁柱结构体系的结构材料。然而，中国古代的木拱桥却以其优美的外形和巧妙的结构成为木质桥梁中的一朵奇葩。

在张择端的《清明上河图》中，有一座桥梁如一道飞虹横跨汴水两岸，桥下没有任何桥墩梁柱支撑，这就是中国古代木构建筑中一种独特的结构形式——木拱桥，又被称为“虹桥”（图 20）。

严格意义上说，木拱桥的名称并不确切。“拱” 可以将所有结构荷载分解成压应力而减少或消除结构内的拉应力。因此，可以用承压能力很强而抗拉抗弯能力很弱的材料，如石材、混凝土等，实现很大的跨度。一般认为，古罗马是把“拱”运用在建筑上并发挥至极高水平的一个时期。前面提到的虹桥，虽然形式上近似一道拱形，然而其结构原理完全不同，其中每一个构件并非受压而是受弯。所以，这种结构并不是拱结构，称为“木拱桥”并不合适。当然，若仅指其拱的形状，亦无不可。

桥的结构示意见图（图 86）。图中画了两根梁，梁一和梁二交错在一起，由卡榫（也就是上文提到的“横梁”）卡住。我们只分析其中梁一的受力状况：梁的一端放在地面受地面给它的支反力，另一端被卡榫卡住，

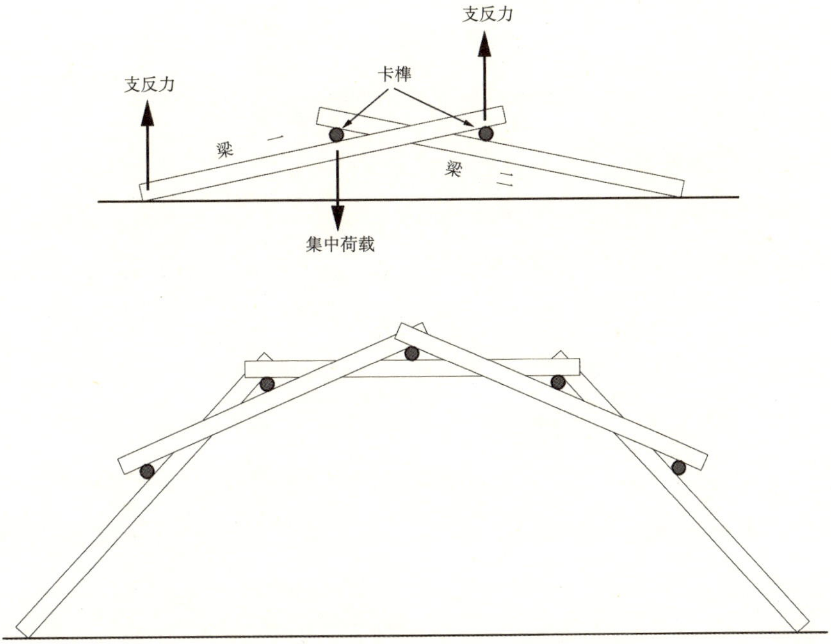

图 86　木拱桥示意图

也受到卡榫的支反力；同时，除了梁自身重力之外，还受到梁二通过另一个卡榫施加在梁一中部的集中荷载。梁一在这几个力的作用下达到平衡。梁二受力情况与梁一完全相同，处于平衡状态。这就是虹桥的基本受力单元，把这个单元不断复制，就可以形成跨度很大的桥。

可以看出，这种结构中梁主要承受弯矩，由于充分利用了木材抗弯能力较强的优势而避免了抗压能力弱的劣势，材料得到较为充分的利用，这种结构形式是中国古代工匠智慧的体现。然而，我们必须看到，这种结构形式并没有充分发挥木材性能最好的抗拉能力，因此不能说对材料的利用效率已经达到最大。同时，受弯的梁承受的都是集中荷载，这对减小材料断面，提高材料利用率也是不利的。从总体上看，这种结构形式虽然优美，却不如桁架体系受力合理。因此，在历史的长河中逐渐淡出人们的视线也就不足为怪了。尽管如此，这种桥梁结构形式仍然在中国浙江南部地区得以流传并得到了改进，形成了一种独特的桥梁形式——廊桥。

2. 廊桥

浙江南部山区的泰顺县，东北接文成，西北接景宁，南与福建省为邻，总面积1700平方公里，素有“九山半水半分田”之称。境内山高路远，群峰叠翠，千米以上的山峰就有179座，平均海拔490余米。群山逶迤，溪谷纵横，地势高峻，地形错综复杂。境内山多，溪多，桥也多，素有“古桥博物馆”之称，境内有各式桥梁900多座，又因其现存的廊桥最多，又被称作“廊桥王国”。泰顺人长期以来称廊桥为“蜈蚣桥”。目前有明清古廊桥30余座，其中木拱廊桥6座，包括泗溪姐妹桥（溪东桥、北涧桥），三魁薛宅桥、仙居桥，筱村文兴桥、三条桥。

木拱廊桥的造型与《清明上河图》上的虹桥相似（图87）。专家经考证后认为，“蜈蚣结构”有很好的受压性能，只要两个端部固定，桥就能很好地承受向下的荷载。但是，由于结构的特殊，桥受到向上的反弹力，就很容易失稳遭受破坏。为此，“蜈蚣桥”都采用了廊桥这种形式，桥上建廊非但不是负担，反而增加了稳定。有些年，山洪暴发，水位高涨，桥随时都有遭冲毁的危险，当地的乡民便从家中抬出一些厚实的家具，压在桥面上，以求廊桥安稳度汛。

泰顺民间对桥梁有着一种图腾般的崇拜心理，所以常以种树造桥来乞求好风水，古桥上多设有神龛供乡民祭祀。总之，桥与庙的紧密结合成了泰顺乃至浙闽交界地区的一大特色。

在当地，廊桥不仅是横跨河流的交通途径，也是当地乡民休息、交流交易的场所。如北涧桥上一个个分割均匀的摊位，可想当年如温州五马街般繁荣的景象。据当地的老人介绍，以前常常在北涧桥的桥头上演木偶戏，

图 87　泰顺廊桥

而另一头聚集上千观众。廊桥中一般都设有神龛供乡民祭祀。有的并不设在桥屋中，偏在一旁，或正对桥头路冲。祭祀的对象有佛教人物如观世音菩萨，门神神荼、郁垒、尉迟恭、秦琼，也有义薄云天的关帝爷，以及能给读书人带来好运的文昌帝和帮人发财的财神爷赵公明。更有一些当地人知道的人物，如陈十四夫人、马仙姑、忠烈王等。除此还崇祀传说中掌管现实生活各个方面的杂神和半神。每月的初一和十五可以行祀，每年的正月是祭祀最隆重的时期。乡民从四面八方聚桥下，摆上一只猪头，再添两盘时令水果，插上几炷香，磕头作揖祈祷祈福。2006 年 5 月 25 日，泰顺廊桥作为清代古建筑，被国务院批准列入第六批全国重点文物保护单位名单。除浙江省泰顺县外，被评为中国廊桥之乡的还有浙江省庆元县、浙江省景宁县。

3. 石桥

在桥梁建造中应用石材主要是利用了石材优异的抗压性能，用相对较小的石材组合成拱，充分发挥了石材的性能，而且能实现巨大的跨度。中国古代虽然石质建筑比较少见，但中国古代的拱券技术十分高超。集中体现在下述几座著名的桥梁中。除了石拱桥，也有采用梁柱结构的石桥，由于这种结构形式不适合石材，因此数量不多、规模不大，文中不赘。

3.1 河北赵县安济桥（图 88）

安济桥，因地处河北赵县，因此它有一个更加广为人知的名字——赵州桥。“安济桥”是宋哲宗赐名，意为“安渡济民”。桥由 28 道石券并列而成，跨度达 37.47m。是当今世界上跨径最大、建造时间最早的单孔敞肩型石拱桥。因桥两端肩部各有两个小孔，不是实孔，故称敞肩型（没有小拱的称为满肩型或实肩型），这是世界造桥史的一个创造，比欧洲同类型的桥要早 1200 年。这种两端做成空腹拱的做法，不仅可减轻桥自身的重量，还可以减低洪水的冲击力。此桥在技术上、造型上都达到了很高的水平。

图 88　河北赵县安济桥

安济桥建于 605 年，距今 1400 多年，经历了 10 次水灾、8 次战乱和多次地震，特别是1966年邢台发生的7.6级地震，邢台距此地有40多公里，此地也有四点几级地震，赵州桥都没有被破坏。1963年的水灾，大水淹到桥拱的龙嘴处，据当地的老人说，站在桥上都能感觉到桥身晃动很厉害。据载，赵州桥自建成至今共修缮9次。

1979年5月，由中国科学院自然史组等四个单位组成联合调查组，对赵州桥的桥基进行了调查，自重为2800吨的赵州桥，而它的根基只是有五层石条砌成高1.55米的桥台，直接建在自然砂石上。用这么浅的桥基支撑安济桥屹立1400多年而不倒，充分说明了中国古代桥梁设计建造的高超水平。

3.2 北京西郊卢沟桥

卢沟桥，位于北京西郊宛平城外，始建于金大定二十九年（1189年），明正统九年（1444年）重修。清康熙时毁于洪水，康熙三十七年（1698年）重建。

卢沟桥全长266.5米，宽7.5米，最宽处可达9.3米。是一座联拱石桥，有桥墩10座，共11孔，整个桥体都是石结构，关键部位均有银锭铁榫连接，为华北最长的古代石桥。而最有特色的则是桥墩的造法，墩下面呈船形，迎水面砌作分水尖，外形像一个尖尖的船头，其作用则在于抗击流水的冲击。

桥上的石刻十分精美，桥身的石雕护栏上共有望柱281根，柱高1.4米，柱头刻莲座，座下为荷叶墩，柱顶雕刻有石狮（图

图89　北京卢沟桥

89）。石狮大小不等、形态各异、数之不尽。民间有歇后语说："卢沟桥的石狮子——数不清。"明代《帝京景物略》也有卢沟桥的石狮子"数之辄不尽"的记载。

4. 铁索桥

中国古代就有悬桥之称，所谓悬桥即利用铁索承受拉力形成的结构形式。中国古代铁索桥大多在铁索上直接铺设桥面，这和现代意义上的悬索结构桥梁不同，然而受力原理一样。因此，说中国古代的铁索桥是现代悬索桥梁之滥觞，当不为过。

4.1 霁虹桥（图 90）

霁虹桥位于云南省保山县与永平县交界处的澜沧江上。此处即西汉的兰津古渡。丝绸之路出现之前两世纪，从四川西昌起，经云南姚安、下关、保山，进入缅甸、印度等国的"西南丝道"就已形成，霁虹桥就是这条古驿道上的咽喉。此处古为舟筏渡口；东汉永平年初架起藤篾桥；元贞元年（1295 年）改架木桥，得名霁虹桥；明代成化十一年（1475 年）改建铁索桥，清康熙年间重修。

根据 1981 年实测，桥总长 113.4 米，净跨径为 57.3 米，桥宽 3.7 米。全桥共有 18 根铁索，底索 16 根，承重部分是 4 根 1 组共 3 组，扶拦索每边一根。底索上覆盖纵横木板。铁索锚固定在两岸桥台的尾部，桥台长约 23 米。铁链扣环直径 2.5 ~ 2.8 厘米，长 30 ~ 40 厘米，宽 8 ~ 12 厘米；扶拦索由长 8 ~ 9 厘米，宽 7 厘米左右的短扣环组成。

霁虹桥曾多次被毁，又多次重建，1986 年毁于洪水后，1999 年在距原桥 20 米处重新架设长 120 米、宽 2 米的钢索木面板桥，取名"尚德桥"。

图 90　云南永平霁虹桥

图 91　四川泸定县泸定桥

4.2 泸定桥（图 91）

泸定桥位于四川省泸定县城西大渡河上。清康熙四十四年（1705 年）九月动工，次年四月完工。康熙皇帝取“泸水”（即大渡河旧称）、“平定”之意，御笔亲书“泸定桥”三个大字。桥净跨 100 米，净宽 2.8 米，桥面距枯水位 14.5 米。全桥共用铁索链 13 根，其中 9 根用作承重底索，上覆横纵木板作桥面，可通行人、畜类；4 根用作扶手，布置在桥面两侧。每根铁链由 862 至 997 个由熟铁手工打造的铁环相扣，总重量达 21 吨多。桥东还有康熙四十八年的“御制泸定桥碑记”。

第九章

木结构建筑及其营造技术

1. 传统木构建筑的结构形制

传统木构建筑中起支撑作用的不是墙壁，而是由柱网梁枋所组成的框架，各个构件之间由卯榫连接，富有韧性，受到不同地域气候、不同生活习惯等的影响，对木材会有不同的处理方式，因而传统木构建筑形成和发展了几种不同的结构形制。

1.1 穿斗式木构架

这种构架是沿房屋的进深方向按檩数立一排柱，每柱上架一檩，檩上布椽，屋面荷载直接由檩传至柱，不用梁。穿斗式的特点是柱子间距较小，每排柱子靠穿透柱身的穿枋而横向贯穿起来，组成一榀构架，每两榀构架之间使用斗枋和纤子连接起来，形成一间房间的空间构架（图 92）。斗枋用在檐柱柱头之间，形如抬梁构架中的阑额，纤子用在内柱之间，斗枋、纤子往往兼作房屋阁楼的龙骨。

穿斗式构架用料较少，建造时先在地面上拼装成整榀屋架，然后竖立起来，具有省工、省料，便于施工和比较经济的优点。同时，密列的立柱也便于安装壁板和砌筑夹泥墙。这种结构技术大约在汉代已相当成熟，流传至今，为中国南方各省所普遍采用。

1.2 抬梁式木构架

抬梁式是中国古代建筑木构架的主要形式，这种构架的特点是在柱顶或柱网上的水平铺作层上，沿房屋进深方向架数层叠架的梁，梁逐层缩短，层间垫短柱或木块，最上层梁中间立小柱或三角撑，形成三角形屋架，相邻屋架间，在各层梁的两端和最上层梁中间小柱上架檩，檩间架椽，构成

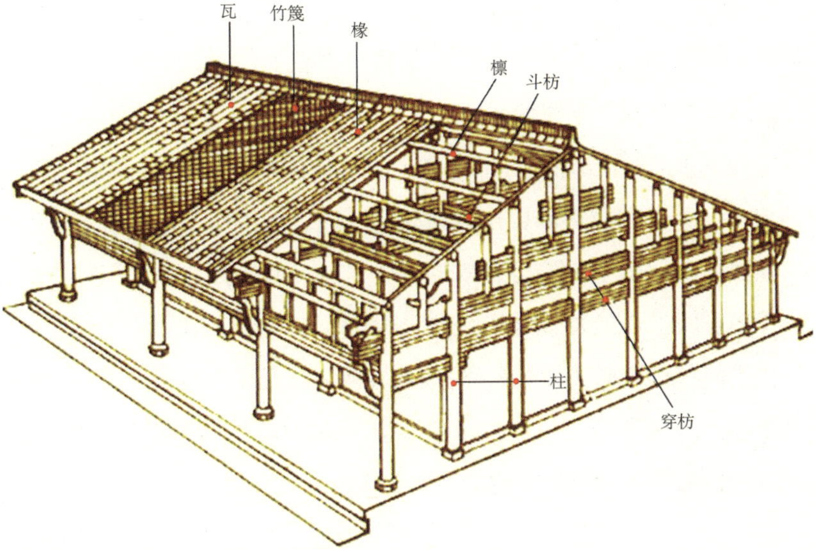

图 92　穿斗式木构架

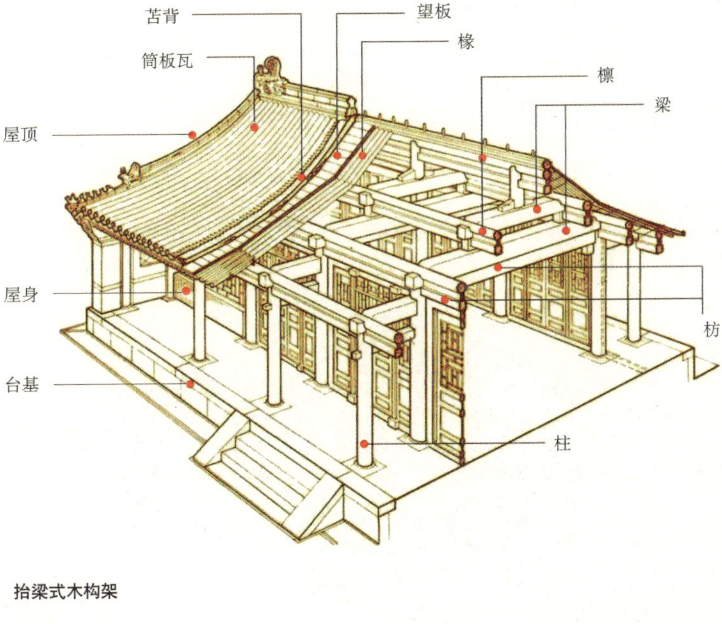

图 93　抬梁式木构架

双坡顶房屋的空间骨架，房屋的屋面重量通过椽、檩、梁、柱传到基础（图93）。抬梁式构架在春秋时已有，至唐代发展成熟。

抬梁式构架由于跨度比较大，因此室内空间开敞。但横梁承受上面短柱传递的集中荷载，不利于受力，加之跨度较大，因此必须加大横梁断面尺寸，造成材料利用率较低。

穿斗式恰好相反，由于每根柱子都直接承担檩的荷载，因此柱径可以做到很小，且穿插枋不承担垂直荷载，因此也能用较小的料来加工，总体来看，穿斗式比抬梁式更能有效地利用材料。但是穿斗式屋架柱子太多，造成室内空间受到较大的局限。这是逊于抬梁式屋架的地方。

由于两种构架形式各有利弊，因此在实际工程中往往将二者结合起来，根据不同的建筑类型、建筑不同的部位，统筹考虑采用哪种形式的构架，从而既能创造灵活多变的空间满足实用要求，也能提高材料利用率。

1.3 井干式构架

井干式构架是一种不用立柱和大梁的房屋结构，这种结构以圆木或矩形、六角形木料平行向上层层叠置，在转角处木料端部交叉咬合，形成房屋四壁，形如古代井上的木围栏，再在左右两侧壁上立矮柱承脊檩构成房屋（图 94）。井干式结构需用大量木材，在绝对尺度和开设门窗上都受到很大限制，因此通用程度不如抬梁式构架和穿斗式构架。

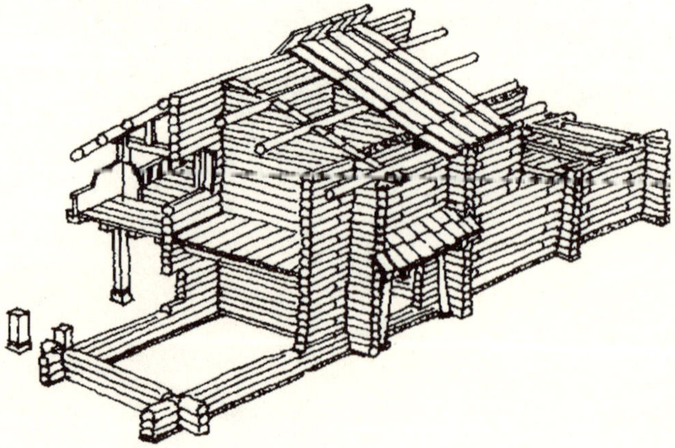

图 94　井干式木构架

2. 传统木构建筑的屋顶

2.1 屋顶的主要形式

屋顶又称屋盖，是中国古代建筑外形最显著的标志，屋顶的形式按照等级分为单坡、平顶、硬山、悬山、庑殿、歇山、卷棚、攒尖、重檐、盝顶等多种制式，又以重檐庑殿为最高等级。

屋顶有两类：一类是平的或近乎平的，另一类则做成铺瓦的斜面。前一类有两种形式，筑成稍有倾斜的平面，称为平顶；筑成中部略高的弧面，能向两面排水，称为囤顶。后一类斜坡屋顶主要有如下几种：

（1）**一面坡屋顶**（图 95）

只向一个方向倾斜，通常只作为一组建筑屋顶的一部分。

（2）**硬山顶**

左右两端均封砌于山墙内的两坡顶，由一条正脊和四条垂脊组成（图 96）。和悬山顶不同，硬山顶最大的特点就是其两侧山墙把檩头全部包封住，由于其屋檐不出山墙，故名硬山。

（3）**悬山顶**

左右两端延伸出山墙外成两面坡（图 97），一般由一条正脊和四条垂

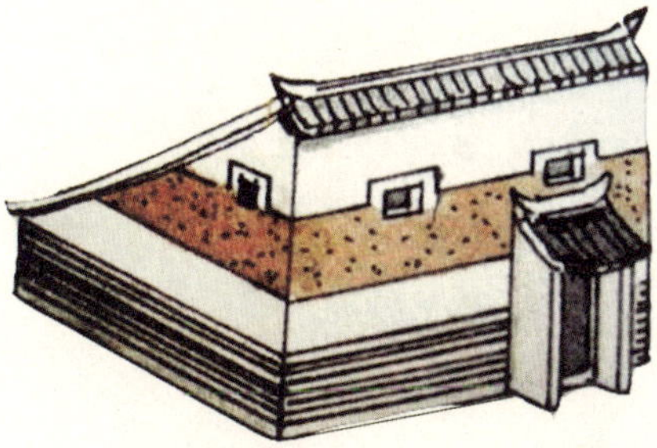

图 95　单坡屋顶

图 96　沈阳故宫崇政殿

图 97　用于垂花门的悬山屋顶

图 98　颐和园文昌院的卷棚式悬山顶建筑

脊构成，但也有无正脊的卷棚悬山式。和硬山顶不同，悬山顶建筑两侧的山墙凹进屋顶，屋顶的檩伸出墙外，加博风板保护，由于此类建筑的屋顶悬伸外挑于山墙之外，故名悬山顶或挑山顶。

（4）**卷棚顶**

其特征在于前后两坡相接处没有明显外露的正脊，而是成弧线曲面。根据左右山墙的悬山式和硬山式不同，卷棚顶可分为悬山卷棚、硬山卷棚。另外，卷棚顶也可以是歇山式，因此可以看作是歇山、悬山、硬山的变形（图 98）。

（5）**庑殿顶**

两个山面用顺扒梁做成斜坡屋顶，与前后屋面 45° 相交，上加角梁、隐角梁，直抵正脊，屋面四向排水。前后两坡相接处，在脊椽上垒正脊，左右两坡与前后两坡相接处，在角梁上顺斜坡垒垂脊。这种屋顶因共有五条脊，故又称为“五脊顶”（图 99）。

庑殿式是古建筑屋顶等级最高的形式，一般用于皇宫的正殿或者宗教建筑的正殿，瓦作黄色多为琉璃瓦。庑殿顶又分为单檐和重檐两种，所谓重檐，就是在上述屋顶之下，四角各加一条短檐，形成第二檐。

（6）**歇山顶**

歇山顶共有九条屋脊，即一条正脊、四条垂脊和四条戗脊，因此又称

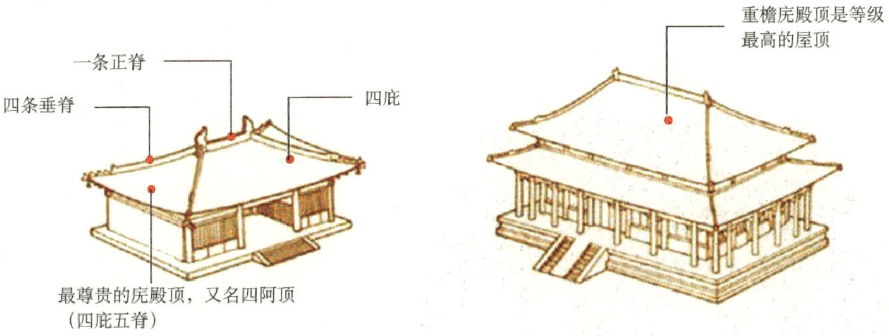

图 99　庑殿顶示意

图 100　北京智化寺大殿单檐歇山顶

九脊顶（图 100）。歇山式的屋顶两侧形成的三角形墙面叫作山花，山面有博风板，山花和博风板之间有段距离，可形成阴影，为了使屋顶不过于庞大，山花还要从山面檐柱中线向内收进，这种做法叫收山。

歇山顶屋脊上有各种脊兽装饰，其中正脊上有吻兽或望兽，垂脊上有垂兽，戗脊上有戗兽和仙人走兽，其数量和用法都是有严格等级限制的。歇山顶分单檐和重檐两种。

（7）盝顶

顶部有四个正脊围成平顶，下接庑殿顶，屋架平梁以上不用蜀柱和脊檩，平顶四周与其下坡顶相接处垒屋脊。庑殿顶、歇山顶、盝顶四角均可做成翼角。

（8）攒尖顶

宋式用簇角梁，清式多用抹角梁，构成平面正圆或正多边形的屋顶构架，屋顶呈圆锥、方锥或多角锥体，顶上安装宝顶或宝珠，多用于亭榭，屋角也可做成翼角。

攒尖顶有单檐、重檐之分，按形状可分为角式攒尖和圆形攒尖（图

图 101　沈阳故宫大正殿重檐攒尖顶

图 102　岳阳楼的盝顶

101）。其中角式攒尖顶有同其角数相同的垂脊，有四角、六角、八角等式样；圆形攒尖则没有垂脊，尖顶由竹节瓦逐渐收小。

（9）盝顶

中国古建筑的屋顶样式之一，其特征是没有正脊，各垂脊交会于屋顶正中，即宝顶（图102）。盝顶的斜坡和垂脊上半部向外凸，下半部向内凹，断面如弓，呈头盔状，多用于碑、亭等礼仪性建筑，现存最大的盝顶建筑是湖南的岳阳楼。

2.2 折屋之法

举折与举架确定屋架高度和屋面坡度的技术做法。这种方法在清工部《工程做法》中称为举架，在宋《营造法式》中称为举折，在记述江南建筑做法的《营造法原》中谓之提栈。屋面坡度按照建筑等级和屋面材料的不同而有所区别，举折是以房屋的前后撩檐枋（清式称挑檐桁）心之间的水平距离为总进深，在前后撩檐枋上皮的连线中点举起 1/3 至 1/4 总进深作为脊椽上皮的高度，称举高，具体做法是，先按前后最外一条桁（即檩）的距离定脊高度，再从上而下分段按各段举高 1/10、1/20、1/40，如此类推，依此下折而定每椽的斜度（图 103）。

举架的做法是将房屋的椽子，从檐部开始自上而下逐渐增加斜度，通常规定，第一条椽子的斜度为 50%，然后依次为 70%、80%、90%对比，工匠简称为五举、七举、八举、九举（图 104）。举架主要用于北方官式

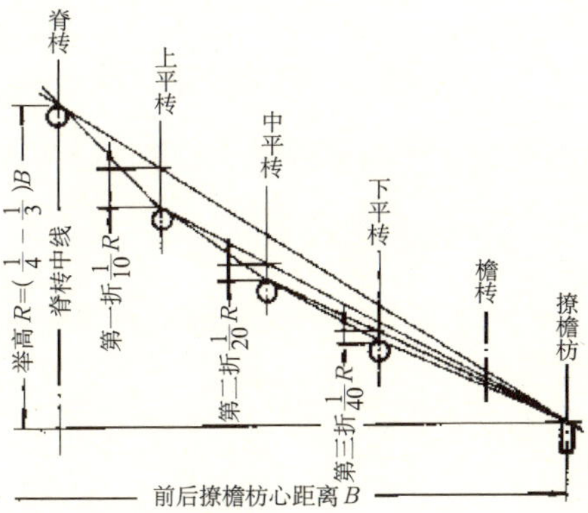

图 103 宋式建筑屋顶举折

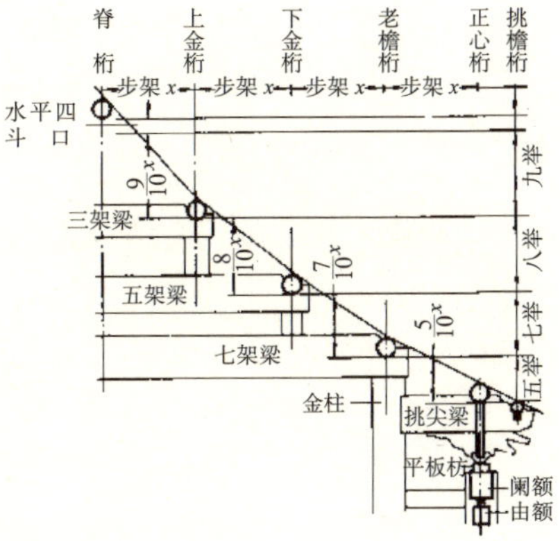

图 104 清式建筑屋顶举架

建筑中，为保证雨雪的排泄，规定各种大小建筑的檐步架都是五举，飞椽为三五举，其余各步架之间的举高，取决于房屋的大小和檩数的多少，城楼或亭子的脊步架，其坡度需酌情增陡，可达九五举乃至十举以上。

3. 大木作与小木作的构件

中国传统建筑有大木作和小木作之分，大木作是指建筑物中承重的结构构件的制作，如柱、梁、檩、椽以及榫卯结构和斗拱形制等，这些建筑规制是与农业文明的社会等级体制密切相关的，所以在各种文献中有极详尽的记载和说明。

古代建筑中非承重木构件的制作和安装专业，属小木作，在宋《营造法式》中归入小木作制作的构件有门、窗、隔断、栏杆、外檐装饰及防护构件、地板、天花、楼梯、龛橱、篱墙、井亭等 42 种；清工部《工程做法》中称小木作为装修作，并把面向室外的称为外檐装修，在室内的称为内檐装修，项目略有增减。

由《考工记》所载“攻木之工七”，可知周代木工已分工很细，以后各代分工不同。宋代房屋的附属物平暗、藻井、勾阑、博风、垂鱼等的制作，归小木作，明清时则归大木作，宋代大木作以外另有锯作，明清也归大木作，木构架房屋建筑的设计、施工以大木作为主，则始终不变，较早成熟的大木作构架技术和形制，奠定了小木作尤其是家具的构形趋势和基本风貌。

3.1 大木作构件

我国传统木构建筑有抬梁、穿斗和井干等三种结构体系，其中抬梁式结构占主要地位，这种梁柱体系的基本构造方式是用立柱和横梁组成构架，以数层重叠的梁架，逐层缩小，逐级加高，直至最上一层梁上立脊瓜柱。各层梁头上和脊瓜柱上承托檩条，又在檩条间密排很多椽子，构成屋架。①

中国古代木构架房屋中负担结构构件的制造和木构架的组合、安装等工作的专业归属大木作，由于古代建筑是以木结构为骨干的，因此房屋的设计也归大木作，传统建筑的大木作的主要构件如下：

（1）柱

柱是直立的承受上部重量的构件，屋面重量自上而下经此传至基础。传统建筑中的柱按外形分为直柱、梭柱，截面多为圆形，按其在房屋中的位置不同，有檐柱、中柱、金柱、山柱、角柱等（图 105），这些柱子是直立于地面上的，用来支撑梁架，还有一类不落地的短柱，安装在梁与梁之间，也是传递力的构件，如雷公柱、脊瓜柱等。

中国传统建筑的圆柱上下两端直径是不相等的，除去瓜柱一类短柱外，任何柱子都不是上下等径的圆柱体，而是根部略粗，顶部略细，这种做法，称为“收溜”或“收分”，柱子做出收分，既稳定又轻巧。小式建筑柱子收分的大小一般为柱高的 1/100，大式建筑柱子的收分规定为 1/1000。

另外，为了加强建筑的整体稳定性，建筑最外一圈的柱子的下脚通常要向外侧移出一定的尺寸，使外檐柱子的上端略向内侧倾斜，这种做法称

① 文化部文物保护科研所等：《中国古建筑修缮技术》，中国建筑工业出版社 1983 年版，第 2 页。

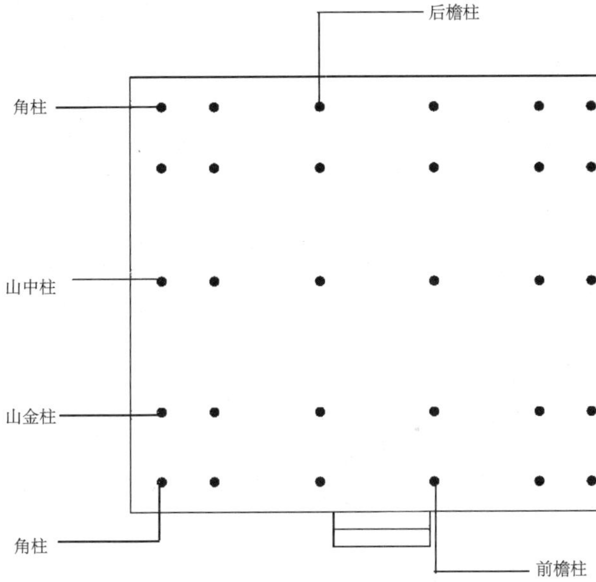

图 105 柱示意

为“侧脚”或“掰升”。清代建筑柱子的侧脚尺寸与收分尺寸基本相同，柱子侧脚是在原设计尺寸的基础上将柱根向外侧移动，外檐的柱脚中线按原设计尺寸向外侧移出柱高的 1/100（或 7/1000），并将移出后的位置作为柱子下脚的中轴线，而柱头的位置仍保持原位不动，这样就出现了柱根、柱头两个平面位置。

（2）梁

梁（宋称栿），是指梁式木结构建筑中连接柱子和承托屋架（直接承托檩）的重要结构部件，在整个木构架中，最下一层梁置于柱头上或与铺作组合，上一梁比下一梁短，层层相叠。梁按其在构件中的部位，可以分为单步梁（宋称劄牵）、双步梁（宋称乳栿）、三架梁（平梁）、五架梁（宋称四椽栿）、七架梁（宋称六椽栿）、顺梁、扒梁、角梁（阳马）等。按照其和天花板的位置关系可以分为明栿和草栿，明栿即为位于天花板之下的梁；草栿是指位于天花板之上，未经刨整的梁，按其外形又可以分为直梁和月梁，二者的不同之处在于直梁四面平直，月梁经过艺术加工，形弯如弓，梁底微内凹。

（3）枋

常用的枋有额枋（宋称阑额）、平板枋（宋称普拍枋）、檐枋、上金枋、下金枋、脊枋等。

① 额枋

额枋是柱子上端联络和承重的木构件，在南北朝的石窟建筑中可以看到此种结构，位于柱子上端以托起斗拱等；隋、唐以后移到柱子中间，到宋代始称为“阑额”。额枋有时两根并用，上面的一根叫大额枋（清代称谓），下面的一根叫小额枋（清代称谓，宋称由额），两者之间使用垫板（宋称由额垫板），在内柱中使用的额枋又被称作“内额”，位于柱脚处的类似木结构叫作“地栿”。

② 平板枋（宋称普拍枋）

平板枋位于阑额之上，用来承托斗拱的木结构，始见于唐代，“玄奘塔下三层均以普拍枋承斗拱……可知普拍枋之用，于唐初已极普遍，且其施用相当自由也”[①]。后世在阑额与普拍枋的尺寸上又不断地演变，“普拍枋虽已见于唐初，然至北宋末尚有省而不用者，如初祖庵是也，其用普拍枋者，则早者扁而宽，如薄伽教藏，与阑额在断面上作‘T’字形，其后渐加厚，如大同善化寺三圣殿及山门，普拍枋阑额所出无几，至明清则普拍枋竟狭于阑额矣”[②]。

③ 雀替（图 106）

图 106　雀替

雀替是置于梁枋下与柱相交处的短木，可以缩短梁枋的净跨距离。用在柱间的花牙子称为花牙子雀替，在建筑末端，由于开间较窄，自两

① 梁思成：《中国建筑史》，百花文艺出版社 2005 年版，第 86 页。
② 梁思成：《中国建筑史》，百花文艺出版社 2005 年版，第 176 页。

侧柱挑出的雀替常连为一体，则称为骑马雀替。[①]

（4）**檩（桁、槫）**

中国传统建筑中，在梁（或柱）和椽之间起过渡承重作用的构件称为桁。按其部位分，可以分为脊桁（宋称脊槫）、上金桁（宋称上平槫）、中金桁（宋称中平槫）、下金桁（宋称下平槫）、正心桁（檐槫）、挑檐桁（撩檐槫）等。

宋代木梁的高宽比均为3:2，清代大约为5:4或6:5，截面多为矩形，南方住宅中有的梁断面为圆形，称为“圆作”， 梁头在汉代明器中作垂直截割，唐代出现批竹梁头，宋元建筑常用的为蚱蜢头式，明清则多用卷云式或挑尖式。“唐代托槫（檩）用替木。宋代撩檐槫下或用替木或用通长的撩檐枋，平槫或脊槫下则托以襻间，这是由素枋结合替木和斗拱的支撑，《营造法式》中有两材襻间、单材襻间、捧节令拱、实拍襻间等。”[②]

（5）**叉手、蜀柱（侏儒柱）**

叉手、蜀柱是用来承载脊桁（槫）的木结构。叉手支撑在侏儒柱两侧，汉代已有，到北魏时已通常使用（此处均是由石结构或美术图画中来推测当时的木结构），宋、辽、金、元之建筑中和侏儒柱合用，到明代已经很少出现，至清代几乎不用，而只用侏儒柱。

（6）**驼峰、替木**

驼峰是在明造梁架中配合斗拱使用承载梁栿的构件，因其形如驼峰而得名，替木与椽、枋平行，是支撑在栌斗或令拱上以托梁枋的短木。替木开始时均为矩形断面，后来下端渐有卷杀，替木在唐宋是必用的，宋代时，替木通长连续如撩檐枋，明清官式建筑已不再用。

3.2 小木作构件

中国传统建筑采用的是框架式结构，免去了墙体的承重要求，使得墙

① 中国建筑史编写组：《中国建筑史（第三版）》，中国建筑工业出版社1993年版，第184页。
② 中国建筑史编写组：《中国建筑史（第三版）》，中国建筑工业出版社1993年版，第193页。

体安排十分自由，从而，建筑中无承重作用的木门窗作为重要的立面形式广泛出现。“屋顶与台基间乃立面主要之中部，无论中国建筑物之外表若何魁伟，此段正面之表现仍为并立之木质楹柱与玲珑之窗户相间而成，鲜用墙壁。左右两面如为山墙，则又少有开窗辟门者。”[①] 小木作指门、窗、天花板、地板、护栏等，这些建筑构件的等级规定不是特别严格，民间可以比较自由地按照需要来制作，这就为民间工匠的自由发挥留下了余地。[②]

（1）门

门通常又可分为板门、隔扇门（宋称“格子门”）。

①板门

板门用于城门或建筑的大门，一般为两扇。《营造法式》规定每扇板门的高宽比为2:1，最大不超过5:2。板门常见的有棋盘板门和镜面板门，棋盘板门是先以边挺与上下抹头组成边框，框内置穿带若干条，在框的一面钉板，四面平齐不饰线脚，高级的还要加门钉和铺首（门环由兽首衔住，称铺首）；镜面板门的门扇不用木框，完全用厚木板拼合，背面用横木联系。

② 棂星门

棂星门（图107）出现于唐代或稍早，地上栽两根木柱，柱间上方架横额，形成门框，内装双扇门，宋代因柱头装黑色瓦筒，故称乌头门。门扇四周有框，上部装直棂，下部嵌板，大的在背面加剪刀撑，一般用作住宅、祠庙的外门，明清时用在坛庙、陵墓中的棂星门的立柱改用石制。

③ 隔扇门

隔扇门始见于宋代，也称格子门，是由唐代有直棂窗的板门发展而来的，用在外檐，清代有用在内檐的，称碧纱橱，每间可用四、六、八扇不等，每扇用边挺、抹头等构成，内分两格至五格的框子，一般为三格，上格最长，装透空槅心，中格最窄，装绦环板，下格装裙板，五格的在上下端各再加

① 梁思成：《中国建筑史》，百花文艺出版社2005年版，第9页。
② 马炳坚：《中国古建筑木作营造技术》，科学出版社1991年版，第2页。

图 107　北京天坛圜丘外棂星门

一绦环板。隔扇的重要装饰面是“花心”和“裙板”两部分。裙板在唐代多为素板，宋以后裙板的装饰增多，一般饰以花卉和人物的浅浮雕，同时边挺和抹头可以用各种线脚来丰富其样式，有时甚至在合角处包以铜角页，兼有装饰和加固的作用。

现存辽、金建筑中却有很多美丽的窗格，明清宫殿喜用菱花格心，在住宅、园林中有万字、冰纹、步步锦等图案，明以后北方住宅明间多在中间两扇槅扇外加帘架和风门。

（2）**窗**（图 108）

唐以前的窗以直棂窗为主，固定不能开启，宋以后开关窗开始增多，在类型和外观上有很大的发展，可以大致分为以下几种：

①直棂窗

直棂窗在唐宋时为人们广泛使用，明以后逐渐为槛窗所替代，清代以密排竖棂为主，加几道横棂，背面糊纸的固定窗为“一码三箭”窗，这种窗古代只有竖棂，棂断面为矩形的称板棂窗，棂断面为正方形斜锯成的三角形的称破子棂窗。

新绛龙胜寺十字套六方锦

山西资寿寺方格锦托夔龙纹草

北京慈善寺步步锦卧蚕工字吉祥草花头

图 108　隔扇格心

②槛窗

施于殿堂门左右的槛墙上的窗，和隔扇门的形式十分相近，所不同的是它只有花心和绦华板，而无裙板。

③支摘窗

支窗是可以支撑的窗，摘窗是可以摘卸的窗，合而称为“支摘窗”，清代的支摘窗也用于槛墙上，上部为支窗，下部为摘窗，二者面积大约相等。南方建筑因夏季需要加多的通风，故支窗面积大于摘窗（图 109）。

④横披

清代统称门窗上面固定的高窗为横披，当建筑较高大时，可在门窗上再设槛，上设横披，既可通风采光，又避免因门窗过于高大而开启不便的缺陷。

（3）天花板平棊、平暗、藻井

中国传统建筑在大体上是实施结构暴露式的做法，一般只在结构件上

图 109 江苏同里退思园石舫支摘窗

实行简单的装饰点缀，而不是将结构掩盖起来。“建筑上的美，是不能脱离合理的、有机能的、有作用的结构而独立。能呈现平稳、舒适、自然的外象；能诚实的袒露内部有机的结构，各部的功能，及全部的组织；不事掩饰；不矫揉造作；能自然的发挥其所用材料的本质的特性；只设施雕饰于必需的结构部分，以求更和悦的轮廓，更谐调的色彩；不勉强结构出多余的装饰物来增加华丽；不滥用曲线或色彩来求媚于庸俗；这些便是‘建筑美’所包含的各条件。”①

① 平棋与平暗

平棋为矩形的木框，木框中放较大的木板，板下有时施以彩绘或贴以彩色图画。平暗的做法是，用天花枋（宋称平棋枋）组成木框，框内放置小而密集的木方格，佛光寺大殿就有这种做法，一般的民居则就地取材，用竹、高粱秆组框，然后糊纸。

② 藻井

它是一种高级天花，一般只用于官式建筑，形式有方形、矩形、八角、圆形、斗四、斗八等。藻井始于汉代，在两晋南北朝时期的石窟中也屡屡可见，其上常常绘以精美的图画，如莲花、飞天，后世的藻井形式大约沿用此式，只是彩绘和雕刻的水平在逐步提高。

（4）勾栏

勾栏的形式由来以久，汉代“栏杆式样以矮柱及横木构成者最普通，亦有用连环，或其他几何形者”②，其时栏杆的望柱、寻杖、阑板（华板）

① 梁思成：《梁思成全集（第六卷）》，中国建筑工业出版社 2001 年版，第 18 页。
② 梁思成：《中国建筑史》，百花文艺出版社 2005 年版，第 37 页。

（下文再作细谈）都已具备，望柱头有多种装饰，阑板也有了各种图案。到南北朝，则出现了钩片造阑板，也是以后唐宋时期的最普遍样式。“至北魏以至唐宋，六七百年间，勾栏之标准样式为‘钩片勾栏’，以地栿、盆唇、寻杖（巡杖）及斗子蜀柱为构架，盆唇、地栿及两蜀柱间以L及1形相交作华板。”[①]唐代木勾栏式样更为华丽，寻杖和阑板上绘以各种彩色图纹；宋代大体沿用唐制，一般用一层阑板，称为“单勾栏”，两层阑板的勾栏称为“重台勾栏”，支撑寻杖的结构件可以为斗子蜀柱或撮顶或瘿顶加云拱等不一而足。望柱的断面也有诸如方形、圆形、八角形、多瓣形（瓜楞），望柱头又有莲、狮子、卷云、盘龙等各式阑板的装饰纹样更是极其丰富。楼梯的勾栏往往不作华板，取代之以卧棂，宋代的寻杖较长，到明清时期，望柱增多，放眼望去，甚至有望柱成林之感。

图 110　美人靠

园林建筑中的木、竹栏杆细巧、玲珑，特别是近水的厅、轩、亭、阁常在近水的地方设置曲栏的座椅，南方称为鹅颈椅（也叫飞来椅、美人靠）（图 110）。

3.3 大木大式与大木小式

大木是指木构架建筑中的主要承重部分，如柱、梁、枋、檩、斗拱等，清式大木做法可分为大木大式和大木小式两类。

大木大式建筑有时又称为殿式建筑，一般指宫殿、官署、庙宇、府邸中的主要殿堂。开间可五间至十一间，进深可多至十一檩，可使用周围廊、

① 梁思成：《中国建筑史》，百花文艺出版社 2005 年版，第 85 页。

单檐或重檐的庑殿、歇山屋顶、筒瓦或琉璃瓦面、兽吻和斗拱。建筑尺度以斗口作衡量的标准。

大木小式建筑用于上述建筑的次要房屋和一般民居。开间三间至五间，通进深不多于七檩，大梁以五架为限，只用于单檐悬山和硬山，不用琉璃和斗拱。建筑尺度依明间面阔及檐柱径为标准。①

4. 木构架的制作

4.1 硬山建筑

硬山建筑是古建筑中最普通的形式，无论住宅、园林、寺庙中都有大量的这类建筑。硬山建筑以小式为最普遍，根据屋檩的多少，常分五至九檩等几种构造，但园林建筑多在七檩以下，其中五檩建筑最简单，七檩建筑最豪华。清工部《工程做法》列举了七檩小式、六檩小式、五檩小式几种小式硬山建筑的例子，这几种也是硬山建筑常见的形式。七檩前后廊式建筑是小式民居中体量最大、地位最显赫的建筑，常用它来作主房，有时也用作过厅；六檩前出廊式用作带廊子的厢房、配房，也可以用作前廊后无廊式的正房或后罩房；五檩无廊式建筑多用于无廊厢房、后罩房、倒座房等。

硬山建筑也有不少大式的实例，如宫殿、寺庙中的附属用房或配房多取硬山建筑形式。大式硬山建筑有带斗拱和无斗拱两种做法，带斗拱硬山实例较少，一般只施一斗或一斗二升交麻叶不出踩斗拱，无斗拱大式硬山实例较多，它与小式硬山的区别主要在建筑尺度（如面宽、柱高、进深均大于一般的小式建筑）、屋面做法（如屋面多施青筒瓦、置脊饰吻兽或使

① 中国建筑史编写组：《中国建筑史（第三版）》，中国建筑工业出版社 1993 年版，第 206 页。

用琉璃瓦）、建筑装饰（如梁枋多施油彩画，不似小式建筑装饰简单、素雅）等诸方面。

（1）硬山柱构件

硬山式建筑中的柱主要有檐柱、金柱、瓜柱及山柱等。

①檐柱

檐柱即房屋前后檐最外排的柱子，前面的叫前檐柱，后面的叫后檐柱。

②金柱

金柱即房屋前后檐内排的柱子，宋称“内柱”，清叫“金柱”。

③瓜柱

它是指立于下面大梁上用来支承上面梁架的短柱，有的称为童柱。在屋脊部位支承脊檩的叫脊瓜柱或脊童柱，其他部位叫瓜柱或金童柱。但脊瓜柱因其独立较高，其上没有梁架连接，直接支承脊檩，这样其稳定性就差，因此常在柱脚处辅以稳定的木块，称为“角背”。而其他瓜柱因梁架的垂直距离不同而有高低，但当瓜柱高度小于本身横向尺寸的，通常将这种矮瓜柱称为“托墩”，《营造法式》称为“侏儒柱”。

④ 山柱

它是整个房屋构架最尽端，紧贴山墙一排梁中立于山尖位置的柱子，是硬山建筑中承接脊檩末端的主要支承构件，由地面直通脊檩是上述柱中最长的柱子。

（2）硬山横梁构件

梁是组成屋架的横向承托构件，在硬山式建筑中有架梁、抱头梁、随梁和穿插枋等。

①架梁

它是横架于前后金柱之间承托瓜柱和檩木的构件，宋称“缘栿”，清叫“架梁”。它由所支承在它上面的檩木根数而命名，在屋架最上面的一根横梁，共支承有三根檩木，叫三架梁，再往下一根横梁，在它以上有五根檩木，叫五架梁，如此类推。

但宋代屋架最上面的一根梁不是用来直接支承金檩，而主要是用来承托脊柱（有叫蜀柱）脊檩，故一般将它称为“平梁”。再往下的一根梁，按去掉脊檩之外的檩数进行命名，如五架梁去掉脊檩后只有四根檩，则称为“四缘栿”，七架梁称为“六缘栿”等。

②随梁

随梁其实不是梁，它并不承接上面的荷重，它只是将前后金柱连接起来，形成一个稳定排架的横向连接构件。但在山墙部位的排架中，不设随梁，而是将三架梁、五架梁等，由中柱一分为二，将三架梁、五架梁等分割成两根单梁，使它们直接与中柱进行连接，形成“排山梁架”。这些被分割的梁架，都按步架数进行命名，如三架梁被分割后，成为两根只有一个步架的单梁，称其为“单步梁”，在《营造法原》中称为“单步川”，在《营造法式》中有称为“劄牵”。五架梁被分割成两根具有两个步架的单梁，称此两根单梁为“双步梁”，《营造法原》称为“双步川”，《营造法式》称为“乳栿”。

③抱头梁

它是横架于檐柱和金柱之间，承接檐檩的构件，梁头上部剔凿有槽口，形似将檩抱住而取名为“抱头梁”，宋称这种抱头为“乳栿”。

④穿插枋

它与随梁一样，是将檐柱和金柱连接成整体的横向连接构件。在《营造法原》中称为“川夹底”，《营造法式》不设此构件，由乳栿代替。

（3）硬山檩木

檩木又称“檩子”“檩条”“桁条”等，它是承托屋面荷重并将其均匀传递给梁柱的构件，它从一端山墙横贯到另一端山墙。在《营造法式》中称为“槫”。

檩木在檐口部位的称为“檐槫”，在脊顶部位的称为“脊檩”，宋称“脊槫”；其他部位都称为“金檩”，宋称“平槫”。

（4）**硬山构架连接件**

房屋构架在进深方向由梁柱等组成若干个排架，而在面阔方向则由檩木、枋子、垫板等将各排架连接起来成为整体。

①枋子

枋子是起连接作用的矩形断面木材，它同檩木一样，分别称为“檐枋”“脊枋”和“金枋”。在《营造法原》中称为“连机”。它们与檩木配套成对，檩木是设在架梁之上，枋子是设在架梁之下。而在《营造法式》中对排架柱的连接，是用称为“由额”的枋子，将各排架之间的柱子连接起来。

②垫板

因为檩木和枋子分别安装在梁的上下，檩、枋之间就形成了一个空隙，这个空隙就由垫板来填补，以形成一个整观效果。一般将檩、垫、枋三件叠在一起的做法称为“檩三件”做法。

（5）**硬山屋面基层**

屋面基层是承接屋面瓦作的木基础层，它由椽子、望板、飞椽、连檐、瓦口等构件所组成。

①椽子

它是屋面基层的最底层构件，垂直安放在檩木之上。在小式建筑中多为方形断面，在大式建筑和园林建筑中常用圆形断面。由于屋面每步架的举度不同，从脊檩到檐檩需分成几段安装，在脊步架的椽子称为“脑椽”，在檐步架的椽子称为“檐椽”，在脊步和檐步之间的椽子都称为“花架椽”。

②望板

钉铺在椽子上面的木板层，作为屋面泥灰背、苫背的挡搁板。

③飞椽

它是安装在檐口部位望板之上的椽子，与檐椽相对布置，较檐椽挑出更远。它是作为抬高檐口，减缓屋坡陡势的构件。

④连檐

它是固定檐椽头和飞椽头的连接横木。连接檐椽的称为“小连檐”，一般为扁方形断面。连接飞椽的称为“大连檐”，多为直三角形断面。

⑤瓦口

安装在大连檐之上，用来承托檐口瓦件的构件。它根据所采用的板瓦或筒瓦不同而做成不同的弧形面。

4.2 悬山建筑

悬山建筑以建筑外形及屋面做法划分，可分为大屋脊悬山和卷棚悬山两种。大屋脊悬山前后屋面相交处有一条正脊，将屋面截然分为两坡，常见者有五檩悬山、七檩悬山以及五檩中柱式、七檩中柱式悬山（后两种多用作门庑）。卷棚悬山脊部置双檩，屋面无正脊，前后两坡屋面在脊部形成过陇脊，常见者有四檩卷棚、六檩卷棚、八檩卷棚等，还有一种将两种悬山结合起来，勾连搭接，称为一殿一卷，这种形式常用于垂花门。

悬山式建筑与硬山式建筑的主要区别有以下三个：

①两端山墙的山尖部位，不与屋面封闭相交，而是屋盖悬挑出山墙以外，即为“悬山”式。

②屋顶的屋脊部位，除两坡正交（即为尖角）成屋脊形式外，还有卷棚（即圆弧顶）过陇脊形式。

③屋檩数除硬山建筑的五、七檩外，还可做成四檩、六檩的卷棚形式，并且一般不做成带廊形式。

（1）悬山柱构件

因为悬山式建筑一般不做成带廊形式，故构架中只有檐柱和中柱，中柱是将山柱移动一下位置而成，其他与硬山建筑所述相同。

（2）悬山横梁构件

由于没有了金柱，也就没有了抱头梁和穿插枋，但当采用卷棚式屋顶时，应取消三架梁和脊瓜柱，改用月梁直接承托两根脊檩，其他与硬山建筑所述相同。

（3）**悬山檩木**

悬山式建筑的所有檩木，都是从山尖墙向外悬挑出去一个距离，悬挑距离的大小宋代没有严格规定，一般约为五六椽至七八椽，清工部《工程做法》规定可采用下述两种方法确定：①由山柱中心向外挑出四椽四当；②由山柱中心向外挑出的距离等于上檐出。另外，在悬挑檩木的下面应设置安放“燕尾枋”，此燕尾枋实则是室内檩下垫板的延续。燕尾枋下面是枋子的箍头。在檩木的端头加钉博风板，这是悬山建筑的主要特点。

（4）**构架连接件和屋面基层**

悬山式建筑的构架连接件和屋面基层与硬山式建筑完全相同。

4.3 歇山建筑

在形式多样的古建筑中，歇山建筑是其中最基本、最常见的一种建筑形式。歇山式建筑的正身部分，同庑殿的正身是完全相同的，不同的是山面部分。歇山的山面可以看成是悬山山面和庑殿山面相结合的一种改良，如果以歇山的下金檩为分界线，则在下金檩以上的山面构架同悬山屋顶相似，在下金檩以下的山面构架同庑殿山面部分基本相似，不同的是歇山建筑较庑殿多了三个构件，即踩步金、踏脚木、草架柱及其横穿。

（1）**踩步金**

它是一个梁檩功能互兼的特殊构件，两端与下金檩搭交，座踩在立于顺梁的交金墩上或带趴头的梁金枋上。它的正身承托着上面的架梁和檩木荷重，其断面与架梁相同；在正身的外侧面，剔凿有椽窝以搭置山面檐椽，起着檩木的作用，并在两端做成檩木形式与下金檩搭扣相交。

（2）**草架柱及横穿**

歇山屋顶的正脊同悬山做法一样，因此，从踩步金以上的所有檩木都要按“收山法则”悬挑出去一个距离，这些檩木悬挑端部的下面需要有一个相应支柱，这种支承檩木的柱子就是草架柱。草架柱之间的稳定是由横穿木加以稳固。

（3）**踏脚木**

它是承接草架柱的一根横木，做成直角梯形断面，压定并固接在山面檐椽上，两端与下金檩交接。

由草架柱、横穿和踏脚木等所形成的整个山尖面，常用拼接板封盖起来，此板叫作“山花板”，护盖着整个歇山的山面。

4.4 庑殿建筑

庑殿建筑是中国古建筑中的最高形制。在等级森严的封建社会，这种建筑形式常用于宫殿、坛庙一类皇家建筑，是中轴线上主要建筑最常采取的形式，如故宫午门、太和殿、乾清宫，太庙大戟门、享殿及其后殿，景山寿皇殿、寿皇门，明长陵祾恩殿等，都是庑殿式建筑，其他官府、衙属、商埠、民宅等，是不允许采用庑殿这种形式的。

庑殿建筑的木构架主要由两大部分组成，即正身部分、山面及其转角部分。

单檐庑殿正身部分构架与硬山建筑正身相同，重檐庑殿正身部分只需加高金柱，并在重檐檐步架两端施立童柱和横向承椽枋、围脊枋和围脊板等连接件，其他同单檐一样。

庑殿山面及其转角部分是庑殿建筑的主要特色，现以单檐无廊庑殿为例，将其组成构件分述如下：

（1）**单檐无廊庑殿山面柱构件**

单檐无廊庑殿山面部分的柱子，一般有正身檐柱、角檐柱、交金瓜柱和雷公柱等。

①正身檐柱

山面正身檐柱的横轴线应与庑殿正身金柱在同一轴线上，山面正身檐柱的纵轴线，要与角檐柱位置相对应。正身檐柱顶端支承着山面部分的顺梁（当采用顺梁法时）或檐檩（当采用趴梁法时）。

②角檐柱

它是纵横檐柱在转角处相交的柱子，是支承搭交檩（即在转角处相交的檐檩）和角梁的主要受力构件。

③交金瓜柱

它是指在交角部位各搭交檩下面的瓜柱，依所需高低不同分别采用交金瓜柱或交金托墩。用它来支承其上的搭交檐檩、搭交下金檩和搭交上金檩等。

④雷公柱

在屋顶正脊部位，对庑殿正身来说，是采用脊瓜柱支承脊檩的，而在山面部位，屋脊要按照“推山法则”的要求，使脊檩推出悬挑一个距离，这时应在脊檩端部下面设置一根支柱，以支承脊檩及其上面的荷重，这所设之柱即为“雷公柱”。

（2）单檐无廊庑殿山面横梁构件

单檐无廊庑殿山面部分的横梁构件有顺梁、趴梁、太平梁、角梁等。

①顺梁

顺梁是指顺面阔方向的横梁。当山面设置有正身檐柱作支承时，可采用顺梁来承托山面部分的搭交檐檩和下搭交檩上的交金瓜柱。顺梁的外端由山面檐柱承托，顺梁的里端榫接在庑殿正身部分的金柱之上。

如果山面在此位置上，不采用檐柱作为顺梁的支承，就采用趴梁法，即在顺梁位置用趴梁来代替，趴梁的外端趴伏在山面搭交檐檩上，里端同顺梁一样。

②趴梁

设置趴梁的位置有上下两处，一是当构架采用“趴梁法”时，如上所述用趴梁来代替顺梁，此为下趴梁；二是不管构架是采用顺梁法还是趴梁法，都应在山面下金檩与正身架梁（一般为五架梁）之间的上面趴伏一梁，以承托山面的搭交上金檩和交金托墩，此为上趴梁。

③太平梁

为承托雷公柱所设之梁即为太平梁，它搭伏在前后上金檩上。

④角梁

它是指在屋面两山转角部位的梁，它按翼角的冲出与起翘进行设置。由于屋面翼角是曲面形，因此，角梁按步架分段设置，由檐口至屋脊分为角梁（由上下老仔角梁组成）、由戗、脊由戗等。

（3）单檐无廊庑殿檩木

庑殿山面檩木的道数按庑殿正身檩木的道数进行设置，并与其对应相交，称为“搭交檩”。由下而上分为搭交檐檩、搭交下金檩、搭交上金檩等。所有搭交檩之下设交金瓜柱或交金托墩作为支承。

（4）单檐无廊庑殿构架连接件

庑殿山面的连接件仍是“檩三件”，分别将山面檐柱和角檐柱进行连接，交金瓜柱之间进行连接，上趴梁之间进行连接（如果是斗拱建筑，还应在檐垫板之上、斗拱之下加设额枋连接件）。

（5）单檐无廊庑殿屋面基层

庑殿的屋面基层与硬、悬山的屋面基层相同。

5. 传统建筑大木作工艺

河姆渡遗址的木构工艺表明，当时尽管生产力低下，但对木作加工而言，显然已存在一套完整的工艺，从木材的采伐、解材、平整、细部加工等都已有成套工序。此外，适应这些工序的工具和技术可以在不同时代有或多或少的改进，但是其加工制作的工序却是不可或缺的，其生产工艺是配套的。某一环节的技术和工艺的变化，必然带来其他环节技术和工艺相应的调整和适应，也会影响到建筑构件加工手法、精度等，但从整个建筑生产的效果来看，其影响是相对较小的。

5.1 选材

木作工艺的发展离不开对木料的广泛开发和巧妙利用。中国人选择木料是极为讲究的，对木质的性能、色泽乃至纹理要求尤为苛刻。紫檀、红木、乌木、樟木、楠木、柏木、榉木、黄花梨木、柚木、柞木、榆木、杞梓木、银杏、柳安、百日青、黄杉、红松、水曲柳、黄丹、白檀、云木等，是建筑、家具最常用的木材。

5.2 大木作施工程序

大木作施工程序自唐宋至明清大体相同，约可分为五个程序：

（1）**画丈杆**

自间广、椽长、柱高，以至每一构件的长短、高厚、榫卯位置、大小，均逐一按设计用足尺画在方木杆上，同时还应画出与本构件相结合的其他构件的中线。丈杆实际上是为本工程特制的各种专用尺，每个工匠在分配到具体工作时，就给他丈杆，以便开始造作，画丈杆的工匠，是全工程的主持者，他熟知全部设计及其细节，由唐至宋都称为“都料匠”。

（2）**造作构件**

工匠据丈杆造作构件及其上的榫卯，凡圆形截面的构件与矩形截面的构件相结合的榫卯（如柱与额），均应随时为每个榫卯制出抽板或样板，某些一定的形象，如驼峰、蝉肚绰幕（雀替），则可预先制作样板，使形象一致。

抽板是出榫实样尺寸。此类榫卯，一般是在圆构件上先开好卯口，然后将此卯口的具体尺寸及其与圆柱的位置关系等，移画到抽板上，即以此制作出榫规范，务使榫卯结合严密。因此，每有一个卯口即须制作一块抽板。榫卯做完，试装无误后，在构件上标明它所在位置的编号，构件制成后，必须经过仔细核对，并将所有中线重新清晰地画在构件上。

（3）**展拽（试安装）**

一般在铺作构件全部制成后，在地面上试作一次总体安装。

（4）**卓立、安勘（安装）**

大木作安装须先搭架，并准备吊装设施，再将柱子按位竖立，叫作“卓立”，然后再起吊额栿等大构件，随即依次安装，各项构件制成后已经过核对、榫卯试装、铺作试装，每一构件均已标明位置编号，与有关构件的关系均已画有明确的中线，因此总安装要点仅在于保证各项垂直线和水平线的准确性。

（5）**钉椽、结裹**

依次钉铺椽子、板栈（望板），是大木作最后一道工序。

6. 斗拱

6.1 斗拱的演变

斗拱在中国木构架建筑的发展过程中起过重要作用，它的演变可以看作是中国传统木构架建筑形制演变的重要标志，也是鉴别中国古代木构架建筑年代的一个重要依据。斗拱的演变大体可分三个阶段。

第一阶段为西周至南北朝。西周铜器拱令簋上已有大斗的形象，战国中山国墓出土的铜方案上有斗和45°斜置拱的形象，汉代的石阙、明器、画像石和画像砖上也有大量斗拱的形象(图111)。从汉高颐阙和四川牧马山、山东高唐出土的汉明器陶楼上可以看出，柱顶有斗拱承托檩、梁或楼层地面枋，挑梁外端的斗拱承托檐檩，各个斗拱间互不相连。汉代以后开始在

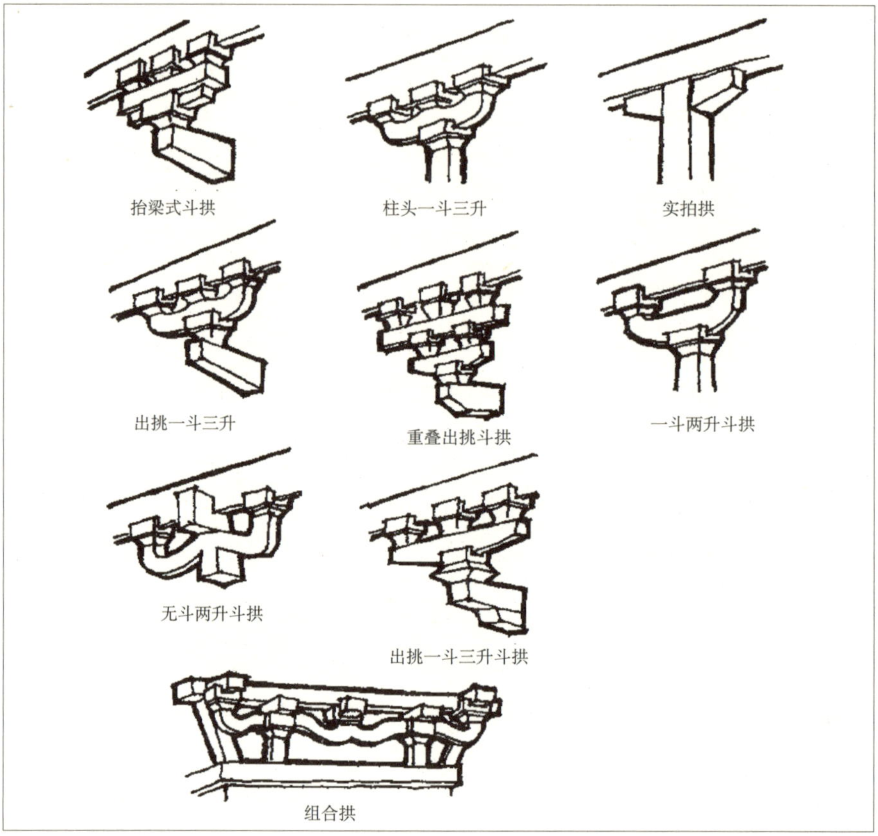

图 111　汉以前各时期的斗拱

柱间用斗拱，最初是一种在现代称为人字拱的斗拱，即在额枋上立一个叉手，上置一斗，承托檐檩（图 112）。

第二阶段为唐代至元代。这个时期斗拱的主要特点在于柱头斗拱所承托的梁多插入斗拱中，使斗拱和梁架拉结在一起，顺屋身左右横出的拱也和井干状的柱头枋交搭在一起（图 113）。建筑的一圈柱头枋和同它成直角的正、侧两面的梁交织成一个分为若干井字格的水平框架，斗拱成为各交叉处的加强节点。这时斗拱已不再是孤立的支承架或挑檐的构件，而是水平框架不可分的一部分。这个水平框架现在称为“铺作层”，用于殿堂型构架柱网之上，对保持木构架的整体性起关键作用。宋《营造法式》中

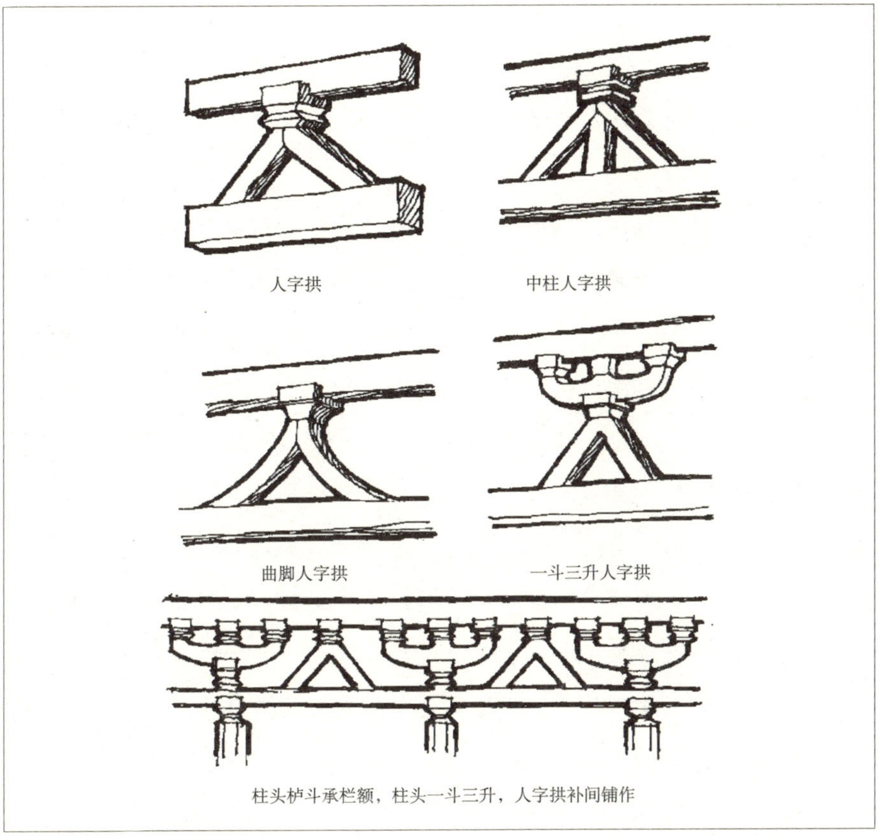

图 112　汉代柱头人字拱补间铺作

所载各种殿堂构架的斗拱与梁架结合，已不如唐代紧密，但仍类似。

图 113　五台山佛光寺东大殿转角铺作

第三阶段为明代至清代。自明代开始，柱头间使用大、小额枋和随梁枋，斗拱的尺度不断缩小，间距加密。清式建筑的梁不再像宋式建筑那样穿插在斗拱中，而是压在斗拱最上一跳之上，直接承挑檐桁。因此，斗拱发展到明清以后便不再起维持构架整体性和增加出檐的作用，它的用料和尺度比宋式建筑大为缩小。

6.2 斗拱的构成

斗拱的构成简单分为三部分：斗、拱和昂。

（1）斗（升）

斗是直接承重横拱、枋或梁的木方。斗细分又有很多种，比如，位于一组斗拱最下的称为坐斗（宋称栌斗，汉称栌），坐斗一般用在柱列中线的上边，坐斗上开十字口放前后和左右两向的拱，前后向（内外）挑出的称华拱，左右向的称泥道拱，位于华拱上的叫十八斗（宋称交互斗），各层拱间用斗垫托、固定，斗位于拱的中心、两端或拱与昂等相交处，位于横拱两端的斗叫三才斗（宋称散斗），位于翘与横拱等交叉中心上的叫槽斗子（宋称齐心斗）。斗拱以榫卯结合，出跳拱昂的卯口开在下方受压区，横拱的卯口开在上方，拱上的斗用木销钉与拱结合，斜置的昂则用昂栓穿透到下层的拱中进行固定。

这些斗尽管名称各异，但是形状几乎相同，只是尺寸有大小，开槽有分别，坐斗的正面槽口叫“斗口”，清工部《工程做法》中将它定为建筑尺度的标准，斗口两侧凸起的部分称为“斗耳”，其下平直的部分称为“斗腰”（宋称“斗平”），再下内切的部分称为“斗底”（宋称“斗欹”）。没有斗耳的斗称为“平盘斗”[①]。

清式有斗拱的建筑改以平身科斗口的宽度为权衡构件比例的基本模数，挑出的翘、昂和正心枋，内外拽枋均高 2 斗口，相当于宋式的足材，每一拽架为 3 斗口，每两攒斗拱间的最小间距称攒挡，为 11 斗口，建筑面阔即以攒数而定，明间一般平身科六攒，加两边柱头科各半攒。

① 宋式斗拱形制的表示方法

若干个斗与拱垒叠而成“铺作”，分为柱头铺作（柱头上的斗拱）、补间铺作（柱与柱之间的斗拱）、转角铺作（角柱上的斗拱）。宋《营造法式》

① 中国建筑史编写组：《中国建筑史（第三版）》，中国建筑工业出版社 1993 年版，第 191 页。

中规定："出一跳为之四铺作，出两跳为之五铺作，出三跳为之六铺作，出四跳为之七铺作，出五跳为之八铺作"，斗拱的计数单位是"铺作"，一朵最小的斗拱应挑出四层、一跳的四层是固定的层，即有一个栌斗，一个华拱（或昂），一个耍头，一个衬方头，计四铺作（图114）。每增加一个构件，即加一铺作，以此类推，如双杪双下昂为七铺作（图115），双杪三下昂为八铺作，等等。

栌斗中心或每跳跳头若有作横拱（与建筑正立面平行的拱），称为"计心"，若不作横拱，称为"偷心"，只用一层横拱的称为"单拱"，用多层横拱的称为"重拱"。

② 清式斗拱形制的表示方法

斗拱形制以踩数计，踩数指斗拱组中横拱的道数，清式斗拱每拽架都有横拱，故每攒斗拱里外拽架数加正心上的一道正心拱枋，即每攒的踩数。清式斗拱形制的表示方法为几踩几翘几昂。最简单的斗拱是不出踩的一斗三升或一斗二升交麻叶，最多为五拽架的十一踩重翘三昂。清式斗拱中还有一种"镏金斗拱"，用于外檐或重檐建筑下檐的平身科，前面有昂，后尾为斜起长一步架的秤杆，它是由宋式下昂演变来的，秤杆即昂身，但外檐部分改为平置的昂头和蚂蚱头，整个构件做成曲折形，构造不如宋式合理。

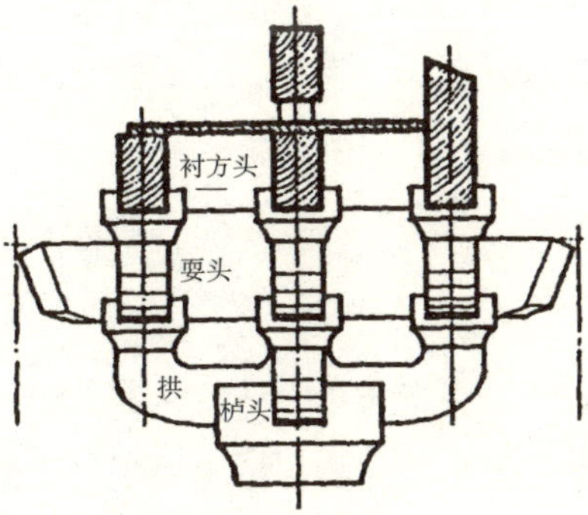

图114　宋式单杪四铺作

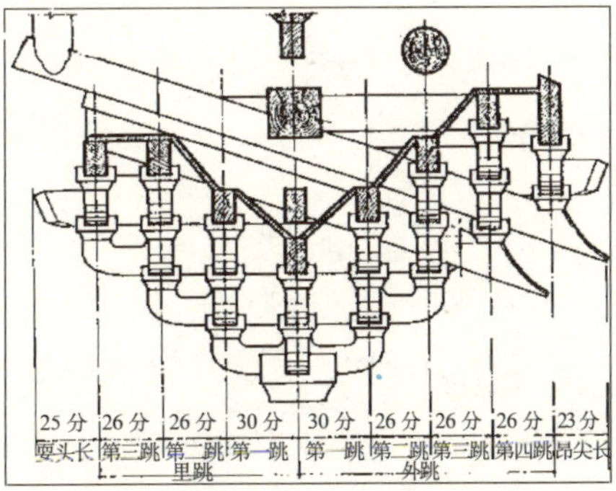

图115　宋式双杪双下昂计心造

（2）拱

拱是指斗口伸出承斗或升之重量的木构件。拱按其不同位置又可分为多种，凡是向内外挑出的拱，清称为翘（宋称华拱或卷头），华拱可挑出一至五层，每挑一层称一跳；挑向室外的称外跳，挑向室内的称里跳。跳头上第一层横拱称为瓜拱（宋称瓜子拱），第二层万拱（宋称慢拱），瓜子拱、慢拱上的方木称罗汉方。同华拱成正交的拱称横拱，除泥道拱外，最外跳在挑檐檩下的、最内跳在天花枋下的称为厢拱（宋称令拱），出坐斗左右第一层横拱叫正心瓜拱（宋称泥道拱），第二层叫正心万拱（宋称慢拱）。

清式每一组斗拱称一攒，每个瓜拱上都用万拱，瓜拱和万拱又依所在位置冠以正心或里、外拽的称谓，如用在正心瓜拱上的万拱称正心万拱，用于斗拱前边（或室外）的称外拽瓜拱、外拽万拱，用于斗拱后边（或室内）的称里拽瓜拱、里拽万拱，万拱上的枋子，也依所在位置称正心或里、外拽枋。

（3）昂

昂是斗拱中斜置的木构件，“昂尾斜上，压于梁或檩下，利用杠杆原理，以挑起檐部”。昂又分上昂和下昂，以下昂使用较多。宋式斗拱中向外挑出的构件除华拱外，还有斜置的下昂和上昂，下昂大体平行于屋面，昂尾压在梁下或檩下，上昂自斗拱中心向外上方斜出，以承令拱，下昂的作用是在少增加斗拱高度的条件下增加挑出长度；上昂的作用是在少增加挑出长度的条件下增加斗拱高度，二者的作用正好相反。

昂在清式里仍称昂，但只是把翘头刻成下折的昂嘴形式，不再是斜亘内外的构件，清式斗拱每出一跳称一拽架，最多也可挑出五拽架。

6.3 斗拱的制作和安装

斗拱的制作，关键在于熟悉和掌握构造，了解斗拱构件间榫卯的组合规律。斗拱纵横构建十字搭交节点部分都要刻十字卯扣，按山面压槽面的原则扣搭相交。角科斗拱三交构件的节点卯口，也可按单体建筑物的面宽进深方位，采用斜构件压纵横构件，纵横构件按进深压面宽的原则扣搭相交。

（1）斗拱的制作

制作斗拱，首先需要放实样、套样板，放实样是按设计尺寸在三合板上画出1:1的足尺大样，然后分别将坐斗、翘、昂、耍头、撑头木及桁碗、瓜、万、厢拱、十八斗、三才升等，逐个套出样板，作为斗拱单件画线制作的依据；然后按样板在加工好的规格料上画线并进行制作。

样板要忠实地反映每个构件和构件的每个部位及榫卯的尺寸、形状、大小、深浅，以保证成批制作出来的构件能顺利地、严实地按构造要求组装在一起。

斗拱按样板画线的工作完成以后，工人即可进行制作，制作必须严格按线，锯解剔凿都不能走线，卯口内壁要求平整方正，以保证安装顺利。

（2）斗拱的安装

为保证斗拱组装顺利，在正式安装之前，要进行“草验”，即试装，试装时，如果榫卯结合不严，要进行修理，使之符合榫卯结合的质量要求，试装好的斗拱一攒一攒地打上记号，用绳子临时捆起来，防止与其他斗拱混杂。

正式安装时，将组装在一起的斗拱成攒地运抵安装现场，摆在对应位置，各间的平身科、柱头科、角科斗拱都运齐之后，即可进行安装。斗拱安装，要以幢号为单位，平身科、柱头科、角科一起逐层进行。先安装第一层大斗，以及与大斗有关的垫拱板，然后再按照山面压槽面的构件组合规律，逐层安装。安装时注意，草验过的斗拱拆开后要按原来的组合程序重新组装，不要调换构件的位置。

安装斗拱每层都要挂线，保证各攒、各层构件平、齐，有毛病要及时进行修理。正心枋、内外拽枋、斜斗板、盖头板等件要同斗拱的其他构件一起安装，安至耍头一层时，柱头科要安装挑尖梁。斗拱安装，要保证翘、昂、耍头出平齐，高低一致，各层构件结合严实，确保工程质量。

第十章

传统建筑的瓦作技术与工艺

所谓“瓦作”并不仅指造瓦及用瓦之制，也包括砖等陶制建材的制造和应用。

远古时代，人类利用天然洞穴挡风避寒，后来人类走出森林山洞建造半地穴式的房屋，以茅草作屋顶，进一步发展，在平地上整出地基，用两块夹板中填土夯实、层层加高的“版筑法”立墙，用木柱支撑屋顶，栖身于 “茅茨”之下的人们梦想着能够“屋不漏雨”，于是创造出了遮盖屋顶的瓦。

1. 瓦屋的诞生

建筑上用瓦，文献记载始于夏代，西周初期在制陶技术的基础上，创造出覆盖屋顶的瓦，目前的实物见于陕西岐山凤雏村的西周早期遗址，它是迄今所知最早的用瓦建筑，只是出土瓦的数量不多，可能只用在屋脊、屋檐和天沟等关键部位，标志着中国建筑已经突破了“茅茨土阶”的状态，开始向“瓦屋”过渡。① 瓦的发明和使用，是中国建筑史上一项了不起的成就，它解决了屋顶的防水问题，延长了房屋的使用年限，也改善了人们的居住条件。与陶器相比，瓦的制作并不复杂，但若大量成批生产，要有模具之类的物件，西周早期的瓦数量并不多，大概只用于上层奴隶主贵族的房屋，而一般民居遗址里都还未发现瓦的遗存。凤雏村出土的绳纹瓦，带有瓦环、瓦钉和穿绳结的瓦眼结构，瓦已有仰面和俯面区别，且两面分别设有陶钉或陶环，瓦背面饰绳纹，青灰色，陶质较脆，显得比较原始（图 116）。

到西周中晚期，瓦的使用扩大了，陕西扶风召陈西周晚期遗址，三个房屋周围都有大量的瓦片堆积，瓦的种类达十几种之多，大小、形制、纹饰各不相同，瓦的质量也有所提高，有板瓦、筒瓦，并出现了半瓦当，有

① 侯幼彬等：《中国古代建筑历史图说》，中国建筑工业出版社 2002 年版，第 12 页。

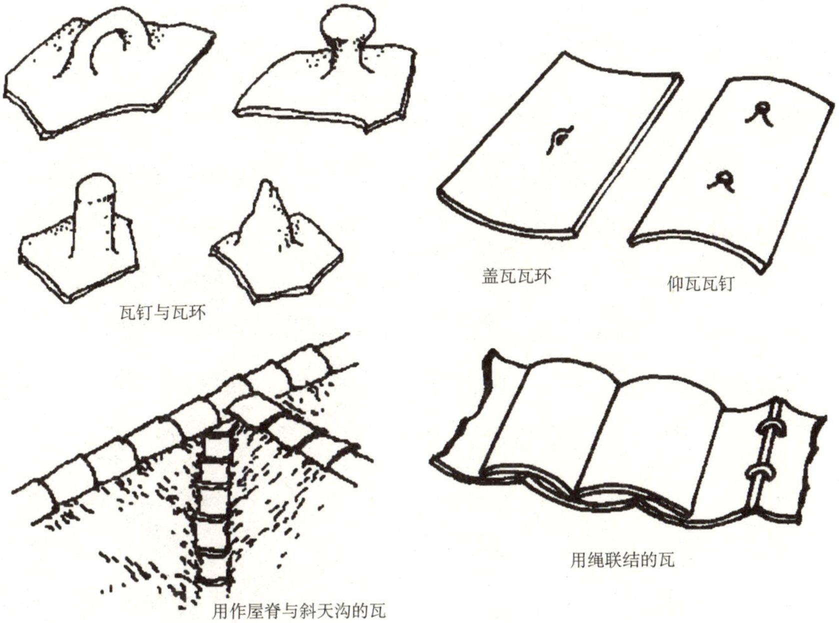

图 116　陕西岐山凤雏村出土的西周瓦件

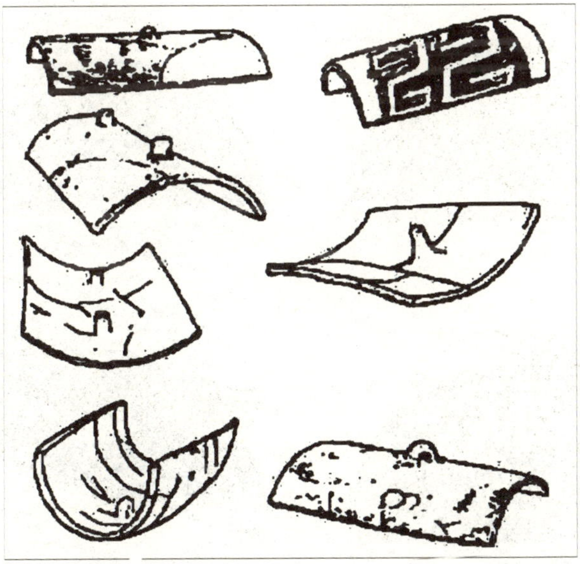

图 117　陕西扶风召陈建筑遗址出土的瓦件

的带柱状瓦钉，有的带瓦环（图 117），表明西周中期的重要建筑已经采用满铺的瓦屋面，完成了由“茅茨”向“瓦屋”的过渡。

春秋时期，建筑上的重要发展之一便是瓦的普遍使用。战国时，社会生产力的进一步提高和生产关系的变革，促进了封建经济的发展，城市繁荣且规模日益扩大，出现了一个城市建设高潮，屋面已大量使用青瓦覆盖，宫殿建筑上广泛使用筒瓦和板瓦，并有在瓦上涂上朱色的做法，板瓦、筒瓦的坚实度和色泽以及半圆形瓦当上所饰花纹，都比西周时有显著进步，河北易县燕下都遗址出土了一种大瓦，瓦身外面有黼黻纹装饰图案。说明当时的制瓦水平已达可观的程度。这种大瓦，一般用在屋脊上作为“护脊瓦”，或用在墙头上作为“护墙瓦”，战国至秦汉，由于生产经验的积累，陶质建筑材料砖、瓦和下水管等逐步提高了质量（图 118）。

瓦的制作在西汉时出现了一次重大变革。此前，带有钉环的瓦，其制作可能是先用泥条盘筑成圆筒形的陶坯，然后剖开坯筒，入窑烧造，四剖

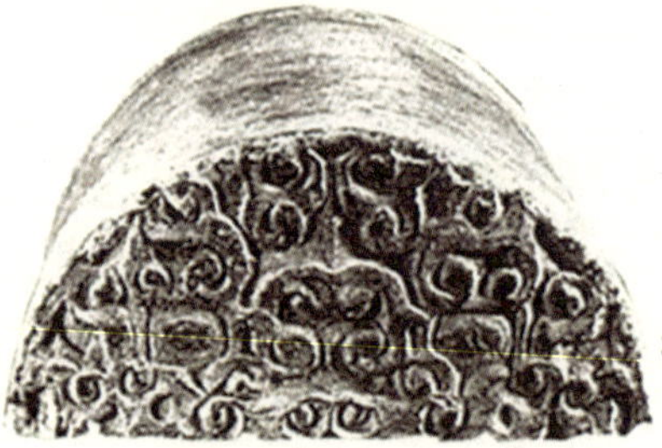

燕下都兽面纹半瓦当

燕下都云山纹半瓦当

燕下都兽面纹半瓦当

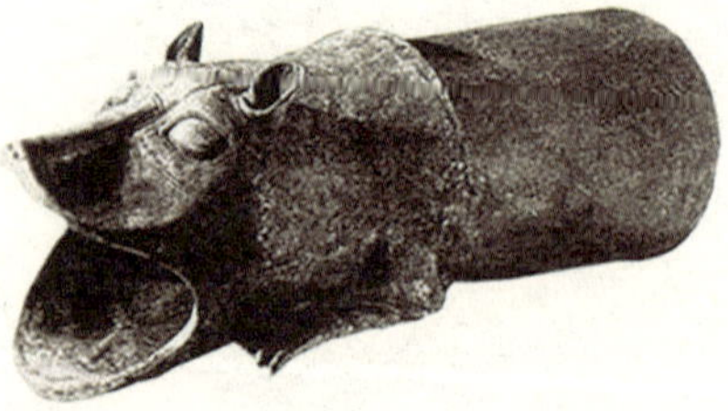

燕下都战国虎头形陶水管道口

图 118　燕下都出土战国瓦件

或六剖为板瓦，对剖为筒瓦，瓦的背面有手指按压的痕迹，不太平整，瓦壁厚薄不均匀，瓦钉和瓦环是用泥条另外附贴在瓦坯上的，瓦的正面饰绳纹。西汉前后，轮制技术应用到制瓦行业，泥条盘筑法逐渐被淘汰，瓦的质量进一步提高，产量也大大增加，应用更加普遍。魏晋南北朝时，制瓦行业和制瓦技术又有发展。北魏时，出现了瓦窑，除窑主外，下设主管制瓦的“匠”、用陶轮制坯的“轮头”、分割瓦坯的“削头”、打磨瓦面的“昆人”等工师。此时，圆瓦当的图案演变为莲花纹和兽头纹，当时流行的板瓦多为“花头”形，即瓦沿下部为波浪式或锯齿形，利于束水、滴水，还有一种“垂唇”板瓦，排水效果更佳，板瓦的色泽呈深褐色，质地细密，烧制温度高，瓦面经磨削后，涂上一层陶衣，抗渗性很强。

东魏、北齐时，砖瓦的正面均为黑色，油光发亮，敲击时声音清脆，烧制的温度较高，这与当时的文献记载相符，元西贤《河朔访古记》引《邺中记》语，“北齐起邺南城，其瓦皆以胡桃油油之”，说明涂以胡桃油的生产工艺已被引入瓦的制作技术中来。

2. 瓦当

2.1 瓦当概说

随着先民对中国独特的土木结构建筑中使用瓦的经验不断总结，瓦当应运而生。瓦当是我国古代宫室房屋檐端的盖头瓦，俗称“筒瓦头”或“瓦头”。瓦，即具有圆弧的陶片，用于覆盖屋顶；所谓“当”，据解释：“当，底也，瓦覆檐际者，正当众瓦之底，又节比于檐端，瓦瓦相盾，故有当名。”古人训“当”为“底”，因为陶瓦一块压一块，从屋脊一直排列到檐端，而带瓦头的筒瓦正当众瓦之底，带有阻挡、遮挡的作用，瓦当的下面是椽头，当可以抵挡风吹、日晒、雨淋，保护椽头免受侵蚀，延长建筑寿命。所以，“瓦当”的名称很可能因其位置和作用而来。

板瓦一般用于铺盖屋顶，筒瓦则覆盖在两行板瓦的接缝上，以防渗水，瓦当是屋檐上筒瓦的瓦头，它不仅可以保护屋顶的椽子不受风雨侵袭，另外，瓦当的造型千姿百态，融合了绘画、工艺和雕刻等艺术，是兼具实用性与装饰性的重要建筑构件。瓦当最早起源于西周时期，约在春秋晚期形成了比较完善的模式，并成为一些大型建筑的重要构件。

图 119　战国饕餮纹瓦当

早期的瓦当多为半圆形，主要纹饰为兽面纹，后来逐渐向卷云纹等其他纹饰发展，当时各诸侯国烧造和使用的瓦当图案种类繁多，各不相同，战国时的瓦当都印有花纹（图 119），并出现了圆瓦当，有的圆瓦当带有乳钉纹或地凹云纹，瓦钉为菱形花式帽。秦始皇统一六国后，瓦当在图案形态和题材内容等方面都发生了很大变化，更加丰富多彩，秦代主要盛行各种动物图案的瓦当（图 120）。

汉代是瓦当工艺发展的鼎盛时期，这一时期的瓦当做工精细，出现了装饰有篆体文字的瓦当，这些文字瓦当多为小篆书体，排列组织和谐匀称，布局讲究，显示出汉代质朴浑厚的艺术风格，文辞多为一些祈福的吉语，其艺术观赏性可与精致的印章相媲美（图 121）。

瓦和瓦当在中国应用的时间很长，从皇宫到民居，都用瓦作屋顶。只不过皇宫专用琉璃瓦，百姓用的是黑瓦。

2.2 瓦当的分类

瓦当分为两种，一种放置时弧形朝上称滴水，一种弧形朝下称檐头。

秦云凤纹瓦当

秦卷云纹瓦当

秦永受嘉福瓦当

秦大瓦当

图 120　秦瓦当

图 121　汉四神瓦当

从质料分，瓦当主要有灰陶瓦当、琉璃瓦当和金属瓦当三种。其中灰陶瓦当资格最老也最普通，是西周到明清最主要的品种。在唐代出现了琉璃瓦当，它是在泥质瓦坯上施釉烧制而成的，有青、绿、蓝、黄等多种颜色，用于等级较高的建筑物，到了宋、元、明、清时期，金属瓦当被运用于个别建筑物，也表明了其最高的地位。金属瓦当有铸铁、黄铜和抹金三个品种。

从形制分，瓦当有半圆形、圆形和大半圆形三种。其中，半圆形出现于西周，延续至战国；圆形出现于战国，到汉代时流行；大半圆形的瓦当出现于秦代。

从建筑技术的观点看，圆形瓦当比半圆形瓦当进步，前者面积比后者面积大一倍，可以完全盖住椽头，圆形瓦当的制作虽比半圆形瓦当费工，但却有利于保护建筑；从美学的角度看，圆形瓦当容纳的花纹图案比半圆形瓦当多一倍，因而显得更加美观。早期的圆形瓦当用泥条盘筑法制成，西汉时改用模制法，即将瓦当和筒瓦分别制成后再拼接在一起，这一方法延续至后世。

从纹饰分，瓦当有图案纹瓦当、图像纹瓦当、文字瓦当三类，其中文字瓦当从两汉时期开始盛行，字数从一字至十二字不等（图 122），以四

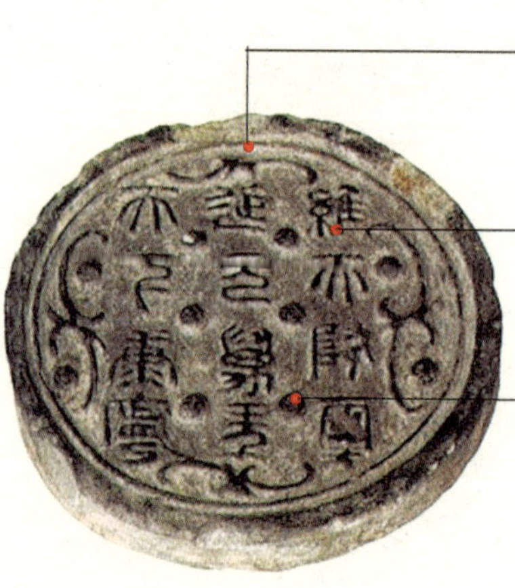

图 122　十二字秦瓦当

字者为最常见。东汉以后，文字瓦当日趋衰落，隋唐以后，文字瓦当已很罕见。

3. 流光溢彩的琉璃瓦

3.1 琉璃瓦概说

琉璃瓦代替了在灰瓦上涂色的装饰手法，作为一种非常坚固的建筑材料，它具有较强的防水性能。琉璃瓦起初是从陶瓷发展而来的，在殷代即已经有了原始的瓷器，其质地与琉璃瓦很近似，但这种琉璃与建筑琉璃是不同的，古建筑上的琉璃是基于制陶工艺的继承和发展起来的一种新型材质，其烧制基胎的材料是一种岩土，表面涂上琉璃釉，经高温烧制而成。

琉璃作为一种建筑材料，起源于北魏，大约自唐代开始，琉璃烧制的各种建筑饰件开始广泛应用于建筑物的装饰，唐代除用琉璃瓦外，所用的青瓦有两种：一种是普通青瓦；另一种是借鉴黑陶技术制造的，色泽黝黑、光润的青棍瓦。后者是当时的高档品种，用在主要建筑上。唐代的青瓦色泽近似黑陶，质地密实，表面光滑，是优质瓦，多用于宫殿和寺庙上。宋、元宫殿用各种彩色的琉璃瓦顶，现在河南开封的北宋佑国寺塔（俗称铁塔）就是全部用琉璃砖瓦包砌的（图 123）。到了明清时期，琉璃瓦件的生产技术提高，明代开始用煤烧窑，窑作[①]发达，瓦的产量大大增长，宫殿建筑普遍应用琉璃瓦，瓦和瓦饰的规格、品种开始系列化，琉璃瓦的色泽明快，颜色丰富，有黄、绿、蓝、紫、黑、白、红等，一般以黄、绿、蓝三色使用较多，并以黄色为最高贵，只用在皇宫、社稷、坛庙 等主要建筑上。就

① 窑作是指中国古代建筑工程中制作陶土、琉璃砖瓦和装饰构件的专业。宋《营造法式》中所列的窑作，包括制坯、烧变、用药等工序，并附垒窑制度。清代窑作是独立的手工业，故清工部《工程做法》中不列。

图 123　北宋佑国寺塔

是在皇宫中，也不是全部建筑都用黄色琉璃瓦，次要的建筑用绿色和绿色“剪边”（镶边），在王府和寺观一般是不能使用全黄琉璃瓦顶的。清朝雍正时，皇帝特准孔庙可以使用全部黄琉璃瓦，以表示对儒学的独尊。

3.2 琉璃瓦的分类

琉璃瓦件大约可分作四类：

第一类是筒瓦、板瓦，是用来铺盖屋顶的。

琉璃筒瓦　用于宫殿及高级亭榭，与瓦的主轴垂直的截面呈半圆弧形，制造时将瓦坯土包围在筒装木模上制成筒状坯，分切两半，入窑烧制而成。

琉璃檐口筒瓦　用于屋檐口的琉璃筒瓦一头呈半圆弧形，在靠近半圆弧的一头有钉孔，供固定檐口琉璃筒瓦之用；另一头则是有花纹装饰的圆形瓦当。

琉璃板瓦　用于中等档次建筑。与主轴垂直的截面呈1/4（宋式）或1/6（清式）圆弧形，将筒状坯分切成四片或六片后烧制成。

琉璃檐口板瓦　用于装饰檐口的琉璃板瓦，一头呈1/4圆弧形，靠屋檐的一头则有垂尖式或鱼唇式装饰。

琉璃当沟瓦　用于屋顶两坡相交处。

第二类是脊饰，即屋脊上的装饰，有大脊上的鸱尾（正吻），垂脊上的垂兽，戗脊上的走兽等，走兽的数目根据建筑物的大小和等级而决定（图124）。

琉璃正吻　用于屋顶正脊与垂脊相交处，多为龙头式样。

琉璃走兽　铺盖在垂脊下端，有龙、凤、狮子、天马、海马、狻猊、押鱼、

图124　琉璃脊兽

狮豸、斗牛、行什等。

第三类是琉璃砖，用来砌筑墙面和其他部位的。

第四类是琉璃贴面花饰，有各种不同的动植物和人物故事以及各种几何纹样的图案，装饰性很强。

琉璃制品在建筑中有着广泛的应用，种类多样，明清时期有“十样”之称，“十样”就是十种规格，每种规格又都相应配套，如每种规格的吻、兽、脊、砖、瓦等构件都能环环相扣。

按清制，琉璃瓦原有十样，由一至十，但一样、十样不用，只用二样至九样。

清代对不同等级的建筑所用的琉璃瓦有严格的规定：黄琉璃瓦用于帝王宫殿、陵庙，如北京故宫、明十三陵等。绿琉璃瓦用于王府。青琉璃瓦用于祭祀建筑，如天坛祈年殿，屋顶铺纯青琉璃瓦，象征青天。黑琉璃瓦、紫琉璃瓦等多用于帝王园林中的亭台楼榭。

4. 制瓦

4.1 瓦料

瓦，一般指黏土瓦，以黏土（包括页岩、煤矸石等粉料）为主要原料，经泥料处理、成型、干燥和焙烧而制成。瓦当一般为泥质灰陶，由土色纯黄、黏性较好、沙石较少的黄壤土烧制而成。

琉璃瓦瓦坯的原料是灰白色的无沙细胶土，和泥造土坯。釉料的原料是黄丹、洛河石和铜末。黄丹必须先经过炒炼，将黄丹加入黑锡、盆硝入镬炒炼一日，待冷却后捣成细末，用筛子筛出，再炒炼两日而成。将烧炼过的黄丹末和洛河石末、铜末、加水调匀成为釉料。将土坯入窑，温度在

1100℃～1200℃，烧炼七日，冷透之后涂上釉料第二次入窑，温度保持在800℃～900℃，烧炼三日出窑。经过二次烧炼制成的琉璃瓦，色彩鲜艳，光泽好，缺点是釉层不牢固，容易剥落。近年多采用一次烧炼法，出产的琉璃瓦釉层牢固，不易剥落，但色泽较差。

4.2 瓦当的制作

瓦当的制作主要有四个步骤：制瓦当坯、续制筒瓦、切割晾干、焙烧。

①有花纹和文字的瓦当的制作方法，都是先刻出木模（阳纹），然后用木模压制出泥制瓦当范（阴纹），将瓦当范放入窑内烧好取出，便可使用。

② 瓦当坯压制成形后，不立即取出，而是在其上续制筒瓦。战国时期流行泥条盘筑法，即先将泥条盘几圈，把瓦当和筒瓦的接缝处抹平，在里面接好，然后继续盘筑筒瓦，直至所需长度（一般为 40 厘米），抹平表面泥条的接缝，再用绳拍在外面轻轻拍打出绳纹。

③ 泥条盘筑好，抹好缝，拍打结实，待筒瓦半干时便可切割，切割的工具或用绳弓或用刀（或用竹削），切割时，先把筒瓦放于半圆形槽内，防止其滚动，再用绳弓紧贴半圆形槽面从筒尾处进绳，近瓦当时向外一摆，即可将筒瓦和瓦当一分为二；用刀切割时，也是先将半干的瓦当、筒瓦放在半圆形槽内，然后用刀尖沿着半圆槽面划 3 刀，一刀切瓦当面，另两刀切筒瓦的两个侧面，也能顺利将瓦当坯分开。

4.3 明清制瓦工序

明清制瓦的工序同制砖相似。为了避免瓦件渗水，必须用细黏土和泥，经过踩泥、渍润，次日把制瓦轮的扎圈安固，套以布筒，以水搭泥贴在布筒上，随即摇轮并拍打光洁平整，将扎圈随带的泥筒放在亮瓦场上，取出扎圈和布筒亮晒土坯，稍干后用刀切为四片，即成板瓦。筒瓦的扎圈直径小，上端做出榫头，坯筒稍干时用刀切为两半，即成筒瓦。由于瓦坯内有布纹，所以青筒板瓦又叫布瓦。

勾头瓦是用筒瓦坯制作，在筒瓦坯的一端黏挂一块模压有花纹的瓦当（秦以前为半圆瓦当，秦以后为圆瓦当），烧制后即为勾头[①]（宋代称华头筒瓦）。

在元代以后，北京琉璃砖瓦制坯所用的泥土为纯净的坩子土，坯子干透后先入坯窑烧制，然后在坯子的表面涂刷釉料后再烧制，釉料的组成根据所需的色彩选定。

5. 瓦屋顶的几种形式

清工部《工程做法》把瓦作分为大式和小式。大式瓦作的特点大体是：

①各瓦坡使用筒瓦板瓦合；②大脊垂脊上都用吻兽等装饰；③材料用布瓦（青瓦）也用琉璃瓦；④建筑对象为宫殿庙宇主要建筑。

小式瓦作的特点大体则是：

①各瓦坡只用板瓦，间或用筒瓦，绝无用琉璃瓦的；②坡顶两山不做垂脊，只在正脊处做清水脊或皮条脊，不用吻兽；③建筑对象为宫殿衙署次要建筑。

但也有一些做法没有包括在清工部《工程做法》的规定之内，如仰瓦灰梗顶、棋盘心顶等，这些只是一般住户商家使用。

（1）仰瓦灰梗顶

在北方冬季气候寒冷，一般住户虽然经济条件不宽裕，屋顶也要达到防寒要求，仰瓦灰梗就是部分使用瓦件的一种灰泥屋面。做法是椽上铺苇箔，

① 勾头是一种特殊形式的筒瓦。多用筒瓦垄的檐头，比普通筒瓦多一个圆形的瓦当。元代以前称瓦当，至明、清两代，改称勾头。其端部圆盖上的纹样变化多端，且具有鲜明的时代特色，因而勾头上纹样的种类就成为判断其年代的一个重要标志。

上铺灰泥四寸，然后在泥上宼[①]一层，灰泥要干一些，宼时要用力，相邻两陇瓦对缝处用麻刀青白灰宼出一道道类似筒瓦但比筒瓦直径小得多的灰梗，这样漏雨的机会就少得多了。在屋顶的边椽山墙上并做筒瓦一陇，盖板瓦一陇收住。如果经济条件不够，也有只铺仰瓦不做灰梗的做法。

（2）棋盘心顶

做法和仰瓦灰梗大致相同但防漏效果要好一些。也是椽上铺苇箔再铺插灰泥，泥背宼底瓦一层；不同之处是在梁缝处和脊檩附近要加铺一行盖瓦，而且底瓦上满抹麻刀青白灰一层，远处看来区划成一块一块的方形平顶有如棋盘，所以叫作棋盘心屋顶。

（3）阴阳合瓦顶

经济比较富裕但又没有官阶的普通住户，多用阴阳合瓦屋顶。从苇箔到仰瓦的做法都和仰瓦灰梗一样，只是铺灰梗处改用板瓦做盖瓦，这样做防渗效果会更好一些。

（4）筒板瓦顶

在一些封建时代的宫殿、衙署、寺观建筑中，筒板瓦顶是最完整的一种瓦屋顶。它和阴阳合瓦顶的不同之处在于盖瓦使用筒瓦，对于板瓦的搭接比例也有一定规格，“压七露三”是清工部《工程做法》大式瓦作一类规定，“……每板瓦一片压七露三，头号长九寸得露明长二寸七分……”，也就是说，相邻两块板瓦，上一块必须压住下一块瓦长的7/10。

6. 砖的发展概说

砖作是中国古代建筑中使用砖材砌筑建筑物、构筑物或其中某一部分的专业。宋《营造法式》中的“砖作”部分，记述了砖的各种规格（见窑作）

① 音“袜”。动词，表示铺砌瓦的动作。

和用法，用砖砌筑台基、须弥座、台阶、墙、券洞、水道、锅台、井和铺墁地面、路面、坡道等工程。

砖，古名甓[①]、瓴，是继瓦之后产生的又一种人工材料。砖和瓦一样都是从制陶技术发展而来的，它不仅和瓦一起改善了土木结构的质量（陶瓦的发明解决了屋面覆盖物由草料进而用瓦，而砖的应用则首先解决了土地面的铺墁），砖的进一步应用，又为创造新的砖结构体系创造了前提条件。

图 125　《天工开物》砖瓦烧制之一

图 126　《天工开物》砖瓦烧制之二

在中国，用黏土烧制青砖的历史很长，早在周代已有关于砖的记载，到战国时期生产出真正的砖。战国时代已用砖料铺地，而且开窑之后总是要浇水焖干使其成为青色。《天工开物》上记有："凡转锈之法窑颠作一平田样，四围稍弦起，灌水其上，砖瓦百钧，用水四十石……水火既济，其质千秋矣。"（图 125、图 126、图 127、图 128、图 129）考古发掘中，已发现战国晚期的砖结构实物，但使用并不普遍。至迟在秦代已有承重用砖，秦始皇陵东侧的

① 甓，瓴也，即砖瓦。《国风·防有鹊巢》：中唐有甓。即庭中通道堆放有砖瓦的意思。

图 127 《天工开物》泥造砖坯

图 128 《天工开物》烧砖

图 129 《天工开物》造瓦

俑坑中有砖墙，砖质坚硬。汉代建筑已广泛使用砖，秦汉时期铺地方砖和空心砖有许多是模印花纹的，还出现了装修用的砖，尤其突出的是在地下所筑墓室中，用长1米，宽约三四十厘米的大块空心砖作墓壁与墓底，墓顶仍用木料作盖，可见当时制砖技术已达到相当高的水平。但战国迄至西汉，砖的发展仍处于开始阶段，实心砖虽也用于砌筑，但大量的是用于铺地的实心砖和用以代替木椁的空心大砖，还没有产生新的砖结构技术，以讲究装饰性的铺地砖和空心大砖占主要地位，至东汉让位于结构用的条砖，制砖也就向着量的生产发展。

东汉社会厚葬之风盛行。人们希望死后仍过着生前的幸福生活，因而皆仿生前宅院来修筑死后墓室，并随葬埋藏金钱财物及模拟式的陶制品，这种墓葬建筑也要求采用比较耐久的材料——砖石来建造。东汉时期留下了大量的砖墓，墓室结构由梁式的空心砖逐渐发展为顶部用拱券和穹隆，解决了商朝以来木椁墓所不能解决的防腐和耐压问题（图130）。当时拱

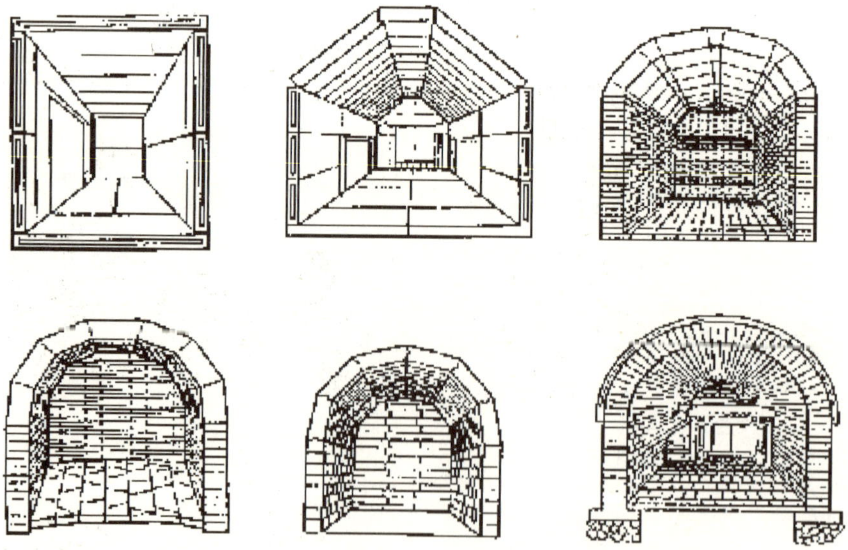

图130　汉代砖墓的墓顶结构图

券除用普通条砖外，还用特制的楔形砖和企口砖发券的方法，或用单层券，或用双层与多层券，每层券上往往卧铺条砖一层，称为“伏”。这种券和伏相间的方法，为后来砖券与石券所普遍采用，不过这时砌砖的胶泥还未掺入石灰。东汉筒拱和穹隆结构的砖墓几乎遍布南北各地，说明砖石材料的力学性质当时已被人们所普遍认识。在房屋建筑中砖材多用于台基和墁地，间或用于贴墙或用于墙壁加固。汉代青瓦的品种也有所扩大，质量显著提高，砖瓦业盛况空前，逐渐成为一个独立的手工业，“秦砖汉瓦”由此得名。

随着古代建筑日趋成熟，砖的应用已逐步扩大。城郭的建造，砖是必不可少的，砖墓砖塔不断增加，宫殿开始用花砖铺砌地面。唐代以佛塔采用砖石者居多，目前我国保留下来的唐塔均为砖石塔，宋代砖石建筑的水平达到新的高度，这时的砖石建筑仍以佛塔为主，其次是桥梁。这些砖石建筑反映了当时砖石加工与施工技术所达到的水平。我国现存最古老的塔是北魏正光四年（523 年）建造的河南嵩山嵩岳寺十二角十五层密檐式砖塔，此塔造型特殊，砖建密檐式，平面正十二角形，佛塔中仅见此一座，塔身有用莲瓣作柱头和柱基的八角柱，有用狮子作主题的佛龛，有火焰形的券间，形式十分优美。关于砖的烧制技术，五代、宋、元时期开始比较系统地总结，北宋时，李诫的《营造法式》一书中，首次对砖瓦的尺寸、原料、成型、干燥、码窑和焙烧，以及砖窑的规格和建筑施工，作了比较科学的总结和规定。

从明代开始，手工业进一步发展推动烧砖技术，当时统治者对城垣、宫殿等营造事业又极为重视，开始在临清、苏州设厂烧制砖料，包括发券用的券砖、砌墙用的平身砖、屋面用的望板砖、铺地用的斧刃砖等，于是砖墙才逐渐代替了土墙。砖墙的普及为硬山建筑的发展创造了条件；此外，州城府县的城垣，甚至千余公里的长城，也都用砖包砌。明清时期出现了空斗墙技术，推动了墙技术和砖墙的普及。“砖细”“砖雕加工”都已娴熟，就建筑用砖而言，铺地的砖来自苏州，制瓦的陶土取于安徽太平，琉璃瓦

图 131　中和殿金砖

和其他琉璃制品则由“官窑”专门承制。

金砖产于苏州，也称京砖，在明代是专供宫殿室内铺墁地面的大型方砖。有二尺四寸、二尺二寸、二尺、一尺七寸等规格，质地极细密。在制造过程中，除各道工序工作更加仔细外，晾晒泥土须经一冬一夏，制成砖坯后用油纸包封严密，再阴干一年，然后入窑。烧成砖后要逐块检验，表面要光洁无瑕，而且敲击时有金属之声，因此得名金砖（图 131）。

7. 砖砌施工的主要内容

传统建筑中常见的砖砌施工的内容主要包括：

（1）基础

宋以前的建筑建在夯土基上，把柱础下部分加密夯实，金代宫殿在夯土中挖础坑，用砖渣和土逐层相间夯实，上放柱础，明清建筑在柱础石下砌砖墩，称为“磉墩”（图 132），上置础石。每一柱下用一个磉墩的称“单磉”；檐柱和金柱较近时，二者连砌，称“连二磉”；转角处还可四个连砌，称“连四磉”。磉墩之间砌砖墙，与柱础下皮平，称“拦土”。

（2）阶基

建筑下部的台基宋代称阶基，后世俗称“台明”。考究的全部用石包砌（见

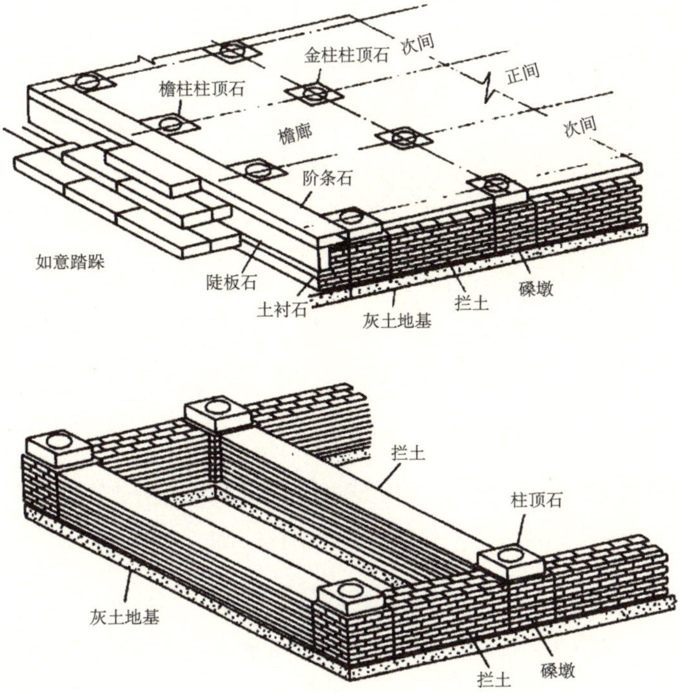

图 132　磉墩

图 133　五花山墙

石作）；一般的在阶条石和好头石之间不用陡板石而砌砖，即为砖阶基。有的建筑在台基之前接砌稍低一点和小一点的平台，清代称“月台”，做法与阶基同。

（3）**墙壁**

墙壁因所在部位不同，分下列几种：

山墙，砌在房屋左右尽端的砖墙。山墙因屋顶类型不同而有多种形式，悬山山墙有顶到椽望的，也有依梁柱的分布把墙肩砌到各梁的下皮，成为阶梯形的五花山墙[1]（图 133）。硬山山墙由台基的上皮直砌到瓦顶，正面用墀头等逐层挑出，其上陡立一微前倾的方砖，称为戗檐。最上层线脚转至山面，成为与瓦顶平行的两层拔檐线砖（或用混砖），上承砖博缝。南方民居布局紧凑，山墙高出屋面或与院墙连成整体，形成各种形式的封火墙（图 134）。

檐墙，沿檐柱砌筑的砖墙，根据所在部位有前后檐墙之分。宫殿和讲究的民居，多把前檐做成通间的木装修，不用砖墙。檐墙一般均高至檐枋下皮，封护檐墙则用外皮砖把檩椽封住，有各种形式，如鸡嗉檐、冰盘檐、抽屉檐、菱角檐等（图 135）。

扇面墙和隔断墙，都是室内隔墙。凡砌在金柱之间与檐墙平行的墙（高至金枋下皮），叫扇面墙；与山墙平行的墙（高至梁下皮），叫隔断墙。古代木构架建筑的砖墙均非承重墙，但后世砖木混合结构的房架均落在檐墙的梁垫上，也有不用房架把檩放在隔断墙和山墙上的，称为硬山搁檩。

槛墙，窗下面的矮墙，高度为柱高的 3/10，如安支摘窗，高度为柱高的 1/4。考究的槛墙多用干摆做法。宫殿、庙宇的主要建筑的槛墙有用黄、绿色六角形琉璃砖拼贴成龟背锦纹等图案的。

院墙和围墙，分隔庭院和围护总体庭院的界墙。一般分墙基、下肩、墙身、墙檐和墙顶等部分。墙基糙砌，下肩多细砌，墙身有混水墙和清水墙两种做法。园林建筑中有的墙身留些窗洞，如带有什锦灯窗、漏明窗的墙，叫作漏明墙；大部用砖砌成透空图案的墙身，叫作花墙。

（4）墁地

中国古代用砖始于战国时期，当时仅用于砌筒壳墓室，秦咸阳宫用刻花砖板铺地，用空心砖作台阶，汉墓中已用砖砌穹隆，西汉明堂辟雍和王莽宗庙遗址中用方砖墁地。地面铺砖，唐代常用模印莲花纹方砖铺于重要建筑的坡道和甬路上；宋以后多为素平铺装，墙面砌砖，质量高的建筑使

---

① 五花山墙：悬山山墙的主要做法之一，随着各层排山梁柱和瓜柱，砌成阶梯形，直接勾出构架的结构。

图 134　封火墙

鸡嗉檐

菱角檐

抽屉檐

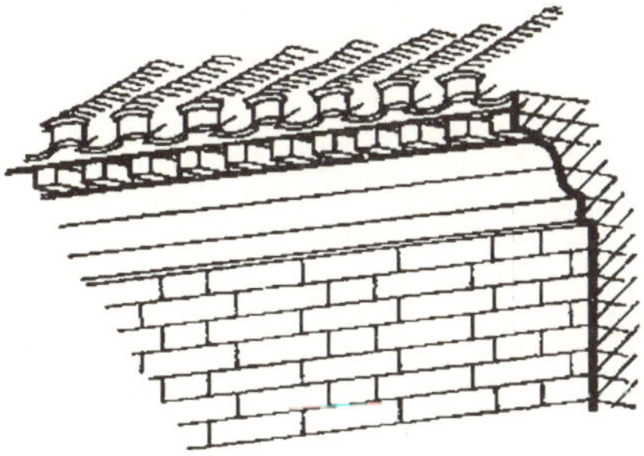

冰盘檐

图 135　封后檐的砖檐

用磨砖对缝；清代按砌筑的精细程度分为干摆（无灰缝）、丝缝（灰缝内凹极小）、淌白（灰缝较大，有些用凸缝）三种做法。

8. 瓦作工具[①]（图 136）

（1）**瓦刀**

薄铁板制成，呈刀状，是砌墙的主要工具，也用于宼瓦或修补屋面时的瓦面夹垄和裹垄后的赶轧。

（2）**抹子**

用于墙面抹灰、屋顶苫背、筒瓦裹垄（但不用于夹垄）。古代的抹子比现代抹灰用的抹子小，前端更加窄尖。由于比现代的抹子多一个连接点，所以又叫“双爪抹子”。

（3）**鸭嘴**

抹灰工具之一，一种小型的尖嘴抹子。多用来勾抹普通抹子不便操作的窄小处，也用于堆抹花饰。

（4）**平尺**

用薄木板制成，小面要求平直。短平尺用于砍砖的画直线，检查砖棱的平直等。长平尺叫平尺板，用于砌墙、墁地时检查砖的平整度，以及抹灰时的找平、抹角。

（5）**方尺**

木制的直角拐尺，用于砖加工时直角的画线和检查，也用于抹灰及其他需用方尺找方的工作。

（6）**活尺**

又叫活弯尺，是角度可以任意变化的木制拐尺。可用于“六方”或“八

① 刘大可：《中国古建筑瓦石营法》，中国建筑工业出版社 1993 年版，第 36 页。

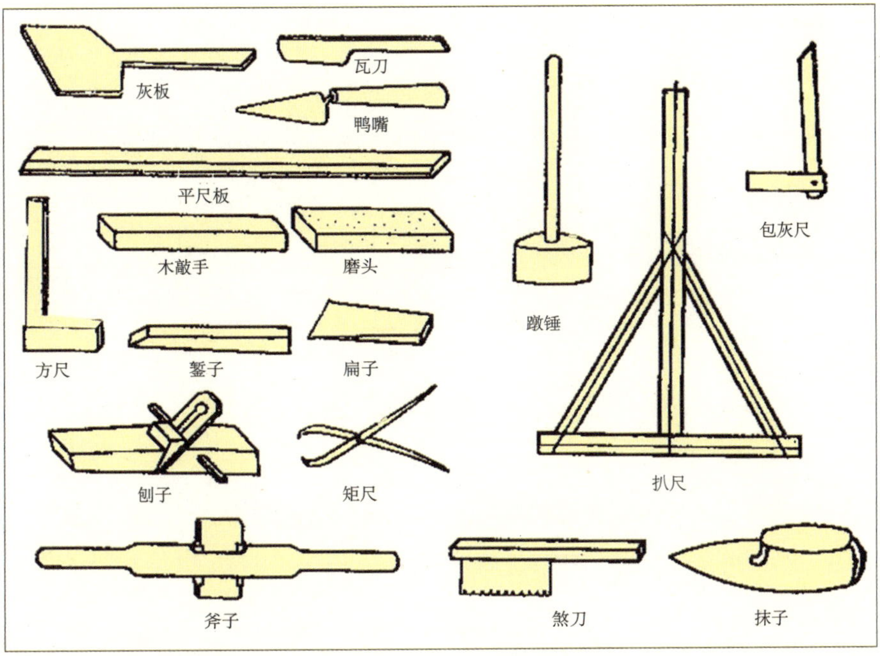

图 136　瓦作常用工具

方”角度的画线和施工放线等。

（7）扒尺

木制的丁字尺，丁字尺上附有斜向的“拉杆”，拉杆既可以固定丁字尺的直角，本身又可形成一定的角度。扒尺主要用于小型建筑的施工放线时的角度定位。

（8）灰板

木制的抹灰工具之一。前端用于盛放灰浆，后尾带柄，便于手执，是抹灰操作时的托灰工具。

（9）礅锤

砖墁地的工具，用于将砖礅平、礅实。多用于城砖加工成圆台体，中间的孔眼穿入一根木棍。使用时以木棍在砖面上的连续戳动将砖找平找实。

（10）木宝剑

又叫木剑。短而薄的木板或竹片制成，用于墁地时砖棱的挂灰。一端修成便于手执的剑把状，故称木宝剑。

（11）**刨子**

砖加工的工具之一，与木工刨子相仿。

（12）**斧子**

砖加工的主要工具。用于砖表面的铲平和砍去侧面多余的部分。斧子由斧棍和刃子组成。斧棍中间开有“关口”，可揳刃子。刃子用铁夹钢锻造而成，呈长方形，两头为刃锋。两旁用铁卡子卡住后放入斧棍的关口内，两边再加垫料（旧时多用布鞋底）塞紧即可使用。

（13）**扁子**

砖加工工具。用短而宽的扁铁制成，前端磨出锋刃。使用时以木敲手敲击扁子，用来打掉砖上多余的部分。

（14）**木敲手**

砖加工工具，指便于手执的短枋木。作用与锤子相同，但比铁锤轻便，敲击的力量轻柔。材料多用硬杂木，以枣木的较好，使用时以木敲手敲击扁子，剥凿砖料。

（15）**煞刀**

砖加工工具。用铁皮做成，铁皮的一侧剪出一排小口，用于切割砖料。

（16）**磨头**

砖加工的工具之一。用于砍砖或砌干摆墙时的磨砖。糙砖、砂轮或油石都可作为磨头。

（17）**包灰尺**

砖加工工具之一。形同方尺，但角度略小于 90 度，砍砖时用于度量砖的包灰口是否符合要求。

（18）**錾子**

砖加工的工具，用薄型扁铁制成，前端磨出锋刃。

（19）**矩尺**

砖加工的画线工具。把两根前端磨尖的铁条铰接成剪刀叉状。矩尺除可画出圆弧外，还可运用两根铁条平行移动形状相同的原理，把任意图形平移到砖上。

（20）**制子**

度量工具。多用小木片制成，制子往往比尺子要简便，也不容易出错。

第十一章

石作

1. 概述

石材是被人类最早认识和利用的天然材料之一。原始采石可以说是从石器的制造开始的，在整个原始社会阶段，石器一直是生产中的主要工具。[①] 为了制造石器，首先要学会选料，包括石头的质地和形状，原始人制作石器都是就地取材，打制石器的原料一般都采自河滩上的砾石，然后用石块直接或间接打击石核，从石核上打下石片，再经过人工加工制成石器。[②]

新石器时代普遍使用经打制后再磨制的石器，对石料的选择、切断、磨制、钻孔等工序都有一定的要求。人们已初步认识到因材施用，根据工具的功用不同，选择不一样的材质，如制作斧、铲、锛、凿类的石料都选用硬度较高的岩石。石材选定以后，一般先打出工具的雏形（毛坯），然后把它放在砺石上加水和沙子磨光。新石器时代的先民对工具刃部的加工尤其重视，如锛、凿类工具，均为单面出刃，而斧、铲类工具则是双面出刃，刃的弦度有平刃、弧刃等。

从学会制造石器的最初阶段开始，人类就在为满足生产和生活的需要而不断地改进石器的制造工艺，使工具更适用、合手。不同的劳动对象和生产方式对工具有不同的要求，因此，就产生了种类繁多、形式各异的石器，并且磨制石器的制作目的性很强，石质工具被磨成见棱见角、方正规矩的特定形状，所钻的孔又选在适当的位置并与木柄很好地结合起来，它与打制石器相比，大大提高了使用效率。到了新石器中晚期，用于木工生产的凿、锛、斫等的形制已相当规范。[③]

从原始社会到奴隶社会，石料的使用逐渐增多。早期地面建筑中所使

① 李浈：《中国传统建筑形制与工艺》，同济大学出版社 2006 年版，第 169 页。
② 白寿彝：《中国通史》，上海人民出版社 1999 年版，第 2 卷 ，第 22 页。
③ 白寿彝：《中国通史》，上海人民出版社 1999 年版，第 2 卷 ，第 39 页。

用的木柱，其柱脚下都垫有石柱础用以防潮防腐，殷商时期的建筑遗址中，已发现有石质柱础的应用，足见石材应用于中国建筑中已有悠久历史。进入封建社会后，砖石结构技术进入迅速发展时期，砖的出现伴生了拱券和穹隆结构，从而也带动了石结构的发展，单层、多层等发券方法也为石券所采用。我国的石建筑主要在两汉，尤其是东汉得到了突飞猛进的发展，此时出现了全部用石材建造的建筑物，如石祠、石阙和利用石材砌筑的梁板式墓及拱券式墓等，这些建筑上多镂刻人物故事和各种花纹，刻石的技术和艺术也逐步提高。

石作技术到了魏晋南北朝时期，无论大规模的石窟寺还是石塔、石拱桥等都体现了较高的水平，由于佛教广泛传播，统治者除兴建佛寺外，还大量开山凿寺，因而出现了如山西的云冈石窟、洛阳的龙门石窟等宗教建筑的瑰宝。这一时期在建筑中使用的石柱、石柱础、石台阶、石栏杆等也有所发展。

隋唐时期是我国石建筑的成熟时期，石技术也展现了其辉煌的一面。河北赵县赵州桥是中国现存最早的石拱桥，主拱的两端上各建两个小拱，可以减少水流阻力，也可减轻结构自重，使桥面平缓，便于通行，赵州桥的造桥技术在结构方面和艺术方面均取得了令人瞩目的巨大成就。隋代以石材建造的佛塔居多，有石块砌成和石板拼叠而成两种。[①] 中国现存较早的大型石塔——山东省历城县柳埠镇神通寺四门塔，为筒体石结构，该塔建于隋大业七年（611 年），高约 15 米，平面呈正方形，每边长约 7.4 米，由大块青石砌筑的筒壁构成一个正方形筒体，壁厚约 0.7 米，每面正中开一个小型拱门（称为壶门）。塔内正中有方形石塔心柱，顶部用石板搭叠覆盖，逐层收进，构成四角攒尖式顶，檐口用五层叠涩出檐，除塔刹外，通身不加雕饰，十分朴素、明快。

唐朝以后，石塔渐渐增多，塔的式样也随时代、地区的不同而不断变化。

① 马骁：《中国古代建筑中的石技术》，《华中建筑》，2006 年第 11 期，第 24 卷， 第 54 ～ 57 页。

这一时期石雕与建筑的结合已达到极高水平，石窟寺的营建也达到了高峰，从石窟中可以看到石刻艺术达到了高度精美的水平，而石建筑构件的使用也增多，石台阶已饰以雕刻或彩画，石栏杆也已在重要建筑的台基中使用。

宋代是我国古建筑体系大转变的时期，这一时期的石建筑流行仿木构建筑形式的砖石塔和墓葬，随着《营造法式》的颁布还出现了专门的石作制度，石技术也趋于规范化。这一时期的塔除了沿用前朝的厚壁单筒结构外，还出现了双套筒结构、单筒带中心柱结构、薄壁通体结构及花塔之类的复合式结构等。多层筒体式石塔以福建泉州开元寺双塔为代表，现存双塔分别建于南宋嘉熙年间（1237 ~ 1241 年），塔身五层，平面为八角形，高 40 余米；外圈用大石块砌筑成筒体，中间为石块砌筑的塔心柱；塔身外壁每层设置四个壸门，上下层错开布置，以更好地保证塔身的整体性；塔心柱与外筒壁逐层以条石拉结，以保证塔体的稳定性（图 137）。

图 137　福建泉州开元寺双塔

图 138　山东曲阜孔庙檐柱

宋代桥梁发展也达到了古代桥梁史上的高峰，石桥梁的类型也有所增多，可分为石梁桥与石拱桥。位于泉州市东的洛阳桥又名万安桥，于北宋皇祐五年（1053年）兴建，嘉祐四年（1059年）竣工，桥原长1200米，宽约5米，有46座桥墩，规模宏大，是我国古代著名的梁式石桥，隋代赵州桥中使用过的敞肩拱桥结构，在宋代继续发展。

元明清时期，除建筑的台基、栏杆、地面等用石料砌筑外，石料还大量用在塔、桥梁、牌坊以及陵墓的地下墓室的建造上，明清陵墓墓室全部用高级石料砌筑的拱券，与无梁殿相似，数室相互贯通，形成一组华丽的地下宫殿。陵区前设置总神道，建石像生、碑亭、大红门、石牌坊等，造成肃穆、庄严的气氛。石作技术在清代达到了最高峰（图138）。

2. 传统建筑的石作工艺

中国传统建筑虽以木构架为主，但使用石料建造房屋的历史也很悠久，而且在此过程中创造了很多先进的营建技术，遗存至今的各类石建筑，无不显示出古代工匠们的智慧和才能。

我国的石作技术，到宋代就已发展得相当成熟了，李诫在《营造法式》中对石作制度作了比较详明的规定，石作的造作次序，有打剥、粗搏、细漉、褊棱、斫砟和磨砻等六道操作程序。清雍正年间刊行的清工部《工程做法》，在石作中也总结了一整套比较成熟的技术规范，有打荒、做糙、錾斧、扁光、剔凿花活、对缝安砌、灌浆和摆滚子叫号等各项施工程序，与瓦、木、油等作一样，成为一项技术性很强的专门行业。[①]

中国古代的石建筑物大致可分为三类：

第一类为单体建筑，如塔、堂、亭、桥等，代表性实物如泉州开元寺

① 姜彧：《古建筑工程监理细节100》，中国建材工业出版社2007年版，第231～232页。

宋代双塔、孝堂山汉代石祠、赵州隋代安济桥和庐山宋代石亭。

第二类为附属建筑和建筑小品，如阙、牌坊、华表、石幢、碑碣、石座、石兽、石灯等均属此类，著名实物如渤海国石灯、明长陵石坊、宋赵县陀罗尼经幢等。

此外，还有石窟，属石凿洞窟工程。

2.1 台基的分类

中国古代建筑的台基以石台基为主。

（1）**台基的式样**

台基式样的类型有：普通（直方型）台基、须弥座形式的台基、带勾栏的台基、复合型台基。

①普通台基

普通台基的式样为长方（或正方）体，是普通房屋建筑台基的通用形式。据汉明器、画像石和石阙中所见，从秦汉起台基已成为建筑中不可缺少的部分。这时的台基已有压栏石、角柱石、间柱等构件。宋、清普通台基做法基本相同，侧面光平，宋代台基上缘用压栏石、角上用角柱，清代称阶条石；宋代在压栏石以下，角石以内，一般砌砖，清代有时镶石板，称陡板石（图139）。

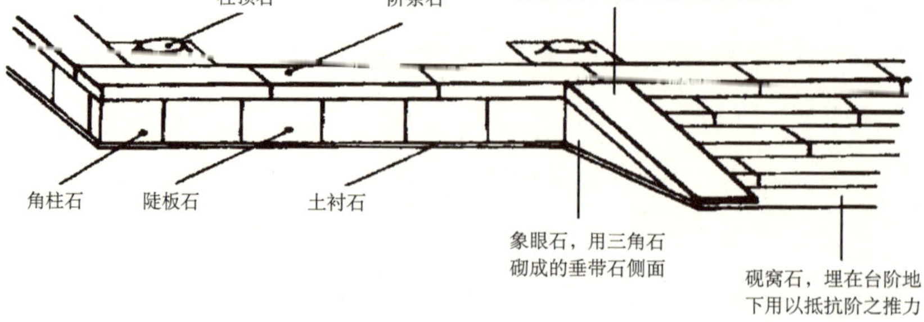

图139　台基各部分名称

②须弥座。

须弥座是一种侧面上下凸出，中间凹入的台基，由佛座逐渐演变而来。最早实例见于北魏石窟，形式比较简单，雕饰不多。从隋唐起使用渐多，成为宫殿、寺观等尊贵建筑专用的基座，造型也逐渐复杂、华丽，并出现了莲瓣、卷草等花饰和角柱、力神、间柱、门等。宋《营造法式》中规定了须弥座的详细做法，上下逐层外凸部分称为叠涩，中间凹入部分称束腰，其间隔以莲瓣。从元朝起须弥座束腰变矮，门、力神已不常用，莲瓣肥硕，多以花草和几何纹样做装饰，明清成为定式。

③带勾栏的台基。

带勾栏的台基是普通台基或须弥座式台基与勾栏形式的结合型，在两者中，以须弥座台基带勾栏形式居多。其勾栏部分较多见的形式是石制的栏板柱子，但也可用砖墙代替，尤以花砖墙为多。宫殿建筑的花砖墙多用琉璃砖砌成。带勾栏的塔基多用于宫殿或坛庙建筑。

④复合型台基。

复合型台基是普通台基、须弥座形式台基及带勾栏的台基的重叠复合型，可用于较重要的宫殿、坛庙建筑。如北京故宫的太和、中和、保和三大殿，曲阜孔庙的大成殿。这类台基组合形式很多，常见的有双层或三层须弥座、双层普通台基、须弥座台基与普通台基的组合、带勾栏的台基与不带勾栏的台基的组合等。

（2）台基的砌筑形式

①全部用砖砌成

砖料可用城砖或条砖，做法可为干摆、丝缝、糙砖墙等多种类型。砖缝的排列形式多为十字缝或三顺一丁，全部用砖砌成的台基见于民居、地方建筑或室内佛座等基座砌体。

②全部用石材砌成

如陡板石、方止石或条石砌筑，又如用虎皮石、卵石或碎拼石板砌法。

台基的最上面均应安放阶条石，台基的四角一般应放置角柱石。官式建筑的石台基多用陡板石。

③使用不同的材料

如阶条、角柱和土衬用石料，其余用砖砌成；或阶条、角柱和土衬用石料，其余用琉璃砌成。砖石混合的台基是古建台基中最常见的一种形式。

2.2 传统建筑的台基

（1）台基的尺度

台基、墙体和屋顶是古建筑的三大组成部分，台基是基础。

台基是各种建筑物的承台基座，在地面以上的部分称为“台明”，在地面以下的部分称为“埋头”，为了简单明了起见，通常将台基的外观部分通称为台明。台基各部尺寸受屋顶出檐深度和檐柱径等的制约，有一定的比例关系，因此，整座台基的长度和高低尺度是根据屋顶和木架设计出来的。

① 台基宽度

台明的大小一般依建筑物平面的最小需要而定。在不做室外栏杆的情况下，台明的宽窄尺寸，可以根据建筑物的“下檐出”而定，下檐出即指台明边缘至建筑物墙脚或柱顶石外边的距离，其尺寸为上檐出与回水尺寸的差值（图 140）。上檐出是指屋檐挑出的距离，回水则是屋檐滴水至台明边的距离，一般取上檐出尺寸的 0.2 ~ 0.3 倍。

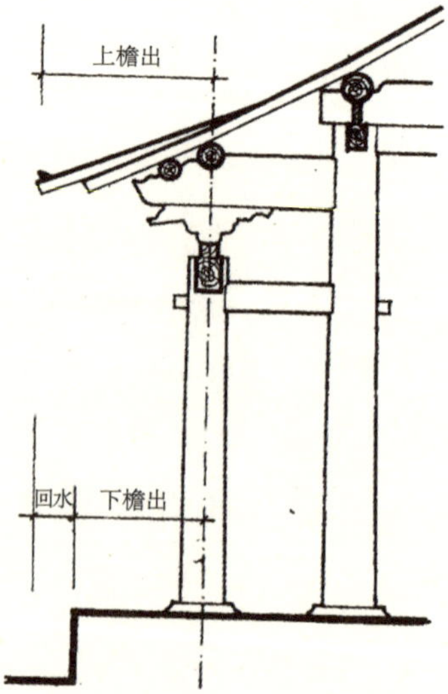

图 140　台明宽窄关系示意

宋《营造法式》卷三所载：“造殿阶之制，长随间广，其广随间深，阶头随柱心外阶之广。”即殿堂阶台的长宽，按房屋的面阔和进深尺寸加下檐出。

如果要做室外栏杆，所需距离应以所用平台之宽度而定。

② 台基高度

a. 宋制规定

《营造法式》卷三所载："立基之制，其高与材五倍。如东西广者，又加五份至十份。若殿堂中庭修广者，量其位置随宜加高，所加虽高不过与材六倍。"如果东西比较宽的话，可再加 5 至 10 份，若殿堂前的庭院要修宽的话，可以根据其位置适当加高，但最高不得超过取材的 6 倍。①

b. 清制规定

《大清会典事例》载有顺治十八年关于台基高度的规定：公侯以下三品以上房屋台基高二尺，四品以下至士民房屋台阶高一尺。

封建等级也反映在台基高度方面，不过，从一些实物看，并没有呆板地遵循这个制度，对于宫殿庙宇主要建筑，其台基高度依地面到斗拱耍头下皮高度的 1/4，台基边缘到檐柱的水平距离（也叫下出）等于上出檐的 3/4；对于一般房屋，台基高度是柱高的 1/5，下出等于上出檐的 4/5，这是清代工匠习惯的台基做法。

（2）台基的轮廓

方直轮廓的台基是最常见的，一般台基露明部分之下用一层条石衬平，其上皮比地面高出 1～2 寸，叫作土衬石。土衬石的外边比台基宽出 2～3 寸，是金边。台基四角转角处有角柱石，台基露明部分的上皮平铺一层条石。阶条之下，土衬之上，立放一层石板叫斗板石。有时，石料缺乏，斗板石部分可用条砖替代。

2.3 台基的组成

（1）踏跺

由于台基有一个高度，就需要辅设阶梯栏杆以便上下安全。如果在踏

① 田永复：《中国园林建筑构造设计》，中国建筑工业出版社 2004 年版，第 271～272 页。

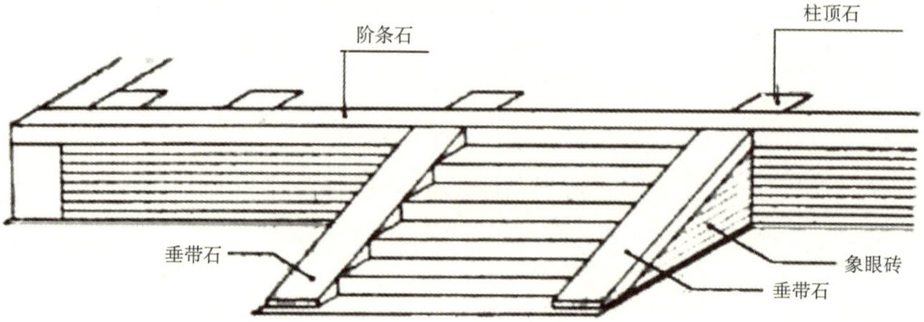

图 141　垂带踏跺各部名称

跺两旁依斜度各安一条垂带石时，叫垂带踏跺，两条垂带常常和檐柱中线对住（图 141）。清代还有两边不用垂带，踏跺逐层缩短，在两侧也形成阶级的踏跺，称如意踏跺。

宋式与清式的踏跺基本一样，两边各斜置一条石，宋称副子，清称垂带石。其间装条石踏步，高宽比为 1:2，宋称踏，清称踏跺石。垂带外侧的三角形垂直面宋代用条石层层退入砌成，称象眼，清式用一平石板，称象眼石。在踏跺前方和两侧铺和地面相平的条石，宋称土衬石，清称在最下一级之下的为砚窝石，垂带下的为土衬石。

踏跺石的宽厚依清工部《工程做法》："其宽自八寸五分至一尺为定，厚以四寸到五寸为定。"与《营造法式》所记比较一致，但在象眼部分，二者做法稍有出入，后者要求砖砌象眼层层凹入，每层凹入半寸至一寸；前者则砌成平面，芮城永乐宫三清殿是元代遗物，其前月台踏跺的象眼部分，以条砖镶砌成菱形图案，叠涩五层，可以看到宋代手法的影响。在讲究的宫殿建筑台基部分，踏跺的中部往往加上御路，上刻龙凤（图 142）。有时，不用一级一步的踏跺，而用锯齿形的，这种结构便于车马上下，其坡度也比较和缓。

（2）栏杆

宋时称栏杆为勾阑或钩阑，最早使用的是木栏杆，石栏杆出现较晚，目前所见最早的为隋建造的安济桥和五代建造的南京栖霞寺舍利塔上的石

图 142　故宫丹陛石

图 143　螭首

栏杆，是仿木形式。宋代和清代的石栏杆构造基本相同，多用石造，一般构造多是在条石上先放置一条连续的方断面条石叫作地伏，地伏之上再按一定距离立望柱安栏板，栏板、望柱间用榫连接，一般均一板一柱相间。石栏杆上的雕饰也是多种多样的，宫殿陵墓用汉白玉石雕为龙凤流云；庙宇园林用一般青石做简单的雕刻，有些明代石栏板刻上人物故事。

宋代栏板可以接续，有时可隔几板始用一柱，清代栏板望柱下加地伏。石栏杆端头望柱外需支顶，金代建造的卢沟桥两端置石像为最早的实例。明清时发展了抱鼓石，并成为定制。宫殿须弥座台基边设石栏杆，每望柱下要加一外雕做龙头状排水口的石条，称“螭首”（图 143）。

（3）磉墩、柱顶石

传统木构建筑的柱子容易受潮易腐蚀，因此，一般不宜将柱脚直接插入地下，而是放在一块垫脚石上进行过渡，此石称为“柱顶石”，宋称柱础。早在商朝时已知在木柱下置卵石或块石作柱础，一般的柱础有覆斗等形式，魏晋时出现了莲瓣柱础。

宋《营造法式》中规定柱础的做法有：素平——平面方石，覆盆——

图 144　柱础

方石上雕凸起如覆盆，铺地莲花——雕莲瓣向下的覆盆，仰覆莲花——铺地莲花上再加一层仰莲，共四种形式。为了防潮，南方各地的柱础较高，形式多样，雕饰花纹丰富，成为重点装饰的部位（图 144）。

柱顶石以下常用砖砌体作为承力基座，此砌体称为“磉墩”，在我国南方地区的磉墩，是在底部铺设碎石并夯实作为垫层，在垫层上再围砌砖圈中间铺填碎石，所铺之石称为“领夯石”，领夯石上面铺粗凿料石多层，按所铺设层次多少（即磉墩之高低），分为“一领一叠石”“一领二叠石”“一领三叠石”直到柱顶石下。在砖砌磉墩之上，木柱之下，中国建筑习惯于使用石墩以传递上部荷载，这个方石墩叫作柱顶石。一般比例，柱顶石的边长是上方圆木柱直径的一倍。柱顶石上皮并不与地面见平，而是凸上少许（0.2 柱径）在这露明的凸上部分的边缘加工成线脚，平面上变为圆形以与柱子衔接，叫作古镜。在长江下游，柱顶石的上部没有古镜，而是加一块鼓形石墩子，叫作磴。磴的高度是 0.7 柱径，弧形侧面上，有时浅雕花草。

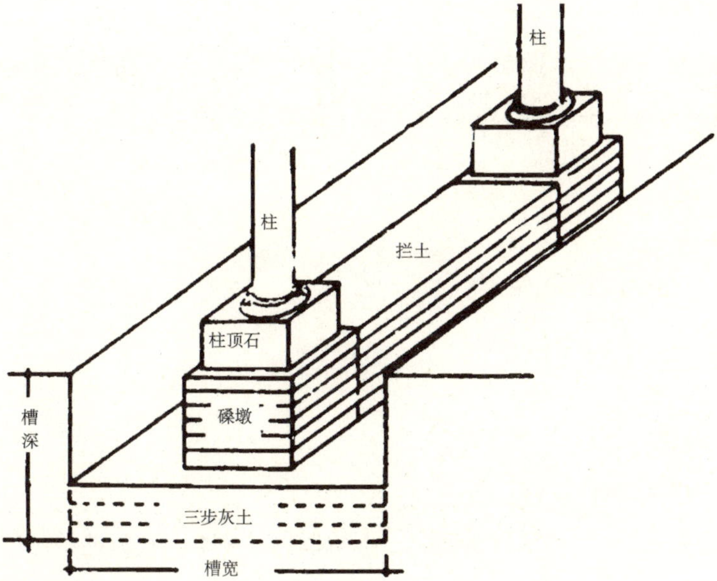

图 145　柱础构造示意

可以看出，柱顶石除了传递荷载，也还起着隔潮作用（图 145）。

从 15 世纪以前的一些建筑遗物看，柱顶石上的线脚不是古镜，而是《营造法式》所称之覆盆，不少遗物在覆盆部分刻出卷草、莲花各种题材。

（4）**包砌台明**

包砌台明是在前后檐及两山的拦土和磉墩外侧进行。台明分露明部分和背里部分。在露明部分中，阶条石使用石活，其他如陡板、埋头等或用石活或用砖砌。背里部分用糙砖砌筑。有时也将拦土和包砌台明的背里部分连成一体，一次砌成，叫作“码磉”。

包砌台明一般应与台基的施工进度相同。但如果阶条石上没有墙体，可局部或全部延至屋顶工程竣工后再包砌台明。这样可以保证台明石活不致因施工而损伤或弄脏。如果包砌台明是随台基同时完成的（现多采用这种施工方法），其石活（尤其是阶条）在全部工程即将竣工时，应对表面进行一次剁斧等加工处理，以保证台明的整洁。

（5）礓礤

两边加垂带石、象眼石，下加土衬石、砚窝石，形式与踏跺同，斜坡道表面铺凿有防滑的横向细齿的石条，清式规定坡度为1:3。

3. 石料种类及挑选方法

3.1 石料种类

（1）青白石

青白石质地较硬，质感细腻，不易风化，多用于宫殿建筑，还可用于带雕刻的石活。

（2）汉白玉

汉白玉具有洁白、晶莹的质感，质地较软，石纹细，因此适于雕刻，多用于宫殿建筑中带雕刻的石活。与青白石相比，汉白玉虽然更加漂亮，但其强度及耐风化、耐腐蚀的能力均不如青白石。

（3）花岗岩

花岗岩质地坚硬，不易风化，适于用作台基、阶条、护岸、地面等，但由于石纹粗糙，不易雕刻，因此不适用于高级石雕制品。

（4）青砂石

青砂石又名砂石，呈青绿色。青砂石质地细软，较易风化，因此多用于小型建筑中。青砂石因产地不同，质量相差较大，带有片状层理的，质量较差。

（5）花斑石

又叫五音石或花石板，呈紫红色或黄褐色，表面带有斑纹。花斑石质地较硬，花纹华丽，故多用于重要宫殿。制成方砖规格，磨光烫蜡，用以铺地。

3.2 石料的挑选方法

（1）石料的常见缺陷

石料常见缺陷有：裂缝、隐残（即石料内部有裂缝）、纹理不顺、污点、红白线、石瑕、石铁。

带有裂缝和隐残石料一般不可选用。但如果裂缝和隐残不甚明显，也可考虑用在某些不重要的部位。

同木材一样，石料也有纹理。纹理的走向可分为顺柳、剪柳（斜纹理）和横活（横纹理）。纹理的走向以顺柳最好，剪柳较易折，横活最易折断。因此，剪柳石料和横活石料不宜用作中间悬空受压构件和悬挑构件，也不宜制作石雕制品。

石瑕是指石料虽无裂缝和隐残，但仔细观察，可以发现石面上有不大明显的干裂纹（隐裂）和其他瑕疵。带有石瑕的石料容易由石瑕处折断，因此一般不应用作重要构件，尤其不可用作悬挑构件。

一般说来，一座建筑的石活难免出现污点和红白线等外观不佳的缺陷，但应安排到不容易引起注意的位置。

石铁是指在石面上出现局部发黑（或为黑线）或是局部发白（即白石铁），而石性极硬。带有石铁的石料不但外观不佳，而且不易磨光磨齐。选用带石铁的石料时，应尽量安排在不需磨光的部位，尤其应避开棱角。

（2）石料挑选

在挑选石料时，应先将石料清除干净，仔细观察有无上述缺陷，然后可用铁锤仔细敲打，如敲打之声哨哨作响，即为无裂缝隐残之石。如作叭啦之声，则表明石料有隐残。冬季不宜挑选石料，因为有时裂纹内会有结冰，这样就可能使有隐残的石料同样发出好石料的声音。冬季挑选石料时，应将石料表面的薄冰扫净，然后细心观察。石料的纹理如不太清楚时，可用磨头将石料的局部磨光。磨光的石料，纹理比较清晰。石纹走向应符合构件的受力要求，如阶条、踏跺、压面等，石纹应为水平走向（卧碴）；柱子、角柱等，石纹应为垂直走向（立碴）。

4. 石料的加工与安装

中国古代建筑中建造石建筑物、制作和安装石构件和石部件的专业称为石作。宋《营造法式》中所述的石作包括粗材加工、雕饰，以及柱础、台基、坛、地面、台阶、栏杆、门砧限、水槽、上马石、夹杆石、碑碣拱门等的制作和安装等内容。

清工部《工程做法》又增加了石桌、绣墩、花盆座、石狮等建筑部件的制作和安装，但不包括石拱门。上述台基、台阶、上马石、拱门等施工对象在《营造法式》中也列在砖作，形制基本相同，只是材料为砖。

石料加工时，大面叫“面”，两侧小面叫“肋”，两端的小面叫“头”，不露明的大面叫“底面”或“大底”。加工后，露明部分统称“看面”或“好面”，其中面积大的一面叫“大面”，面积小的叫“小面”。如果石料的“头”不露明，叫作“空头”，如果“头”是露明的，叫作“好头”。

4.1 石料加工工序

石料加工的基本程序是：确定荒料；大荒；打大底；小面弹线，大面装线抄平；砍口、夯边；刺点或打道；打轧线；打小面；截头；砸花锤；剁斧；刷细道或磨光。

《营造法式》规定石料加工有六道工序：

①打剥——凿掉大的突出部分；②粗搏——凿掉小的突出部分；③细漉——基本凿平；④褊棱——边棱凿整齐方正；⑤斫砟——用斧錾平；⑥磨砻——用水砂磨去斫痕。

上述程序不应是固定不变的，在实际操作中，某些工序常反复进行。石料表面要求不同时，某些工序也可不用。清《工程做法》规定石料为青白石、汉白玉、青砂石、豆渣石四种，做法有做糙、做细、占斧、扁光、对缝、摆滚子叫号、灌浆等，工序和宋代近似，但包括安装在内。清代各地石料加工又有自己的特点，如苏州为五道工序，泉州为六道工序。

4.2 石料加工手法

（1）劈

用大锤和楔子劈开石料，大块石料须先用錾子凿出若干间距 8 ~ 12 厘米、窝深 4 ~ 5 厘米的楔窝，然后在每个楔窝安好楔子，用大锤反复击打，先轻后逐渐加重，直至劈开。也可只用一个楔子，从第一个楔窝开始敲打，将楔子打蹦出来，然后放到第二个楔窝里，如此循环。

（2）截

传统方法是将剁斧对准石料上弹出的墨线放好，然后用大锤猛砸斧顶。沿着墨线逐渐推进，反复进行，直至将石料截断。

（3）凿

用锤子和錾子将多余的部分打掉。

（4）扁光

用锤子和扁子将石料表面打平剔光就叫扁光。经扁光的石料，表面平整光顺，没有斧迹凿痕。

（5）打道

用锤子和錾子在基本凿平的石面上打出平顺、深浅均匀的沟道来就叫“打道”。

（6）刺点

刺点是凿的一种手法，操作时錾子应直立。刺点凿法适用于花岗岩等坚硬石料，汉白玉等软石料及需磨光的石料均不可刺点，以免留下錾影。

（7）**砸花锤**

在刺点或打糙的基础上，用花锤在石面上捶打，使石面更加平整，需磨光的石料不宜砸花锤，以免留下“印影”。

（8）**剁斧**

又叫“占斧”。用斧子剁打石面，剁斧的遍数应为 2 ～ 3 遍，两遍斧交活为糙活，三遍斧为细活。

（9）**锯**

用锯和“宝砂”将石料锯开。这种方法适用于制作薄石板。

（10）**磨光**

用磨头沾水将石面磨光。磨时要分几次磨，开始时用粗糙的磨头，最后用细磨头，磨光后可做擦酸和打蜡处理。

4.3 安装

石活安装时，各边又有着不同的叫法，如果石活为重叠垒砌，上、下石料之间的接缝叫“卧缝”，左、右石料之间的接缝叫“立缝”，同一个平面上的石料，大面上的“头”与“头”之间的缝隙叫“头缝”，大面上的长边与石料或砖的接缝叫“并缝”，小面上的接缝叫“立缝”。如果平卧砌筑的石料四周都不露明，“并缝”和“头缝”又可统称为“围缝”。

5. 石料加工的常用工具

（1）**錾子**

錾子是打荒料和打糙的主要工具。普通的錾子直径可为 0.8 ～ 1 厘米，粗錾子直径可为 1 ～ 2.5 厘米，尖錾子的直径可为 0.6 ～ 0.8 厘米。

（2）**楔子**

楔子主要用于劈开石料。

（3）**扁子**

又叫卡扁或扁錾。主要用于石料齐边或雕刻时的扁光。宽度为 1.5 ～ 2.6 厘米的为大卡扁，宽度为 1 ～ 1.5 厘米的为小卡扁。

（4）**刀子**

刀子用于雕刻花纹。

（5）**锤子**

锤子用于打击錾子或扁子等。锤子可分为普通锤子、花锤、双面锤和两用锤。

（6）**斧子**

斧子用于石料表面的剁斧工序的操作。

（7）**剁斧**

剁斧形状与锤子相仿，但下端形状介于斧子与锤子之间。专门用于截断石料。

（8）**哈子**

一种特殊的斧子，专门用于花岗岩表面的剁斧。它与普通斧子的区别是，斧子的斧刃与斧柄的方向是一致的，而哈子的斧刃与斧柄互为横竖方向。普通斧子上安装斧柄的孔洞是与斧刃平行的，而哈子则前高后低。

（9）**剁子**

剁子，用于截取石料的錾子。

（10）**其他工具**

如无齿锯、磨头、尺子、弯尺、墨斗、平尺、大锤、画签、线坠等。

第十二章

土作

1. 概　述

我国古代建筑从材料结构来说，有土木建筑、木结构建筑、 砖石建筑以及竹构建筑等多种材料结构形式。大体上说，最早能利用的材料是土、木，它奠定了我国土木建筑的结构基础。[①] 和木材一样，土在中国古代建筑中也占有重要地位，用土制坯，用坯筑墙，以及就地取土发展的夯土版筑技术，是建造城墙、高台、陵墓及墙体等大型工程的最主要方法。因而，古代土、木并提，称大规模的建筑活动为“大兴土木”。

从古代与建筑有关的文字可以看出，“室”“堂”等汉字下面都有一个“土”字，似乎意味着早期的房屋是建在土台之上的，事实也的确如此。有考古材料证实，商、周、秦、汉时期，重要建筑的高大台基都是夯土筑成，宫殿台榭亦是以土台作为建筑基底，可以说我国古代的夯土技术是非常发达的。孟子曰：“舜发于畎亩之中，傅说举于版筑之间……”——这里的“版筑”，就是指夯土技术。[②]

夯土技术由来已久，可以追溯到新时期时代，中原土质干硬、颗粒又细，稍加夯压便可成台。后来又发展出分层灌以糯米汁夯实，垒叠而起，土台干透之后，更加坚硬如石。河南偃师二里头遗址，发现有迄今所知中国最早的宫殿建筑基址，反映了早期封闭式庭院的面貌。这座宫殿宗庙的基址，是一座大型的夯土台基，东西长约 108 米，南北长约 100 米，略呈方形而缺东北一角，这一大型夯土台基的表面已损坏，原建筑地段北高南低，台面高出原地面不等，残存台面平整，高出当时地面 0.30 ~ 0.80 米。台基的边缘呈缓坡状，斜面上有质地坚硬的料姜土石，或者有路土层，起散水作用。

---

① 李浈：《中国传统建筑形制与工艺》，同济大学出版社 2006 年版，第 26 页。
② 房厚泽：《凝固的历史·中国建筑故事》，北京出版社 2007 年版。

南部中央一段外突约 2 米，在台面周围和中部偏后处，有若干栽柱和木骨泥墙遗迹。可见，商周时期盛行的夯土建筑在这时就已出现了。

人们对夯土技术的掌握，促使了“高台榭，美宫室”的产生。高台起源很早，商殷有“大三里，高千尺”的鹿台，周代有“九重之台”。“台，持也，筑土坚高能自持也”①，“四方而高曰台”“有木者谓之榭”②，“故先王之为台榭也，榭不过讲军实，台不过望氛祥。故榭度于大卒之居，台度于临观之高。”③ 这就是台榭的雏形。古代的高台建筑主要有两种形式：一种是在平地上筑台，在台上再进行建筑，即将建筑建在很高的土台上端；另一种是利用天然的高地或者天然的土台，经过砍削，逐步加工而成，使之适用，在基上再作房屋殿宇。④

自春秋至汉代以来，各诸侯国出于政治、军事统治和生活享乐的需要，竞相建造高台建筑，如楚灵王建章华台，燕昭王建黄金台，齐景公建路寝台，韩王建颂台和望台，赵武灵王建丛台等。表明当时用土筑台是极为普遍的现象（图 146）。由于木结构建筑水平还比较低，不能解决大体量建

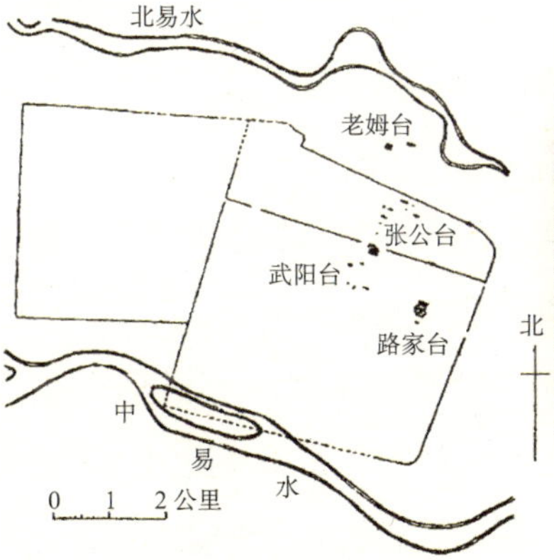

图 146　河北易县燕下都遗址

① 《释名·释宫室》。

② 《尔雅·释宫》。高出地面的夯土高墩为台，台上的木构房屋为榭，两者合称为台榭。

③ 《国语·楚语》卷一七。

④ 张驭寰：《中国古代建筑文化》，机械工业出版社 2007 年版，第 245 页。

筑物的高度和整体稳定性等问题，因而需要以梯形夯土台为核心，采取倚台逐层建房的方法来取得宏伟壮观的建筑体量。例如，战国时期建造的河北平山中山王陵，其五座享堂均坐落于三层的夯土台上，在夯土版筑的台上建屋，最中间的一座，下面又多一层高1米多的台基，从地面算起，总高可达20米以上（图147）。

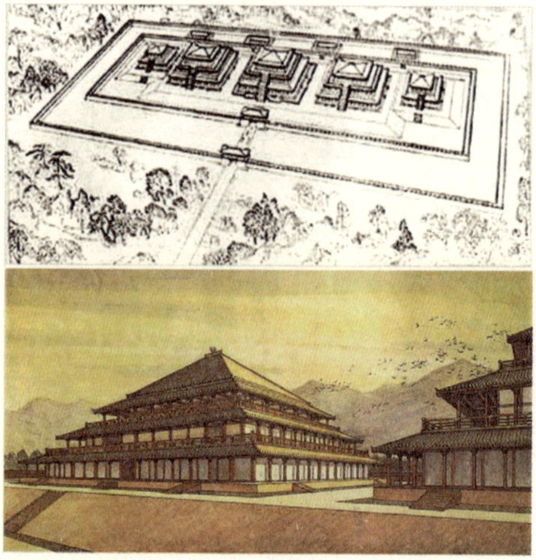
图147 中山王陵鸟瞰及享堂复原图

《史记·秦始皇本纪》记载："秦每破诸侯，写放其宫室，作之咸阳北阪上，南临渭。自雍门以东至泾渭，殿屋复道周阁相属。"这里只说宫室殿屋没有提到台，却新出现了阁。阁就是阁道——高架的道路，它间接表明许多宫室殿屋都是建造在高台上的，所以才需要用高架道路相联系，以免上下之烦。

版筑，即夯土墙技术的发明，为宫殿建筑向高大发展创造了技术条件，对确立中国古建筑土木混合结构体系起着重要的作用。最早在甘肃大地湾新石器时期的大型建筑就用了夯土墙。商代较大的建筑主体用木骨泥墙为承重墙，郑州发现了商中期版筑城墙遗址，在商后期遗址较小的建筑中，还出现了土坯砌的承重山墙。中国古代建筑中木构架在西周时已初步形成，到西周中期时夯土墙只起保持稳定和围护作用，但即使是以檩架为主梁架的木构架房屋，其台基仍以草泥制土坯砌筑，以后相当长的时间里，中国的房屋等建筑都用夯土基础和夯土墙壁。我国战国时期发明了砖，但直到秦汉，砖是用来砌筑墓室和铺地面的，不用于造房。用砖来砌墙造房是后来的事，而且应用范围有限，一般百姓民居仍用版筑技术建造。用土坯砌墙建房是我国古代主要的建筑方式之一，直到今天，有的地区仍然使用这种办法筑墙。

凡事基业往往从筑墙开始，谓之奠基。“基，墙始也。”清人李渔《闲情偶寄·墙壁》说：“国之宜固者城池，城池固而国始固，家之宜坚者墙壁，墙壁坚而家始坚。”墙成为家国的标志与象征，历来受到世人的重视，所以，自文明的滥觞以来，筑墙之事便史不乏载。①

中国的城墙起源很早，文献记载和考古发掘证实，它起源于原始社会中后期，即仰韶文化和龙山文化时期。在氏族解体阶段，由于部落间掠夺战争攻守的需要，夯筑技术得到很快发展。这种黄土分层夯筑技术，大大提高了土壤的密实程度和强度。夯筑面可减少潮湿，并且坚硬不易磨损，修整为陡壁仍可牢固、稳定，持久直立，因此，首先应用在防御工程上，当时由于战争的频繁和武器特别是弓箭射程的改进，使得原始壕堑的防御功能不相适应，遂有突起障碍——城垣的要求。②据文献记载，“黄帝筑城邑，造五城”③，“昔者夏鲧作三仞之城”④，“鲧作城郭”⑤，“夏鲧作城”⑥，“鲧筑城以卫君，造郭以守民，此城郭之始也”⑦。初期城垣的夯筑尚未采用模板，其做法是夯筑与削减并举。⑧以原有挖掘壕堑的手段弥补夯筑技术之不足，即先夯筑一道土岭，然后修整外坡使之壁立。就地取土筑城自然形成平行城垣的一道壕堑，这样更增加了逾越的障碍，加强了防御性。⑨

版筑夯土墙是中国最早的筑墙方法，它是以木板做模子，里面填满黏土或灰石，一层一层用杵夯打密实，一层一层叠高而筑成。春秋战国时期，战争频繁，夯土被广泛用于筑城防敌，夯土技术的一项卓越的贡献便是秦

① 尹文：《古建筑文化图说——说墙》，山东画报出版社2005年版，第6页。
② 房厚泽：《凝固的历史·中国建筑故事》，北京出版社2007年版。
③ 《史记·五帝本纪》。
④ 《淮南子·原道》。
⑤ 《世本·作篇》。
⑥ 《吕氏春秋·君守》。
⑦ 《吴越春秋》。
⑧ 马正林：《中国城市历史地理》，山东教育出版社1998年版，第32～33页。
⑨ 房厚泽：《凝固的历史·中国建筑故事》，北京出版社2007年版。

秦长城烽火台残迹（临洮）

秦长城残迹（包头）

秦长城残迹（固原）

秦长城残迹（榆林）

图 148　秦夯土长城遗址

代的长城（图 148）。虽然今天为人们熟知的长城基本是砖石建造的，但那已是明代重修的长城，而秦代的长城是用夯土建造的，秦代在魏、燕、赵三国夯土长城的基础上筑成万里长城。[①] 从现在的临洮北边的秦长城遗址可以看出，最下一层是生土，生土上有一层压得非常坚实的黄土，黄土上筑起有夯土层的城墙，夯土层为黄色黏土夹碎石。这虽是早期的夯筑办法，却创造了人类建筑史上的奇迹。至今，在长城沿线仍可以看到不少秦以后修筑的夯土城墙，有的是用黏土和砂夹以红柳或芦苇枝条夯筑。有的地方是用土、砂、石灰加上碎石夯筑。版筑夯土墙的高度一般是底厚的一倍左右，顶部宽度为墙高的 1/5 至 1/4，所以城墙有明显的收分。这种墙可就地取材，施工很简便，并且有一定的承载能力，能起到很好的御敌作用。所以隋朝以前的长城，多是采用版筑夯土墙。

中国古代的工匠在夯筑方法、建筑地基的处理、夯土墙用料、地面夯

① 中国大百科全书编辑部：《中国大百科全书·土木工程》，中国大百科全书出版社 1992 年版。

土等方面都积累了宝贵的经验，自氏族社会出现夯筑式结构以来，随着技术的发展和工具的改进，其应用范围也不断扩大。宋代文献《修城法式条约》，也对中原夯土版筑技术作了记述，从记述可见，夯土版筑建造城墙和住宅墙壁的技术有了巨大进步，这意味着民间住宅建筑普遍采用夯土墙的可能。

2. 从“无模夯土”到“绳索悬版”

2.1 版筑技术

版筑按所用模板类型分为两类：一类是桢杆筑法（也叫椽筑法），一类叫版筑法。《事称绀珠》：“桢干，植木以筑墙。”“桢”是筑斜收墙的端模板，形状与墙的断面同；“杆”是圆木，用来作筑墙的侧模板，宋代称为“膊椽”。桢放置于两杆之间，用草绳把相对两面的杆连接缚紧，填土夯筑，然后割断草绳，把杆上移，再缚紧后夯土。每夯一层称一步，逐步上移，直到所需高度，即成一堵墙。接着把其中一桢侧移，利用已筑成墙的一端代替另一桢，继续夯筑第二堵墙，逐堵接续，直至所需长度为止。

“版”是筑堤用的模板（图149）。《尔雅·释器》称：“大版谓之业。”《说文解字》曰：“筑，捣也”，即人力捣实。版筑墙用两

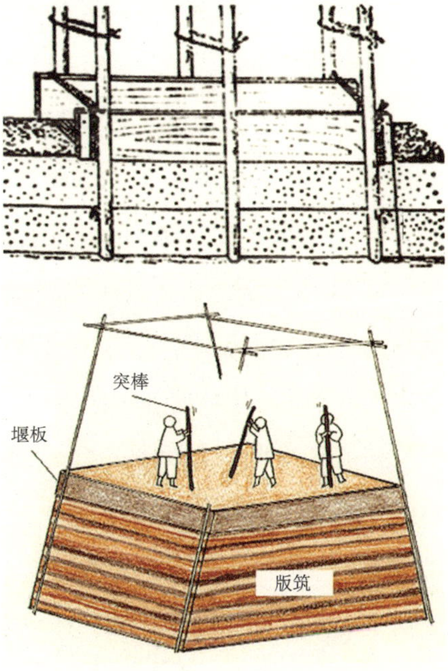

图 149　版筑法示意

块侧板和一块端板组成模具，另外一端加活动卡具。侧板较长，称“栽”（宋代称脯板）。夯筑后拆模平移，连续筑至所需长度，称第一版；再把模具放第一版之上，筑第二版；五版之墙高一丈，称为一堵。逐版升高直到所需高度为止，用这种方法筑成的是一道整墙，以若干版叠加而成。

2.2 古代筑城技术

古代筑城的目的主要是为了军事防御。虽然，城因筑墙材料的不同被区分为土城、砖城和石城，但用版筑法建城在我国沿用了很久。

河南淮阳东南约4千米处的平粮台遗址是新石器晚期的龙山文化古城，考古发掘其城墙采用小版筑堆筑法建成，墙体顶部宽 8 ～ 10 米，下部宽约 13 米，残高 3 米，具体的筑墙做法是，先筑成宽 0.8 ～ 0.85 米的小版土墙，以此作为城墙内壁，然后在墙的外侧堆土夯实，小版筑墙与外侧斜堆的夯土层呈三角形，然后再将外侧用木板挡住，由外向内垫土，逐层夯打，反复多次，直到达到需要的高度为止。这种小版筑堆筑法比较原始，但却为中国早期筑城的办法提供了实物证据。[①]

到了商代，筑城技术显著提高。位于湖北黄陂盘龙湖畔的盘龙城遗址是商代前期城市遗址，面积约 1.1 平方公里，古城平面略呈方形，南北长约 290 米，东西长约 260 米，城垣四面中部各有一缺口，可能是城门，城墙基宽 21 米，南、西垣及北垣西端尚存有高出地面 1 ～ 3 米的夯土残垣，城垣的夯筑是以每层厚 8 ～ 10 厘米的夯土筑出主体，内侧又有斜行夯土用来支撑夯筑城垣主体时使用的模型板。

郑州商城采用大版修筑法，每段长约 3.3 米，夯土层厚 10 ～ 20 厘米不等，底宽 20 米，顶宽约 5 米，高约 10 米。从修筑方法看，层层平筑中部的“主城墙”，然后还要在两侧斜筑“护城坡”，使城墙成为梯形。这大概是尚未发明以绳悬系横木不断加高“主城墙”的方法，只好用斜坡墙

① 马正林：《中国城市历史地理》，山东教育出版社 1998 年版，第 33 ～ 34 页。

来支撑“主城墙”的横木，以便继续加高“主城墙”。这种方法虽仍带有原始性，但与夏代相比，已大有进步，表现在大版筑和在“主城墙”两侧均加筑“护城坡”，不仅增加了城墙的厚度，而且使城墙更加坚固、匀称。

以夏、商、周三个朝代为主的奴隶制时代，是由城墙到城市的过渡时期。西周初年兴起了中国历史上第一次筑城高潮，筑城数量当以数百计。西周的筑城技术也达到成熟阶段，能“其绳则直，缩版以载”[①]。“绳者，营其广轮方制之正也。既正，则以索缩其筑版，上下相承而起。”这就是说，已学会用绳索悬版的技术，与今天的筑城方法十分相近，省去了商代的“护城坡”[②]。

由无模夯土发展到版筑，是夯土结构的一个演变过程，不仅节约了工程量，加快了施工进展，同时也进一步提高了夯筑结构的强度。隋唐时代筑墙使用的是传统的挖槽版筑法，挖槽就像今天的开挖地基，有的地方一直挖到地下的卵石层，然后在上面铺上红土夯实，在上面夯土筑墙，方法就是先铺上一层厚厚的黄土大概30厘米，用夯把一层土砸实后，铺上一层再砸，同时两边用木板固定，随着夯土的增高而增高，夯到需要的城墙高度，撤去木板城墙就筑好了。

有关筑城技术较详细的规定，首见于《营造法式·壕寨制度》，例如对城墙的高、宽规定：“筑城之制，每高四十尺，则厚加高一十尺；其上斜收减高之半。若增高一尺，则其下厚亦加一尺；其上斜收亦减高之半，或高减者亦如之。”这就是说，若墙高为四丈，则墙基宽五丈；若墙高再增（或减）一尺，则基宽亦加（或减）一尺，顶宽增（或减）五寸。对于城墙基础之深、宽规定：“城基开地，深五尺，其厚随城之厚。”而筑基的用料与施工，亦有明确定规。基础先用土再用碎砖瓦隔层夯实，“每布土层五寸，筑实厚三寸。每布碎砖瓦及石札等厚三寸，筑实厚一寸五分”。

---

① 《诗经·大雅》。
② 马正林：《中国城市历史地理》，山东教育出版社1998年版，第34～35页。

城墙墙身除施土夯实外，又于土中加纵横木构件，“每城身长七尺五寸，栽永定柱（长视城高，径一尺至一尺二寸）、夜叉木（径同上，其长比上减四尺）各二条。每筑高五尺，横用纫木一条（长一丈至一丈二尺，径五寸至七寸。护门瓮城及马面之类准此）。每膊椽长三尺，用草葽一条（长五尺，径一寸，重四两）、木橛子一枚（头径一寸，长一尺）”，以加强墙体结构之整体性。[①]

古代的人们对建筑选址、地基、基础是非常看重的。在土作中，土、白灰是最初的两种原材料，早在龙山文化时期，就已经出现了地面上涂抹光洁坚硬的白灰面层来达到防潮、清洁效果的实例，这些白灰面层是烧制过的生石灰形成的。这便是最初的房屋地基处理方式。后来，又发展了石、碎砖、碎瓦、木桩、砖磉墩等，它们与土和白灰结合使用，成为传统建筑地基处理的重要方法。 在古代建筑发展过程中，大大小小的高台亭榭、宫殿楼阁、坛庙住宅、壕堑壁堡等的营建，都离不开对地基的加固和处理，夯土、灰土、三合土、碎砖黏土、石基层、木桩基等都是各种土木工程的一般形式。

在宋李诫编撰的《营造法式》中分类别对地基进行了定量的述录：“筑基之制：每方一尺，用土两担；隔层用碎砖瓦及石札等，亦二担。每次布土厚五寸，先打六杵，次打四杵，次打两杵。以上并打平土头，然后碎用杵辗蹑令平；再攒杵扇扑，重细辗蹑。每布土厚五寸，筑实厚三寸。每布碎砖瓦及石札等厚三寸，筑实厚一寸五分。”“凡开基址，须相视地脉虚实。其深不过一丈浅，止于五尺或四尺，每布用碎砖瓦、石札等，术每土三分内添碎砖瓦等一分。”

① 罗哲文、赵所生等：《中国城墙》，江苏教育出版社2000年版。

3. 灰土及其做法

3.1 灰土的步数及配合比

在宋《营造法式》中并没有关于灰土的说明，灰土技术的推广、普及时期是在明代，成熟完善时期是在清代。在灰土出现之前和同时期，仍然较多地存在着隔层用碎砖瓦及土、灰石处理的例子。灰土垫层一层为"一步"，有几层就叫几步，最后一步叫"顶步"。小式建筑的灰土步数为1至2步，一般大式建筑的灰土步数为2～3步。清代陵寝建筑的灰土多为十几步，紫禁城内的一些宫殿的灰土步数甚至多达三十层。①

加大灰土步数可以隔绝"地气"潮湿上蒸，保护砖墙不使酥碱，这是古人出于对防潮的考虑。普通民房基础灰土厚度一般为虚铺21～25厘米，夯实15厘米。按照清工部《工程做法》及其他有关文献的规定：每步灰土的厚度为虚铺22.4厘米（7寸），夯实厚为16厘米（5寸），每步素土的虚铺厚度为32厘米（1尺），夯实厚为22.4厘米（7寸）。

一般普通房屋的基础灰土配合比多为3:7（体积比，下同），散水或回填用灰土可采用2:8或1:9的灰土配合比。大式房屋的灰土配合比以4:6居多，有些重要建筑的灰土配合比甚至超过4:6。至清代后期，虽然人们已认识到2:8或1:9灰土也可满足一般要求，但还是认为灰土的比例大一些比较好，这是因为古代工匠不仅考虑了灰土的强度，还有防潮方面的考虑。施工中，往往以"手攥成团，落地开花"为标准，甚至以灰土的颜色来决定配合比。

根据清工部《工程做法》规定，基础槽宽应为墙宽的2倍，如墙宽2尺，槽宽为4尺。若墙宽超过2尺（64厘米）者，槽宽均只另加宽2.4尺（76.8

① 刘大可：《中国古建筑瓦石营法》，中国建筑工业出版社1993年版，第1页。

厘米）。槽宽与墙宽之差，叫作“压槽”。“一块玉儿”满堂红灰土的压槽宽度一般为 1.28 ～ 1.6 米（4 ～ 5 尺）。压槽的加放说明了古人对力学的认识，“一块玉儿”做法说明古人已懂得加大灰土面积可以减少对地下的强度，《普祥裕万年吉地工程备要》中有这样一段奏折：“宝城大槽正北并东西槽帮均有酥碱脱落，拟将宝城、方城大槽内四面槽帮再去土三四尺，筑打灰土比原估较宽，倍加稳固。”通过这段记载可以看出，古人不仅把灰土压槽作为基础放脚，还作为砌体防潮的措施。古代重要宫殿常采用满堂红灰土和压槽尺寸较大的做法。虽与现代设计规范不尽相同，但事实说明，这种先期补强的方法远比后期墙体修缮的方法高明许多，也经济得多。

3.2 灰土的分类

传统建筑基础的开挖形式主要有两种：一种是挖成沟槽状，一种是“满堂红”大开挖，叫作“一块玉儿”。如果灰土的步数较少（如 1 ～ 2 步），或基础“埋深”较浅时，柱顶部位的灰土也可叫作独立基础。小式建筑及一般大式建筑多采用沟槽形式。重要的宫殿建筑常采用“满堂红”形式。这种做法既可以更好地防止基础不均匀沉降，又能将建筑与自然土壤有效地隔开，因此对建筑防潮十分有利。但“一块玉儿”做法的造价较高，所以一般只用于重要的宫殿和地下建筑。有时需将灰土做成台阶形式。[①]

灰土有“三合土”之说，“三合”中除白灰以外，关于“二合”一般有三种解释：一是黄土与黑土，二是生土（黏性较大的土）与熟土（砂性土和渣土），三是主土（挖槽土）与客土（外运土）。施工中，只要保证不用砂性土或无法过筛的黏土，是可以直接使用挖槽余土。[②]

“三合土”出现在南北朝时代，它由石灰、黏土和细砂所组成。到明代，有石灰、陶粉和碎石组成的“三合土”。明代末年宋应星在《天工开

① 姜彧：《古建筑工程监理细节 100》，中国建材工业出版社 2007 年版，第 3 ～ 4 页。
② 刘大可：《中国古建筑瓦石营法》，中国建筑工业出版社 1993 年版，第 2 页。

物》一书中介绍说："用以襄墓及贮水池，则灰一分，入河沙、黄土二分，用糯粳米、羊桃、藤汁和匀，轻筑坚固，永不隳坏，名曰三合土。"此外"粘砌城墙、桥梁，调和桐油造舟，功皆相同"①。清代，除石灰、黏土和细砂组成的"三合土"外，还有石灰、炉渣和砂子组成的"三合土"。清代《宫式石桥做法》一书中对"三合土"的配备作了说明："灰土即石灰与黄土之混合，或谓三合土"；"灰土按四六掺合，石灰四成，黄土六成"。"三合土"自问世后一般用作地面、屋面、房基和地面垫层。"三合土"经夯实后不仅具有较高的强度，还有较好的防水性，在清代还用于夯筑水坝。

4. 土墙

4.1 土墙的类型

土墙又叫版筑墙、夯土墙、干打垒等。先用木板按要求支好模板，然后分层装入黄土，并用木夯或拐子分层反复筑打夯实。

古代土墙主要有夯土墙、垛泥墙和土坯墙。

（1）夯土墙

夯土墙又有墙面斜收的桢干筑墙和墙面垂直的版筑墙。这两种墙的夯筑方法至迟在商代就已经有了，沿用至今。

一般的版筑墙体所用的材料有包含黏土或砂质黏土的素土，以及掺加了碎石、砂和石屑的土两种。用于房屋建筑的夯土墙，墙身厚度为 35 ～ 40 厘米，墙体形式或为下厚上薄，或上下通直。宋《营造法式》中所载的墙、露墙、抽纴墙，都是墙面斜收的夯土墙。每面收坡 12.5%～ 16%。墙下须先挖基槽，夯好基墙。为了加强墙体的强度，在夯土承重墙的夯层之间可

① （明）宋应星：《天工开物》（卷中），万有文库本，第 197 ～ 198 页。

加竹条、苇子或木条，起到横向拉结的作用。

（2）垛泥墙

在黏土中加 15%～20%草节（长 100 ～ 300 毫米），拌和成稠泥浆，一层层堆垛至所需高度，再铲削平整墙面而成。垛泥墙始见于陕西岐山凤雏早周建筑中，沿用甚久。

（3）土坯墙

土坯墙用土坯砌筑而成。土坯有两种：一种用湿草泥脱模晒干成坯，俗称“脱坯”；一种用湿度适中的土在坯模中夯筑而成，古书上称为“土墼”。两种土坯都出现于商周以前，沿用至今。直至宋代，宫殿寺庙的墙仍是在砖砌墙裙以上砌土坯筑成的，只是有的加木骨而已。个别地区把密布植物根的土切块铲起，晒干成为坯，称为“巄”，也用来砌墙。

用于制坯的黄土应纯净，黏度应较大，不宜使用砂性土。泥的含水量应较少，为干硬性。装坯前，泥应经反复摔打，入坯后要用拐子将坯内泥土杵实。砌筑时一般用素泥，但泥内也可适当掺入白灰。泥缝一般不超过 2 厘米。土坯的排列方法多为一层立置，一层平砌，如此循环砌筑。

4.2 土墙的加固措施

为了使土坯墙或土墙更加坚固耐久，可采取一些措施。归纳起来，大致有下述几种做法：

①黄土中加入拉结料，如稻草、芦苇、竹子等。

②土中加骨料，骨料一般为碎瓦片。骨料可与黄土拌和使用，也可以分层使用。

上述两法多在土墙中使用。

③榫卯连接。如在砌块上做出凹凸槽，或用木棒、毛竹等直立于土块中，此法多在大型砌块中使用。

④下部做防潮处理。如铺一层石砾或铺数层芦苇等。

⑤顶部和立面做防水保护。如檐口挑出遮挡或表面抹灰、抹泥等。

⑥与砖混和使用。常见的做法是下面部分用砖砌，上身部分用土坯砌，或外皮用砖砌，里皮用土坯。

5. 土作常用工具（图 150）

（1）夯

夯是土作夯筑的主要工具。根据夯的形状和夯底宽度，可分为大夯、小夯和雁别翅三种。制作夯的木材一般为榆木，可由一或二人执夯操作。

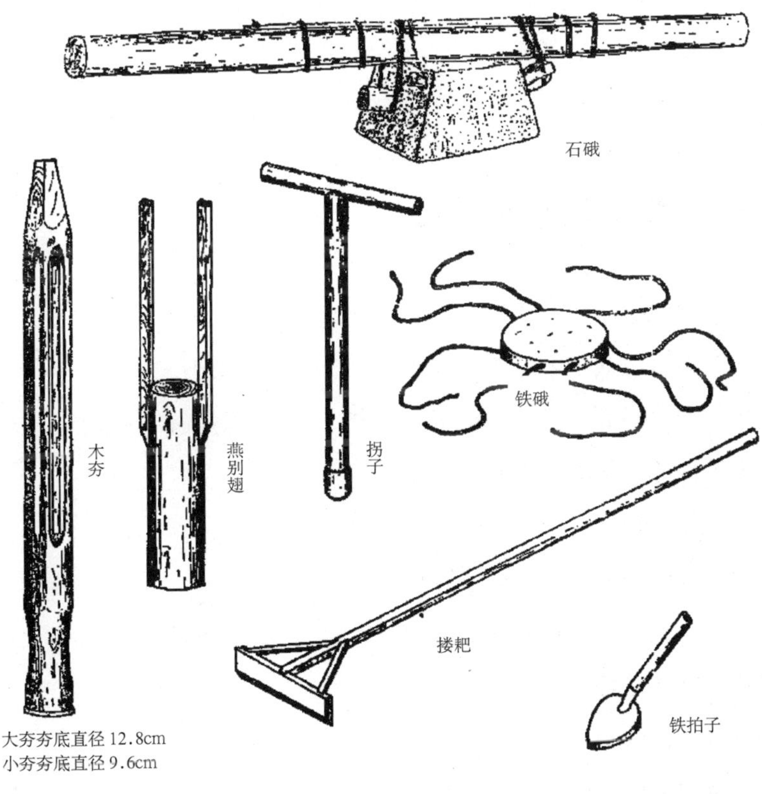

图 150　土作常用工具

（2）硪

硪也作“砜 ”，是土作夯筑的主要工具之一。硪为熟铁制品，也可用石制品。按重量可分为 8 人硪（42 千克）、16 人硪（75 千克）和 24 人硪（137 千克），24 人大硪俗称“座山雕”。

（3）拐子

用于打拐眼。

（4）铁拍子

用于掖边或散水灰土垫层施工中代替铁硪操作。

（5）搂耙

用于虚铺灰土时的找平或落水时将水推散。

（6）其他

如铁锹（平、尖两种）、镐、筛子等。

6. 土作中的特殊手法

（1）童子夯

童子夯是以众多的童工纳虚盘踩。由于孩童脚小，所以童子夯可以说是纳虚中的“小夯”做法。童子夯带有一定的神秘色彩，虽做法特殊，但对灰土的质量没有特殊影响。

（2）灌糯米汁

灌糯米汁是将煮好的糯米汁掺上水和白矾以后泼洒在打好的灰土上。糯米浆可以在灰土颗粒间起润滑作用，再通过夯筑就可进一步强化灰土的密实度，也可提高灰土强度。

（3）柏木桩

使用柏木桩的做法，至迟在宋代就已出现，表明古人早已懂得利用摩擦力来防止建筑的沉降。一般土质松软的基础、人工土山上的建筑基础、临水建筑等的基础均要采用此法，清代陵寝工程中绝大部分都要采用柏木桩。通常桩子下端应砍成锥状，为防止打桩时损坏柱子，桩尖上要套铁桩帽，柱顶要用铁桩箍加固。

（4）**油籴籴**

这种做法用于重要宫殿的基础，或用来作为灌注桩。具体制作过程是：将生石灰加水制成石灰浆，然后加入白胶泥，不断搅拌成糊状，将渣子滤出，再掺入占总体积 40% ～ 50% 的碎砖，最后掺入生桐油。制成后的油籴籴需立即倒入槽内，经过晾槽后用大硪打实、打平。

（5）**泥籴籴**

泥籴籴是在灰土中掺入骨料，以此提高其强度的做法。所掺涂料通常为碎砖，约占灰与黄土的混合泥的 40% ～ 50%，碎砖长度不宜超过 10 厘米。这种方法在雨季能保证施工的进行，且可以利用旧砖料，是一种较好的土作手法。

第十三章

建筑物的装修

1. 概述

在以木构架为主体的中国传统建筑中，装修占有非常重要的地位。作为建筑整体中的重要组成部分，装修不仅具有分隔室内外空间、采光、通风、保湿、防护等作用，它还具有一定的美学效果，装修与书法、绘画以及刺绣、镶嵌等工艺结合在一起，更使建筑呈现出绚烂的艺术色彩。廊檐枋板下的雀替、楣子、挂落、木栏杆，有花栏杆、坐凳栏杆等，与台基、屋面、墙身形成十分鲜明的虚实、线面、刚柔对比，表现出建筑整体的韵律感。用以划分房屋内部空间的隔扇、板壁、多宝格、书橱等，不仅布局奇巧，而且精雕细琢、豪华富丽，使室内产生既分隔又连通的效果，另有几腿罩、落地罩、圆光罩、花罩、栏杆罩等，有的还要安装玻璃或糊纱，绘以花卉或题字，美观实用，含蓄清雅。古色古香的床榻案几、桌椅妆台、橱柜箱盒或粗犷大气，或精致小巧，传统建筑室内的家具陈设品种之繁多、技艺之精湛、手法之丰富在世界建筑史上也不多见。

中国古代建筑的造型美，很大程度上也表现为结构美。从单幢房屋到建筑组群，装饰对于中国传统建筑艺术形象的塑造有着极为重要的作用，它不仅增添了房屋的艺术魅力，而且使得建筑艺术具有了思想内涵的表现力。柱、梁、枋、檩、椽等构件在加工制造过程中都进行了艺术加工，柱子做成上下两头略小的梭柱，横梁加工成中央向上微微起拱，整体成为富有弹性曲线的月形梁，梁上的短柱也做成柱头收分，短柱两旁的托木成为弯曲的扶梁，上下梁枋之间的垫木做成各种式样的驼峰，屋檐下支撑出檐的斜木多加工成各种兽形、几何形的撑拱，连梁枋穿过柱子的出头都加工成为菊花头、蚂蚱头、麻叶头等各种有趣的形式，这些构件的加工都是在不损坏它们在建筑上所起的结构作用的原则下而进行的艺术加工，显得自然妥帖而毫不勉强。

古代的工匠们利用木构架的特点创造出庑殿、歇山、悬山、硬山和单檐、重檐等不同形式的屋顶，又在屋顶上塑造出鸱吻、宝顶、走兽等奇特形象的装饰，使得传统建筑的屋顶形象更加优美；他们还在形式单调的门窗、隔扇上雕凿出千变万化的棂格花纹和精美的裙板饰样，极大地增强了房屋立面的艺术效果，即使是门上的门钉、门环、角叶等，也成为装饰的重点部位。台基和台阶本是房屋的基座和进屋的踏步，但配以栏杆和巧妙的雕饰，就显得格外庄严与雄伟。

我国传统建筑的木工工艺技术，俗称“木作行当”，这种行当又分为建造房屋木构架的“大木作”和负责装修及家具制作的“小木作”。

小木作，按空间部位可划分为外檐装修和内檐装修两部分。凡处在室外或分隔室内外的门、窗、户、牖，包括大门、屏门、隔扇、帘架、风门、

图 151　外檐装修

槛窗、支摘窗、栏杆、楣子等，均属外檐装修。外檐位于室外，易受风吹日晒、雨水等侵蚀，在用材、雕镂、花饰、做工等方面，都要考虑到这些方面的因素。（图 151）相应地，内檐装修则针对房屋的室内部分，如碧纱橱、栏杆罩、落地罩、几腿罩、花罩、炕罩、太师壁、博古架、壁板、护墙板以及天花、藻井等的装修，由于内檐位于室内，因而不受风吹日晒、雨水等侵蚀，与室内家具陈设一起，具有较高的艺术观赏价值，因而在用料、做工、雕刻等各方面更加精细。[①]

但是，研究构造做法及工程技术，依装修的内、外檐来分类则未免杂乱。根据古建筑装修的特点，凡建筑功能相同或类似的装修，在构造方式、榫卯接合技术、制作安装工艺等方面，都有许多相似和共同的地方。所以，按装修的功用、种类可将装修分为以下几类，如表 3-1 所示。

表 3-1　传统建筑装修分类

类别	说　　明
板门类	包括实榻门、攒边门、撒带门、屏门
隔扇类	包括隔扇、帘架、风门、碧纱橱等
窗类	包括槛窗、支摘窗、牖窗、什锦窗、横陂及楣子窗等
栏杆、楣子类	包括坐凳楣子、倒挂楣子、寻杖栏杆、花栏杆、靠背栏杆等
花罩类	包括室内各种炕罩、花罩、几腿罩、栏杆罩、圆光罩、八角罩以及室外花罩等
天花藻井类	包括各种井口天花、海墁天花、木顶隔及藻井等
其他	包括壁板、隔断板、护墙板、门头板、太师壁、博古架及楼梯等

① 马炳坚：《中国古建筑木作营造技术》，科学出版社 1991 年版，第 273 页。

2. 门

2.1 板门种类及做法

（1）棋盘门

棋盘门即攒边门，棋盘门为两扇对开，用于室外或室内，四边框采用攒边、装板心，背后穿四根带（图 152）。门扇的高、宽根据门口而定，如门扇的高度的计算，按门口高外加上下碰头（按传统做法是上碰七、下碰八来计算），现可按上下碰头各为 2.5 厘米计，共为门扇高的实用尺寸。门扇宽按门口宽外加门肋和掩闪（门肋按门边厚计，掩闪按七分即 2 厘米）共计为宽的实用尺寸。

（2）撒带门

所谓撒带门是一边有门边，另一边没门边，所有的带均撒着头，故称

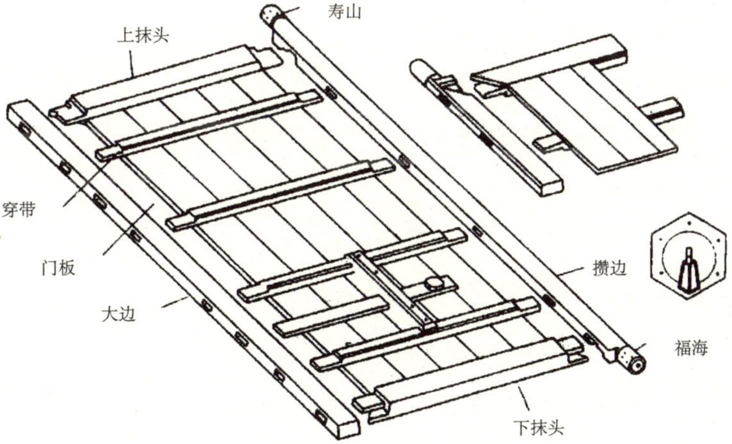

图 152　棋盘大门构造榫卯图

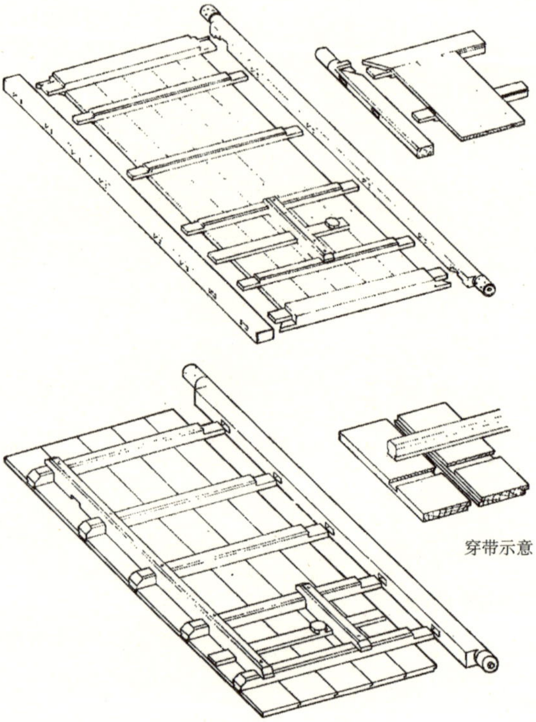

图 153　撒带大门构造示意

撒带门。一般用在街门和屋门，门高、宽的尺寸同棋盘门（图 153）。

撒带门使用一根门边，不用上下抹头，只用穿带交门心板与之连接。撒带门的长、宽、厚同棋盘门。画线、分带、凿眼，计算上下碰头、门的掩闪等均同棋盘门。只是穿带一端作榫，另一端撒头。

（3）实榻门

此门 般使用于城门、宫门，实榻门有两种做法，一种是做框两面包镶，另一种是没有边框，里外均用同一厚度板拼装组成实心门（图 154）。

有门口（槛框）的实榻门，高、宽尺寸按棋盘门计算法。如没有门口可按门洞尺寸加肋，加掩闪和上下碰头来计算高、宽尺寸，门厚根据棋盘口的门边厚计算。

实心板缝的拼缝一般采用龙凤榫，组装用暗带较多，但也有用明带的

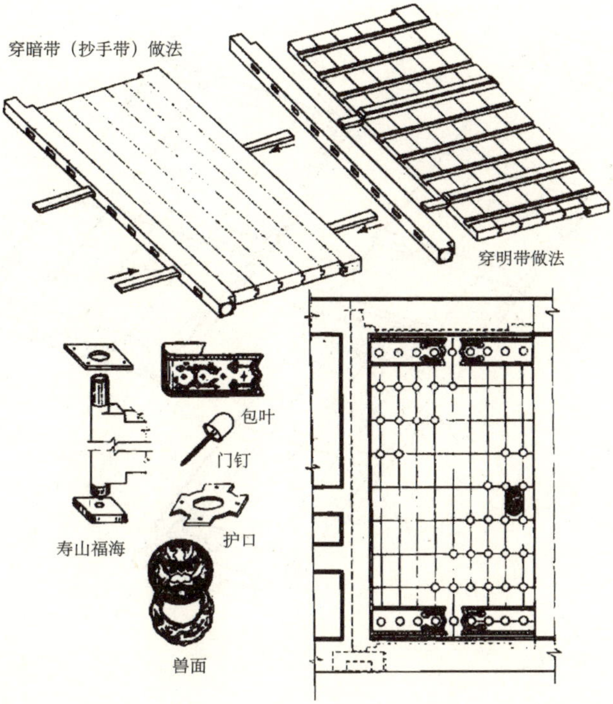

图 154 实榻门做法

做法。暗带做法首先考虑门钉的路数来定带数及带的位置，均凿透眼，暗带用抄手楔对穿。

实榻门一般用门钉，门钉分为五路、七路、九路，在清代要求是按建筑物的等级来确定路数，有着严格规定，不得任意使用，如最高级的建筑物上门钉纵横各为九路，其次是纵横七路，最少的为纵横各五路，门钉的直径和钉的高度计算是根据钉的路数而定，如五路门钉间距为两个门钉的直径，如七路门钉间距为一个半门钉的直径，如九路门钉间距为一个门钉的直径。

（4）屏门

屏门一般为四扇，有方形口、圆形口（即月亮门口）。屏门是用木板制成，屏门的板厚是根据门高来定的，若门高一丈，则板厚二寸（图 155）。

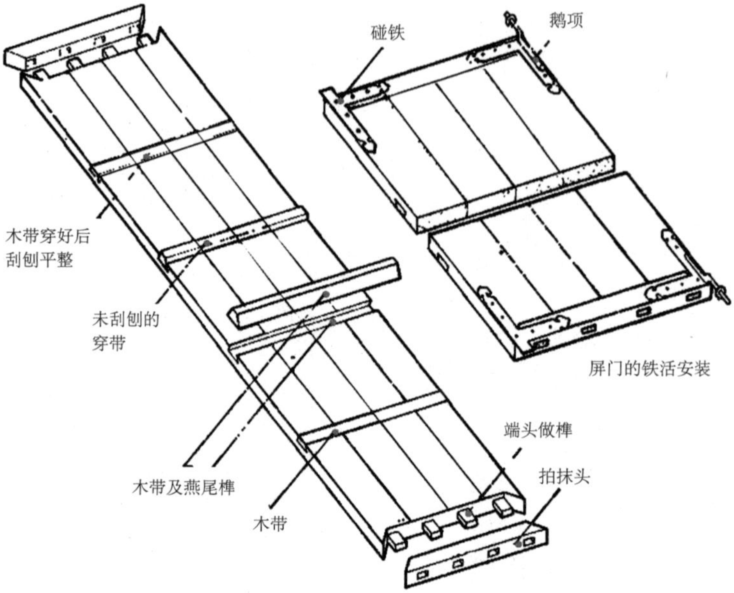

图 155　屏门的构造

屏门高按口高定之，宽按口宽分四份加错口定宽。上下冒(抹)头，冒(抹)头作头榫及头缝榫。板的背面穿屏带（一般为四根带，带的位置与棋盘门带同）。带的用料一般要求坚硬干燥的好料，屏门按传统要求不用合页，而用额项、碰铁、海窝，前脸钉吊环。

屏门口一般都带有菱角木，菱角木相交于口的上坎上，并承托过木。

2.2 门的其他构件

（1）门枕

门枕有木制、石制的两种（图 156）。就木制的一种来讲，长按下槛高的二份半，宽按下槛高，高按下槛的 3/5。

门枕安装时，首先分出中，按中划出下槛厚的尺寸往回按 8/10 下槛落袖，门枕中下槛处三面作刻，各面袖口尺寸均约 1 厘米即可。

（2）门龙及连楹

门龙、连楹均是安在中槛上用于开关门扇之用。门龙长按面阔减一个柱径，宽按门边厚的二份，厚按门边厚。另一计算是宽按中槛宽的 4/5，厚按宽的 1/2。

门龙根据门扇（隔扇）数量位置分出海窝尺寸，靠槛框的里面在海窝处留出缝路（1 厘米～ 1.5 厘米）。按门轴的圆径做出海窝，在门龙外口画出弧线。连楹做法同门龙，但外口不作弧线。

（3）门簪

门簪是安在街门的中槛之上，有用两个的，有用四个的，形式有多种，但一般多用六方形的。门簪长按中槛厚一份、门龙宽一份半再加本身径的 4/5 即长，径按中槛高的 4/5 或按门口宽的 1/9。

图 156　门枕

图 157　门构件

门簪是两根打对开榫（榫是偏中榫，在画线时要让出荒料约 4 厘米），门簪下口带袖（袖深约 1 厘米）。如用六方形的各角均做梅花角（海棠角）（图 157）。

3. 隔扇

3.1 隔扇

隔扇的名称古今南北颇不统一，典籍中有写作隔扇的，宋代称作格子门，古时亦称阖扇，南方（《营造法原》）则直接称为长窗。隔扇通常由以下几个部分组成：

① 外框。《营造法原》称为边梃，是隔扇的外部框架。

② 窗棂。宋时称格眼，又有花心、棂心、格心等称呼，《营造法原》称为心仔，是隔扇的主要部分，起着通风、采光的作用，同时也是装饰的重点所在。

③ 裙板。宋时称障水板，位于隔扇的下部，常用如意纹做装饰。

④ 绦环板。宋时称腰花板，《营造法原》称为夹堂板。绦环板安装在窗棂和裙板的上下位置，起着连接、过渡的作用，绦环板也是雕刻装饰的重点部位。此外，隔扇的规格与绦环板的数量有关，绦环板的多少决定了抹头的数量，所以又有三抹隔扇、四抹隔扇、五抹隔扇、六抹隔扇和落地明造（二抹隔扇）多种规格。[①]

a. 隔扇做法

先定边框，有四抹头、五抹头、六抹头之分。

隔扇有两种做法，一种是单面室内糊纸或装玻璃，另一种是两面夹纱做法（高级做法）。根据房间的使用要求，还有一种更高级的隔扇做法是落地明（不用绦环裙板，而上下全用玻璃做）。

b. 攒斗工艺

攒斗是行业术语，是指利用榫卯结构，将许多小木料拼成各种几何形纹样，可组成大面积的装饰板，这种工艺叫“攒”；用锼镂而成的小木料簇合成花纹叫“斗”。这两种工艺常结合使用，故叫“攒斗”，南方叫“兜料”。

这种工艺源于中国古建内檐装修制作门窗格子心的工艺技术。中国古建内檐装修在制作门窗时，是用棂条组成各种几何纹“步步锦”“冰裂纹”“灯笼框”“盘肠”“角菱花”“六方菱花”“正搭斜交”等。

3.2 帘架

由于隔扇的保温性能较差，因此与隔扇配套的一个构件就出现了，作

① 潘嘉来：《中国传统手工艺文化书系——中国传统窗棂》，人民美术出版社2004年版，第26页。

为门帘的依靠——帘架和帘架风门（图 158）。

帘架边框规格与所用的隔扇边梃一致，帘架制作时以隔扇高并加上下插榫长(立边宽的3倍)，隔扇宽即帘架边梃到中的尺寸。帘架立边安装在“荷叶墩”和“荷叶栓斗”上，在帘架心下边抹头上安两个铜钩子，作为挂帘笼的挂钩。

帘架风门则由风门、余塞和横陂组成。这是一般小式房屋所用的，在帘架上安装两扇小的余塞开扇，中间安风门一扇，这三扇的高度按隔扇高的 4/5，其中余塞占帘架宽的 1/5，风门占 3/5。

风门的制作，一般用四抹头（上抹头一根，中抹头两根，下抹头一根），门扇的高、宽应以门光尺定之，风门的边框断面尺寸与隔扇边框同，另可按槛窗的边框计算。

帘架安装时，上端用兜绊固定，下端插入荷叶墩。

3.3 碧纱橱、花罩

花罩、碧纱橱属室内装修的重要组成部分，主要用来分隔室内空间，并有很强的装饰功能，由于花罩、碧纱橱工艺十分讲究，集各种艺术、技术于一身，因此也是室内重要的艺术陈设品。

古建木装修中的花罩，有几腿罩、落地罩、落地花罩、栏杆罩、炕罩等。其中落地罩当中又有不同的形式，常见有圆光罩、八角罩以及一般形式的落地罩，各种花罩，除炕罩外，通常都安装于居室进深方向柱间，起分间的作用。造成室内明、次、梢各间既有联系又有分隔的环境气氛（图 159）。①

①几腿罩：由槛框、花罩、横陂等部分组成，其特点是，整组罩子仅有两根腿子（抱框），腿子与上槛、挂空槛组成几案式框架，两根抱框恰似几案的两条腿，安装在挂空槛下的花罩，横贯两抱框之间。挂空槛下也

① 马炳坚：《中国古建筑木作营造技术》，科学出版社 1991 年版，第 303 页。

图 158 殿堂帘架

左：长春宫西次间室内
右上：储秀宫东次间与东梢间室内
右下：养心殿后殿东暖阁皇帝的寝室

图 159 用于室内空间分隔的花罩

可只安装花牙子。几腿罩通常用于进深不大的房间（图 160）。

②栏杆罩：主要由槛框、大小花罩、横陂、栏杆等部分组成，整组罩子有四根落地的边框；两根抱框、两根立框，在立面上划分出中间为主、两边为次的三开间的形式。中间部分形式同几腿罩，两边的空间，上安花罩、下安栏杆（一般做成寻杖栏杆形式），称为栏杆罩。这种花罩多用于进深较大的房间。整组罩子分为三樘，可避免因跨度过大造成的空旷感觉，在两侧加立框装栏杆，也便于室内其他家具的放置。

③落地罩：形式略同于栏杆罩，但无中间的立框栏杆，两侧各安装一扇隔扇，隔扇下置须弥墩。

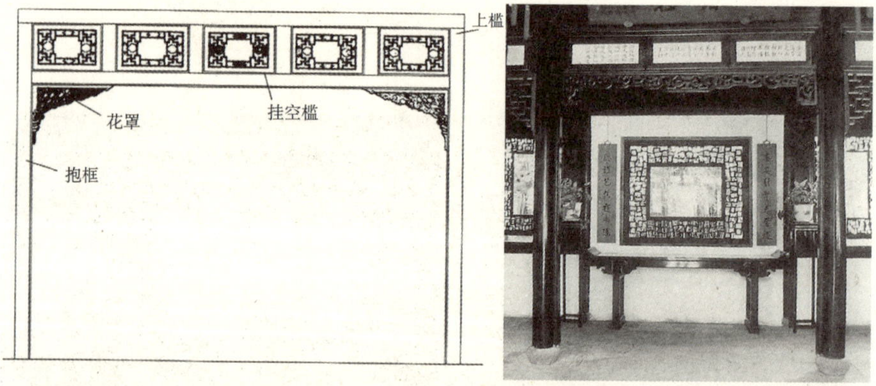

图 160　几腿罩

图 161　落地花罩

④落地花罩：形式略同几腿罩，不同之处是：安置于挂空槛之下的花罩沿抱框向下延伸，落在下面的须弥墩上。这种形式较之几腿罩和一般落地罩更加豪华、富丽（图 161）。

⑤炕罩：又称床罩，是专门安置在床榻前面的花罩，形式同一般落地罩，贴床榻外边安在面宽方向，内侧挂软帘。室内顶棚高者，床罩之上还要加顶盖，在四周做毗卢帽一类装饰（图 162）。

图 162　皇家建筑中的罩

图 163　圆光罩

花罩中的另一类是圆光罩和八角罩，其功用、构造与上述各种花罩略有区别。这种罩是在进深柱间做满装饰，中间留圆形或八角形门，使相邻两间分隔开来（图 163）。

碧纱橱，是安装于室内的隔扇，通常用于进深方向柱间，起分隔空间的作用。碧纱橱主要由槛框（包括抱框和上、中、下槛）、隔扇、横陂等部分组成，每樘碧纱橱由六至十二扇隔扇组成。除两扇能开启外，其余均为固定扇。在开启的两扇隔扇外侧安帘架，上安帘子钩，可挂门帘。碧纱

图 164　碧纱橱

图 165　苏州园林室内

橱隔扇的裙板、绦环上做各种精细的雕刻，仔屉为夹樘做法（俗称两面夹纱），上面绘制花鸟草虫、人物故事等精美的绘画或题写诗词歌赋，装饰性极强（图 164）。

3.4 板壁、博古架

板壁是用于室内分隔空间的板墙，多用于进深方向柱间，由大框和木板构成。其构造是在柱间立横竖大框，然后满装木板，两面刨光，表面或涂饰油漆或施彩绘，十分雅致（图 165）。[①]

博古架又称多宝格，是一种兼有装饰和家具双重功用的室内木装修，花格优美，组合得体，多用于进深方向柱间，用以分隔室内空间。

① 马炳坚：《中国古建筑木作营造技术》，科学出版社 1991 年版，第 306 页。

4. 窗

汉明器中窗格已有多种式样，如宜模、卧根、斜格、套环等。唐以前仍以直棂窗为多，固定且不能开启，因此使窗的功能和造型都受到一定限制。虽然汉陶楼明器中出现过支窗形式，但为数很少。宋起开关窗渐多，改变了上述情况，在类型和外观上都有很大发展。

4.1 直棂窗

唐、宋的直棂窗有多种做法，一种是在柱间施窗额、地栿、腰串、立颊和心柱，然后以棱木（断面为方形或三角形，后者称为“破子棂”）竖于窗孔间，棱木间相距约一寸。其余之空当施障水板，或砌砖，或编竹涂泥粉刷，甘肃敦煌鸣沙山石窟宋代422窟窟廊就是一例。另一种是建在殿堂门侧的槛墙上，其例甚多。

4.2 槛窗

槛窗又称坎窗，槛窗做法同于隔扇，但没有裙板，此窗是安装在槛墙上(即坎墙上)。宋代槛窗已施于殿堂门两侧各间的槛墙上,它是由格子门(隔扇门)演变来的,所以形式也相仿,但只有格眼(清代时叫花心)、腰华板(清代时叫绦环板）和无障水板（清代时叫裙板）。

宋画中的槛窗格眼多用柳条框或方格。北方的槛窗用土坯或陶砖砌，南方除此以外尚有用木板或石板的。

槛窗的使用一般在宫殿、庙宇等重要建筑物上，但在园林的“栏槛钩窗”也用此槛窗。槛窗分有三抹头、四抹头，边框及槛窗花心棂条的断面尺寸均同于隔扇，花心式样较多，有套方、冰裂纹、龟背锦、雕刻等纹样。

4.3 支摘窗

支窗是可以支撑的窗，摘窗是可取下的窗，后来合在一起使用，所以叫支摘窗。清代北方的支摘窗也用于槛墙上，可分为两部分，上部为支窗，下部为摘窗，二者面积大小相等。南方建筑因夏季需要较多的通风，支窗面积较摘窗大一倍左右，窗格的纹样也很丰富。

支摘窗一般用在殿堂的次、梢间前后檐，庭馆及民宅房间。一个开间分做上下左右四扇，又为双层。上扇为支，下扇为摘，均用在外扇，上支扇糊纸，里扇糊冷布或钉纱。下摘扇有糊纸的，有做薄板的（护窗板），里扇为大玻璃扇（分为有大玻璃框带仔边的、有夹杆条夹玻璃的等），还有其他的，但一般均采用上下扇窗心为步步锦。

4.4 漏窗

漏窗应用于住宅、园林中的亭、廊、围墙等处。窗孔形状有方、圆、六角、八角、扇面等多种形式，再以瓦、薄砖、木竹片和泥灰等构成几何图形或动植物形象的窗棂。

4.5 夹门窗

夹门窗多用在民间。门口坐中（没有隔扇、帘架等），两边砌墙即槛墙，安窗扇。

做法是，先按开间分中，定出门口尺寸，门框是采用通天框。下槛用短下槛，两端压在槛墙内，抱框上顶檐枋，下交在榻板上，做法同抱框。门窗扇的边框断面尺寸均与支摘窗同。

先立门口后砌槛墙，按开间即面阔尺寸分中，下坎也分中，以开间中对下坎中，将口立安稳，根据窗扇高标出坎墙位及高。

4.6 牖窗

牖窗是窗的一种。古时称开在墙上的窗为牖。漏窗和什锦窗是牖窗中的两大主要类型。漏窗是窗洞间以砖或瓦拼花形成优美图案的窗，其形式更为复杂多样。而什锦窗是中间没有花隔的牖窗，窗的外形各式各样，有扇面、月洞、双环、三环等形式。牖窗多用于江南私家园林中，形式活泼大方，在丰富园林建筑的趣味性方面具有重要的作用，而且园林中的借景、对景、藏与隔等功能大多借它们完成。北方皇家园林中较少使用这些类型的墙窗，较多使用瓦花进行外墙装饰（图 166）。

5. 栏杆、楣子

5.1 寻杖栏杆

寻杖栏杆的式样是宫殿庙宇中比较常见的一种。普通的栏杆一般指安装在檐柱里面、地面以上的栏杆，所以又常称作檐里栏杆。寻杖栏杆属于檐里栏杆，主要由望柱、寻杖扶手、腰枋、下枋、地栿、牙子、绦环板、荷叶净瓶等组成（图 167）。

地栿是紧贴在地面上的横木，位于两柱中间，两端固定在檐柱的根部，上面的望柱及栏杆都安装在这根地栿木上，地栿贴地面的部分做出排水口，以供廊内雨水流出，这些水沟口眼一般还建成如意头的形式。地栿的高度一般要小于望柱看面的高度，进深略宽于栏杆望柱的尺寸。

望柱是寻杖栏杆的主要构件之一，它是附着在檐柱侧面竖向的小方柱，它的一侧紧抱在檐柱上，另一侧与上枋、中枋和正枋相衔接，下端有口插入地栿中。望柱的高度一般在四尺左右，但具体尺寸要依据建筑物整体的

左上：苏州沧浪亭荷叶式漏窗　　左下：上海豫园松竹梅鹤纹漏窗　　右：苏州沧浪亭花卉纹漏窗

图 166　漏窗

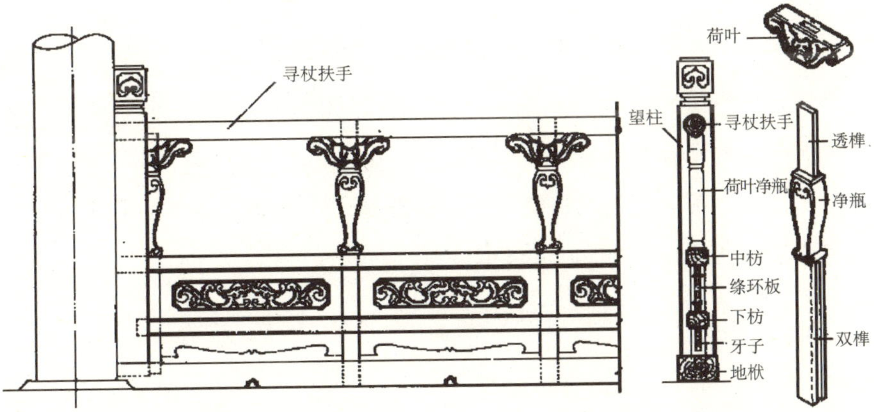

图 167　寻杖栏杆及其构造

尺寸来定。

栏杆的水平构件如扶手、净瓶、中枋等，都安装在望柱的内侧。而且为了安全起见，望柱与上枋、中枋的连接是采用透榫的方法，与下枋的连接则采用半榫的方法。望柱的柱头一般为方形，正方体的小木柱上雕刻有简单的花纹。

寻杖栏杆就是上枋为栏杆的扶手，因此也称之为栏杆扶手或寻杖扶手。它是寻杖栏杆最上面的一根水平构件，高度略低于望柱，一般在三尺左右；断面为圆形，两端做榫与望柱相交，并向下通过透榫与荷叶净瓶相连接。腰枋也称中枋，与下枋的制作和形制相同，两根水平横向构件的木枋，断面同为长方形，宽略小于望柱。中枋两端由透榫和望柱相连，下枋则是用半榫与望柱相连。

另外，中枋与上面的荷叶净瓶是以双榫相连接，并在安装绦环板及牙子的位置上剔出榫槽，以便安装荷叶净瓶及牙子板。牙子安装在地栿上面、下枋下面，用薄木板制作而成。牙子下面做成壶瓶牙子曲线，底口表面向上突起，形成单线的弧形。牙子又称作走水牙子，其实它并不作流水用，只是起到装饰作用。

绦环板位于中枋、下枋之间，形制和隔扇中的绦环板有些相似，只是一般情况下都比隔扇中的绦环板要厚，因为板心上有各种各样镂空雕刻花纹装饰，最简单的绦环板板心也会有一些凸起的曲线，起到一定的装饰效果。

荷叶净瓶安在寻杖扶手与中枋之间，与望柱相对，用一根木头做成。净瓶上部为向两边翻卷的荷叶花形，下部是一个形似宝瓶状的瓶体，荷叶和瓶体都是经过细致的浮雕来完成的。

5.2 花栏杆

花栏杆的构造比较简单，主要由望柱、横枋及花格棂条构成。这种栏杆常用于住宅及园林建筑中（图 168）。

山西西文兴村住宅栏杆

浙江农村住宅栏杆

浙江农村住宅栏杆

安徽关麓村住宅栏杆

图 168　民居木栏杆

5.3 倒挂楣子

倒挂楣子主要由边框、棂条以及花牙子等构件组成（图 169），楣子高（上下横边外皮尺寸）一尺至一尺半不等，边框断面为 4 厘米 ×5 厘米或 4.5 厘米 ×6 厘米，小面为看面，大面为进深，棂条断面同一般装修棂条。

花牙子是安装在楣子立边与横边交角处的装饰件，通常做双面透雕。

5.4 坐凳楣子

坐凳楣子可供人小坐休息，主要由坐凳面、边框、棂条等构件组成，坐凳面厚度在一寸半至二寸不等，坐凳楣子边框与棂条尺寸同倒挂楣子，坐凳楣子通高一般为 50 ～ 55 厘米。[①]

---

① 马炳坚：《中国古建筑木作营造技术》，科学出版社 1991 年版， 第 299 页。

图 169　倒挂楣子

6. 天花、藻井

（1）天花

平暗平棋——小方格的天花板为平暗，如山西五台唐佛光寺大殿和辽独乐寺观音阁。平棋为大方格的，板下施彩绘。天花板排列应为单排，每排宜为单数。沿天花梁两侧钉贴梁，中间纵横相交安装支条。支条上面裁口，内装天花板。一般沿面宽方向每两井天花施用通支条一根，上面装帽儿梁，两端搭置于天花梁，中间用铁拉杆吊在檩木上。通支条间进深方向用连二支条，连二支条间卡单支条，均用铁钉钉牢。天花板背面穿带二根，正面刮平刨光。

（2）藻井

藻井是我国传统建筑室内顶棚上的一种装饰处理，顶部为穹隆状的天花，印饰以花纹、雕刻和彩画，故名藻井。《辞源》解释藻井为“绘有文彩状如井干型的天花板，有荷菱等图案”。宋《营造法式》对藻井的做法、尺度有专门的论述和规定。

藻井在建筑中的使用代表了尊贵与等级，它如同伞盖般高出天花之上，以烘托和象征天宇般的崇高和伟大。

第十四章

建筑物的装饰

彩绘原是施之于梁、柱、门、窗等木构件之上用以防腐、防蠹的油漆，后来逐渐发展演化为华美的彩画，成为传统建筑中常见而重要的装饰手法，直至明清时代，在宫殿、庙宇、寺院、王府以及园林建造上，仍需进行油漆与彩画，且南北风格迥异，各具特色。北方宫殿的汉白玉台基，红墙黄琉璃瓦顶，檐下的青绿彩画，再衬以湛蓝的天空，使建筑透出一种君临天下的雍容华贵与大气，而江南建筑则用青瓦白墙、赭色柱子，衬以小池、假山、漏窗、修竹，显得典雅、精致。

1. 彩画

1.1 概述

中国传统建筑以木材为主，但木材的缺点之一是易受潮湿和虫蚁的腐蚀，因此，为了保护木构件，古代工匠便想到了在木材表面涂刷油漆的办法，最初仅涂红色或黑色油漆，纯粹出于实用性考虑，后来工艺水平提高了，人们的审美意识也不断增强，油漆开始有了色彩绚丽的图案和花纹，于是单纯的实用功能已经呈现明显的装饰性和象征意义。随着统治阶级日益追求奢靡享受，建筑装饰与色彩也更为发展，“雕梁画栋”蔚然成风，即使是寻常百姓的房屋，也能达到“屋不呈材、墙不露形”，这一传统一直延续了几千年，造就了中国传统建筑独特的色彩美。正如林徽因先生所指出的，在建筑上施用油饰彩画，“最初是为了实用，为了适应木结构上防腐防蠹的实际需要，普遍地用矿物原料的丹或朱，以及黑漆桐油等涂料敷饰在木结构上；后来逐渐和美术上的要求统一起来，变得复杂、丰富，成为中国建筑艺术特有的一种方法”[①]。

① 梁从诫：《林徽因文集》（建筑卷），百花文艺出版社 1999 年版。

早期建筑上的色彩油饰，是没有明显区分的，它们都有保护木构件的作用，也都有色彩装饰作用。随着人类建筑活动的发展，封建社会后期对木结构主体的彩绘工作比起前代有进一步发展，从底子处理到表面彩绘都有成熟的做法规定，油漆和彩画出现了明确分工，至明清时期，官式做法已有“油作”与“画作”之分，凡用于保护构件的油灰地仗、油皮及相关的涂料刷饰，被统称为“油饰”，而用于装饰建筑的各种绘画、图案线条、色彩被统称为“彩画”，彩画的图案也由早期的各种动植物和图案花纹逐步走向规格化和程式化，到明清时期完成了定制。色彩在中国木结构建筑物中占有重要的位置，在等级制度森严的古代社会，作为建筑装饰的油饰彩画亦具有严格的等级，因此，中国的建筑色彩表现出了更丰富的文化内涵。

古代建筑上的彩画主要绘于梁和枋、柱头、窗棂、门扇、雀替、斗拱、墙壁、天花、瓜筒、角梁、椽子、栏杆等建筑木构件上（图 170）。彩画的历史可以追溯到春秋时期，六朝和隋唐是彩画的发展高潮期，宋朝彩画

图 170　中国传统建筑的彩画

在《营造法式》中有专门的记载。[1] 清朝，彩画发展到了高峰。

1.2 彩画的分类

对古代彩画的图形、用色、做法记载最详的文献是《营造法式》彩画作和清工部《工程做法》画作。按照这些做法绘制的彩画分别称为宋式彩画和清式彩画。此外，历代还有不同于这些官式做法的民间做法。

（1）**宋式彩画**

《营造法式》规定，画彩画处先刷胶水，再按所画品种分别刷白色或棕灰色衬地。衬地上先按花纹略铺底色，再细画花纹。画时颜色重叠处先刷矾水，全画完成后罩一层胶水。目前所见唐代（宋前）和元代（宋后）的建筑彩画也都是这种做法。宋式彩画主要有五个品种[2]：

① 五彩遍装彩画

以暖色调为主，多用红、朱、赤、黄等颜色。叠晕除青绿外，还用朱，为其他品种所无。所用图案有各种华文（几何花形图案）、琐文（密纹图案），大型构件还在华文、琐文中间画飞仙、飞禽、走兽、云纹等。阑额两端画各式如意头装饰，称角叶。梁周边叠晕，中心画华文、琐文。柱子上下画锦文或叠晕，柱身画缠枝花或团窠。这是用色和图案最繁富的彩画，用于重要宫殿（图 171、图 172、图 173、图 174）。

② 碾玉装彩画

包括柱子在内，均以青绿为主调，不用红色。其图案与五彩遍装彩画基本相同，但不用飞仙、飞禽、走兽（图 175）。

③ 青绿叠晕棱间装彩画

以青绿为主调，但不画华文、琐文，只用叠晕，柱身用青绿或素绿图案（图 176）。

---

① 边精一：《中国古代建筑油漆彩画》第 1 章，中国建材工业出版社 2007 年版。

② 中国大百科全书编辑部：《中国大百科全书·建筑、园林、规划卷》（第三版），中国大百科全书出版社 2004 年版，第 33 ~ 34 页。

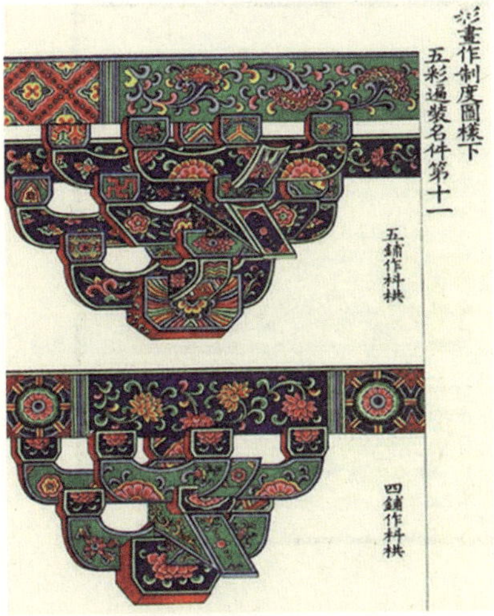

图 171 《营造法式》斗拱五彩彩画图样

图 172 《营造法式》梁、椽五彩彩画图样

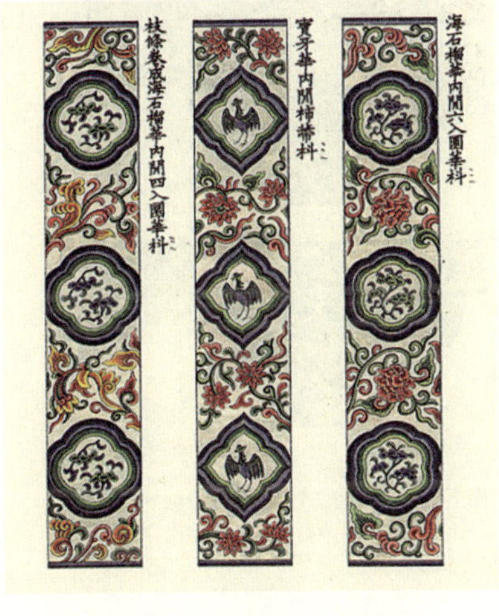

图 173 《营造法式》柱子五彩彩画图样

图 174 《营造法式》阑额五彩彩画图样

④ 解绿装彩画

上部以红色为主调，斗拱梁枋满刷土朱色（铁红），边缘用青、绿相间叠晕，如正面青晕则侧面绿晕，相邻构件青绿互换。但柱子仍画绿晕，仅把柱头、柱脚画朱色或五彩锦地（图 177）。

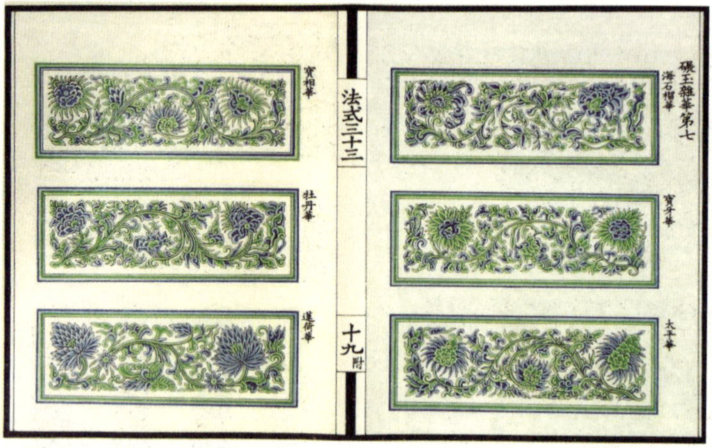

图 175　《营造法式》碾玉装彩画图样（仅供参考）

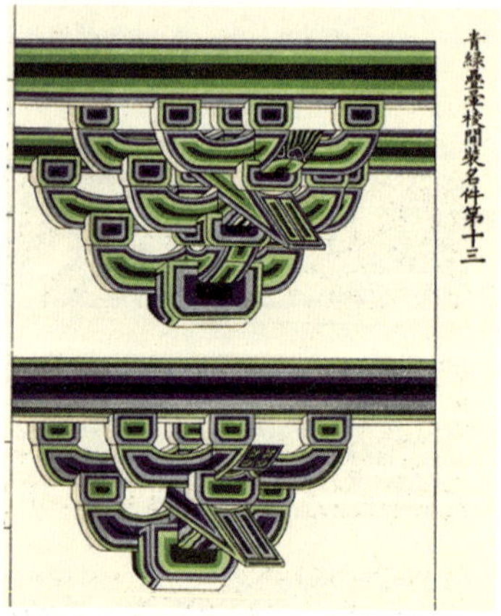

图 176　《营造法式》斗拱青绿叠晕棱间装彩画图样

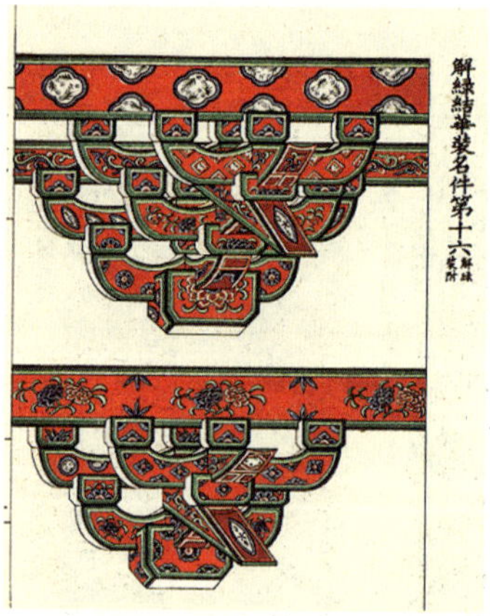

图 177　《营造法式》斗拱解绿结华彩画图样

⑤ 丹粉刷饰彩画

又称赤白彩画，全部以红为主调，斗拱梁枋和柱子满刷土朱，下棱画白线，构件底面通刷黄丹，然后表面通刷一道桐油，是彩画中最简单的一种。以土黄色代土朱时称黄土刷饰。

上述五种有时可在同一建筑中同时使用两种，相间布置，称为“杂间装”。

（2）清式彩画

清代的梁枋彩画主要包括殿式彩画和苏式彩画两大类，其中殿式彩画

上左：故宫太和门和玺彩画

上右：故宫交泰殿和玺彩画

右下：太和殿东南崇楼龙草和玺彩画

图 178　和玺彩画

又包括和玺彩画和旋子彩画两类。

① 和玺彩画

和玺彩画是等级最高的彩画。其主要特点是：中间的画面由各种不同的龙或凤的图案组成，间补以花卉图案；画面两边用折线状纹饰框住，并且沥粉贴金，金碧辉煌，十分华丽（图 178）。

图 179　和玺彩画

和玺彩画在保持官式旋子彩画三段式基本格局的同时，逐渐剔除旧花纹，加入新花纹：藻头部分删去了“旋花”；枋心绘行龙或龙凤图案，枋心头由剑尖形式改为莲瓣形，以求与藻头轮廓线相适应；箍头盒子内绘坐龙；等等。清代中叶以后，和玺彩画的线路和细部花纹又有较大的变化，画面中主要线条均由弧形曲线变为几何直线：藻头部位弯曲的莲瓣轮廓变为直线条玉圭形，亦称“圭线光子”；皮条线、岔口线、枋心头等线路都相应地改为折线状纹饰（图 179）。和玺彩画用金量极大，主要线条及龙、凤、宝珠等图案均沥粉贴金，金线一侧衬白粉线（也叫大粉）或加晕，以青、绿、红作为底色衬托金色图案。

和玺彩画主要用于紫禁城外朝的重要建筑以及内廷中帝后居住的等级较高的宫殿。根据不同内容，分为“金龙和玺”“龙凤和玺”“龙草和玺”等不同种类（图 180）。例如，太和殿、乾清宫、养心殿等宫殿多采用“金龙和玺”彩画；交泰殿、慈宁宫等处则采用“龙凤和玺”彩画；而太和殿前的弘义阁、体仁阁等较次要的殿宇使用的则是“龙草和玺”彩画。清官式建筑以“金龙和玺”为最荣贵，雄黄玉最低。民居一般不画彩画，或只在梁枋交界处画“箍头”。

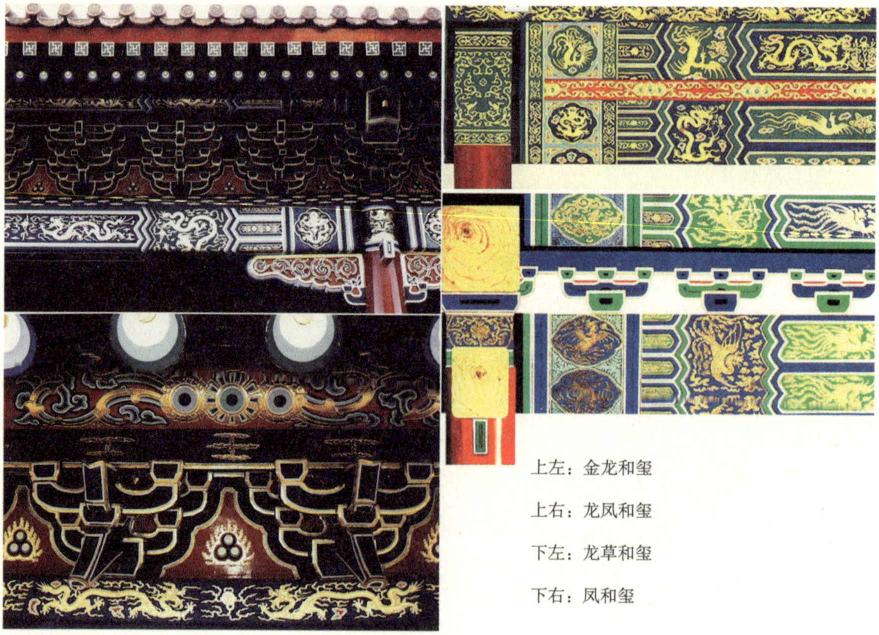

上左：金龙和玺

上右：龙凤和玺

下左：龙草和玺

下右：凤和玺

图 180　和玺彩画类型

② 旋子彩画

旋子彩画俗称“学子”“蜈蚣圈”，等级仅次于和玺彩画，其画面用带卷涡纹的花瓣，即所谓旋子，有时也可画龙凤，两边用折线状文饰框起，可以贴金粉，也可以不贴金粉。一般用于次要宫殿或寺庙中（图 181）。旋子彩画最早出现于元代，明初即基本定型，清代进一步程式化，是明清官式建筑中运用最为广泛的彩画类型。

旋子彩画在每个构件上的画面均划分为枋心、藻头和箍头三段（图 182）。

上左：北京东岳庙大殿上的旋子彩画

上右：北京故宫凤彩门上的旋子彩画

下：明代旋子彩画小样

图 181　旋子彩画

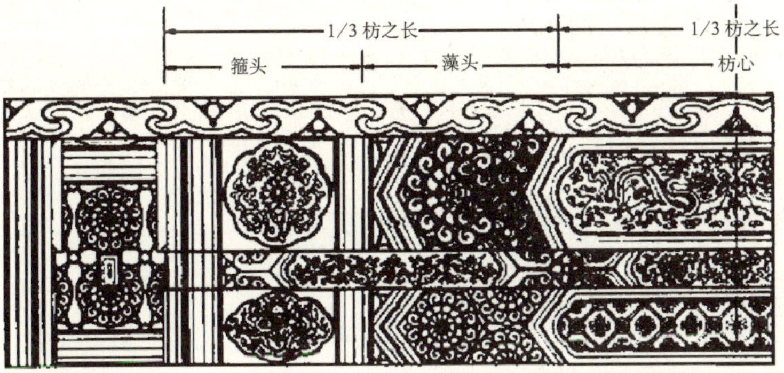

图 182　旋子彩画示意图

明代旋子彩画用金量小，贴金只限于旋眼，其余部分多用碾玉装的叠晕方法做成，枋心中只用青绿颜色叠晕，不绘任何图案，藻头内的图案根据梁枋高度和藻头宽窄而调整，箍头一般较窄，盒子内花纹丰富（图 183）。

清代旋子花纹和色彩的使用逐渐趋于统一，图案更为抽象化、规格化，形成以弧形切线为基本线条组成的有规律的几何图形。每根梁或枋的中部三分之一处作为枋心，内置彩画主题，主题是龙并贴金的就称金龙枋心，主题是五彩花卉未贴金箔的就称花锦枋心，青绿底色上仅绘一道墨线的称一字枋心，只刷青绿底色的称空枋心（图 184）。藻头中心绘出旋眼，旋眼环以旋状花瓣二至三层，由外向内依次称为头路瓣、二路瓣、三路瓣。旋花基本单位为“一整二破”（即一个整团旋花、两个半团旋花），视梁枋构件的长短宽窄组合，又有勾丝咬、一整二破加一路、加两路、加勾丝咬、加喜相逢等多种形式。岔口线和皮条线由明代的连贯曲线改为斜直线条。

旋子彩画可细分为金琢墨石碾玉、烟琢墨石碾玉、金线大点金、墨线大点金、金线小点金、墨线小点金、雅伍墨 7 个档次。

③ 苏式彩画

苏式彩画等级低于前两种。苏式彩画，便是从江南的包袱彩画演变而来的，一般用于园林中的小型建筑，如亭、台、廊、榭以及四合院住宅、垂花门的额枋上，其梁枋彩画不用龙、凤、旋子图案，而采取了一些写实画题，如各种花鸟鱼虫、山水、人物故事等（图 185）。

苏式彩画底色多采用土朱色、香色、土黄色或白色为基调，色调偏暖，画法灵活，题材广泛，画面为山水、人物故事等，两边用折线状纹饰或弧线形纹饰框起，被称作“包袱”（图 186）。

明永乐年间营修北京宫殿，大量征用江南工匠，苏式彩画因之传入北方，历经几百年变化，苏式彩画的图案、布局、题材以及设色均已与原江南彩画不同，尤以乾隆时期的苏式彩画色彩艳丽、装饰华贵，又称“官式苏画”（图 187）。清代，官修工程中的苏式彩画内容日渐丰富，博古器

上：北京智化寺万佛阁梁下彩画（明）
下：北京太庙戟门天花内脊檩、枋彩画（明）

图 183　明代旋子彩画

一字枋心墨线大点金旋子彩画

龙纹、锦纹和旋子纹彩画

旋子彩画

图 184　不同主题的旋子彩画

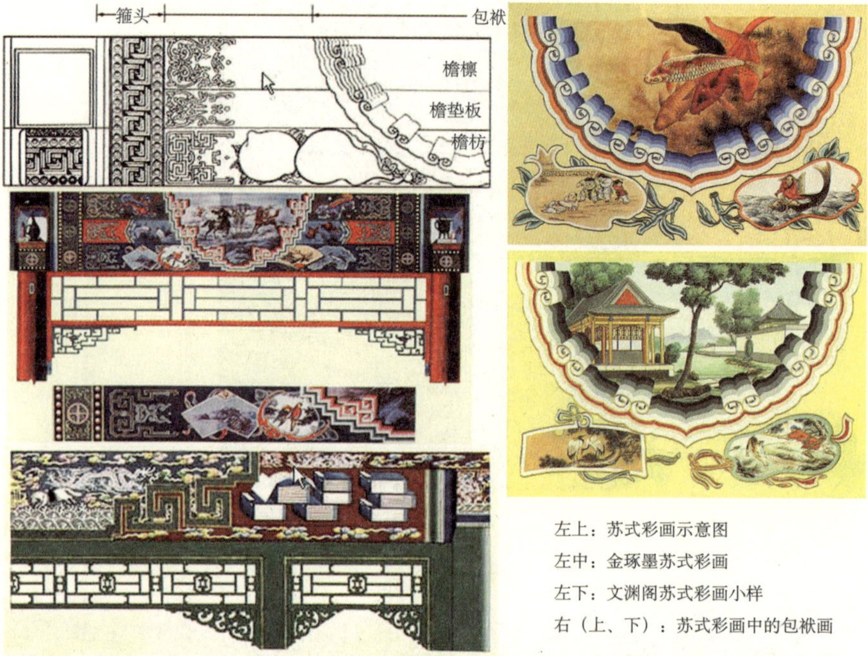

左上：苏式彩画示意图
左中：金琢墨苏式彩画
左下：文渊阁苏式彩画小样
右（上、下）：苏式彩画中的包袱画

图 185　苏式彩画

物、山水花鸟、人物故事无所不有，甚至西洋楼阁也杂出其间，其中以北京颐和园长廊的苏式彩画最具代表性（图 188）。

1.3 彩画的主要手法

彩画用的颜料以矿物颜料为主、植物颜料为辅，加胶和粉调制而成。矿物颜料覆盖力强，经久不变色，有的有毒，能起到一定的防虫作用。

历代彩画虽在图案、用色、做法上有所不同，但长期以来形成一

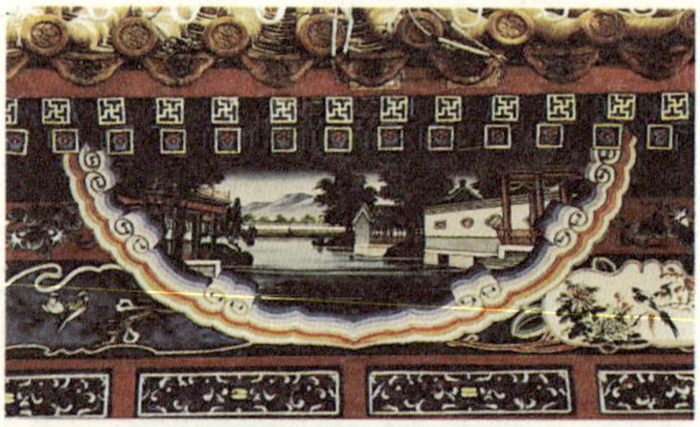

苏式彩画包袱画——线法山水

苏式彩画包袱画——墨山水

图 186　苏式彩画包袱画

清晚期包袱式苏式彩画

清中期包袱式苏式彩画

图 187　清中晚期包袱式苏式彩画

图 188　颐和园苏式彩画

些具有稳定性的手法，如叠晕、间色、沥粉、贴金等。[①]

（1）叠晕

叠晕是指用同一颜色调出二至四种色阶，依次排列绘制装饰色带的手法。“叠晕”一词始见于《营造法式》，用在构件外缘时，深色在外；用在构件中图案四周时，浅色在外。内外叠晕间各留一白道后填底色，称剔地。这样画出的彩画可突出构件形体和主要图案。两组叠晕相并时，浅色在内，称为对晕。明清画作称叠晕为退晕，使用很普遍。

（2）间色

间色是指在建筑相邻各间的同类构件上，或在同一构件的不同段落或分件上有规律地交替使用几种冷暖、深浅不同的底色的手法。如在青地上画红绿花，绿地上画青红花，红地上画青绿花，间隔排列，以较少的颜色造成较富丽的效果。在明清彩画中，以青绿相间为定法。

（3）沥粉

沥粉是指用胶、油、粉调成膏，在彩画上画凸起的线，上覆明亮颜色，以加强彩画立体感、层次感的手法。这种手法最早的实例见于长沙马王堆一号西汉墓漆棺，在宋元壁画上大量出现，在明清建筑彩画中广泛应用。

（4）贴金

贴金是指用胶画线和图案，上贴金箔的手法，可以调和不甚协调的色彩间的关系，辉煌璀璨，多用于重点装饰。[②]可以平贴片金，也可以沥粉贴金。建筑彩画的沥粉贴金是在宫殿庙宇最主要最尊贵的单体建筑物中才有，一般也只是在画体的重点的轮廓和线道分界处贴金，为了突出效果，贴金部位要上一层土粉子打底然后用油贴附金箔。

① 中国大百科全书编辑部：《中国大百科全书·建筑、园林、规划卷》（第三版），中国大百科全书出版社 2004 年版，第 33 ～ 34 页。
② 同上。

1.4 彩画的一般工艺流程

（1）丈量起谱

丈量起谱，就是绘制彩画的画稿。先将彩画构件的部位、长度、宽度丈量并记录清楚，再以牛皮纸配纸，如不够长可进行拼接。

彩画图案一般上下左右对称，配纸够图案的二分之一长，然后“折中”，即将纸上下对折即可，并按间、次间、梢间依次配齐，然后扣除“老箍头”伏箍头，再按间用炭条在纸上绘出所要的画谱，名为“起谱子”，也就是彩画稿。

（2）磨生、过水

磨生，又称磨生油地，即用砂纸打磨蘸过生桐油并已干透的油灰地仗表层。磨生的作用一是磨去即将施工的彩画地仗表层的浮灰、生油流痕或生油挂甲等瑕疵；二是使地仗表面形成细微的麻面，以利于彩画的沥粉、着色等。过水，即用净水布擦拭磨过的生油地的表面，使之彻底去掉浮尘。无论磨生、过水，都要求做到不遗漏。①

（3）合操

合操是油灰地仗磨生、过水后的下一道工序，是用较稀的胶矾水加少许深色涂料均匀地涂刷在地仗表面，其作用有二：一是使得经磨生、过水已经变浅的地仗色，再由浅返深，利于拍谱子时花纹的显示。二是防止下层地仗的油气上咬，利于保持及体现彩画颜色的干净鲜艳。②

（4）分中

分中，即在构件上面标画出中分线。一般多做在水平大木构件上，把水平构件的上下两条边线取中点并连线，此线即为该构件的中分线。同开间立面，长度大体相同的各个构件（如檩、垫、枋三件）的分中，以最上端构件的分中线为准，向其下做垂直线，为该间各构件的分中线。构件的

① 蒋广全：《中国清代官式建筑彩画技术》，中国建筑工业出版社 2005 年版，第 205 页。
② 蒋广全：《中国清代官式建筑彩画技术》，中国建筑工业出版社 2005 年版，第 205 ~ 206 页。

分中线，即彩画纹饰左右对称的轴线，该线是专用为拍谱子标示所必须依的位置线，一经刷色便不复存在。[①]

（5）**打谱子**

将谱子纸定位摊平于构件表面，用粉袋循孔拍打，使色粉透过针孔印在地仗上。再以谱子中线对准构件中线摊实，以粉袋扦谱子拍打，使构件上透印花纹粉迹，谓之“打谱子”。

（6）**描红墨与摊找活**

描红墨与摊找活是清式彩画中的工序。

描红墨是清早中期拍谱子后的一道工序，该工序是运用小捻子蘸入红土子色胶，描画校正补画拍在构件上的不端正、不清晰或少量漏的纹饰。描画出不起谱子的花纹，如挑尖梁头、穿插枋头、三岔头、霸王拳、宝瓶、角梁等构件上的纹饰。这道工序，清晚期逐步被“摊找活”所取代。其方法及作用，与描红墨基本相同，不同的只是改红墨为用白色粉笔描绘纹饰。[②]

（7）**号色**

号色即在彩画施工涂刷颜色前，按彩画色彩的做法制度，预先对设计图、彩画谱子或对彩画纹饰的各个具体部位，运用彩画专用的颜色代号，做出具体颜色的标识，用以指导彩画施工的刷色。[③] 彩画使用色彩较多，拍好的谱子有些地方面积较小，写不下颜色名称，为清楚标明各部位使用色彩，古匠师用代号注在彩画用色部位，例如：六代表洋绿，七代表佛青，八代表石黄，九代表紫色，十代表烟色，三代表香色，丹字代表樟丹，白字代表粉，工字代表银朱，等等。如果是二绿、三绿色，用二六、三六代替；二青、三青用二七、三七代替。这些代号一直沿用至今。

（8）**沥大小粉**

沥粉前先将粉浆装在沥粉器中，然后通过手的压力将粉浆由粉尖挤出，

① 蒋广全：《中国清代官式建筑彩画技术》，中国建筑工业出版社2005年版，第205～206页。
② 蒋广全：《中国清代官式建筑彩画技术》，中国建筑工业出版社2005年版，第205页。
③ 蒋广全：《中国清代官式建筑彩画技术》，中国建筑工业出版社2005年版，第206页。

沥于花纹部位上叫作“沥粉”。沥粉时要根据谱子线路，如五大线（箍头线、盒子线、皮条线、岔口线、枋心线），用粗粉尖沥，叫“大粉”。大粉宽度在5mm左右，两线间距为一线宽度。金琢墨单粉条，叫二路粉。粉条成半圆形，龙凤花纹云等叫“小粉”。

（9）**刷色**

大木刷色，以明间挑檐桁箍头刷青色彩为准，叫“青箍头、青楞线、绿枋心”，次间为“绿箍头、绿楞线、青枋心”。次间、梢间又相互调换，如其间数多者，均以此类推。

刷色的顺序是，先上后下，先里后外，先小处后大面。每刷完一个色后要认真检查，不能刷错，将色刷得无绺无节，均匀一致。

（10）**包黄胶**

单粉条和双粉条多数要贴金箔，为了衬托金箔光亮，在贴金箔前要包一道黄胶衬托金箔的光亮，可避免因金箔有砂眼和口露出地来。黄胶是用石黄、胶水和适量的水调制而成的（也可用光油、石黄、铅粉调制成“包油胶”）。

（11）**拉晕色、拉大粉**

将浅青色（三青三绿）刷于金线两侧，由浅至深，叫“拉晕色”。箍头晕色宽度一般为箍头的1/3，其余要根据实际情况决定。靠金线画一道白线，叫“拉大粉”。粗细以晕色的1/3为合格，这条白线还可以起到齐金作用。拉晕色时要用尺棍，用小刷按晕色的位置、宽窄适当拉好，曲线部位按曲线拉。最后用刷子将晕色拉匀。凡有晕色之处，靠金线必须拉大粉，做法与晕色相同。较细的白粉道，是顺着草花纹样的三色外缘，画一道细的线，叫作“行粉”。

（12）**压老**

一切颜色都描绘完毕后，用最深的颜色如黑烟子、砂绿、佛青、深紫、深香色等，在各色的最深处的一边，用画笔润一下，以使花纹突出，这叫

“压老”。在死箍头正中画一黑线，名叫“陶”。檩头、柱头刷黑，名叫“老箍头”。攒活最后一道的深色，名为“攒老”，如硝红地攒银朱，深紫压老；石黄地攒香色，深香色压老；三绿地攒砂绿，深砂绿压老。

（13）**打点活**

打点活，即收拾找补已基本完成的彩画。彩画成活后需认真进行检查，有无遗漏、弄脏之处，然后用原色修补整齐，后又自上而下打扫干净，这些工作，称为“打点找补”。彩画的这种打点找补完成后才算全部过程完工。

1.5 彩画的贴金与扫金

（1）**贴金**

金箔是我国手工艺产品，驰名中外，其质量数库金最好，适用于外檐彩画，经久不变的颜色。大赤金质量较差，风吹日晒易于变色。

（2）**扫金**

扫金多作于面积较大的地方，因贴金会有一方块一方块的痕迹，而扫金则面为一个整体，但用金量较大。

（3）**沥粉贴金**

用装有胶和土粉混合成的膏状物的尖端有孔的管子，按彩画图案描出隆起的花纹，上面涂胶后贴以金箔。这样画出的图案有立体感。

2. 油饰

最初用来堵塞墙体或地面的缝隙并作为护面层，使壁、地面光洁平整，以消除或减少毛细现象，并改进了室内采光。在仰韶文化早期的半穴居中，已有在穴底和穴壁抹细泥面层的例子。陕西西安半坡早期遗址也发现用于建筑屋盖的草筋泥表面抹有白细泥土光面。由此可见，表面抹泥是我国最古老的粉饰手法。

在砖墙大量使用后，除清水墙外，多数壁体表面仍用粉刷。其目的于室外主要是为美观，于室内是为了清洁和改善采光，至于原来对墙体的保护功能，则显然退居次要了。

明代后期出现了大量油饰地仗。地仗是木构表面的涂饰保护层，早期木构表面是基本上不施涂地仗，就是用水胶、油或漆调成绘画颜料直接涂在木构上，这也起到了保护木构的作用。后来，人们把桐油、淀粉、砖粉、麻布、面粉混合起来，在木构表面裹上一层厚厚的保护壳，俗称“披麻挂灰”。

在明代以前，中国古建筑的房梁尤其大体量的构件，如梁、枋、柱都是用一整根木头加固而成。发展到明代后期以后，逐渐就变成由若干较小的木件拼攒成后再用铁箍加固起来。这是因为长期采伐树木过量，再采伐困难了。其次，科技发展了，用若干小木头拼成柱子也可以。因而，当用小木件拼成粗大的建筑构件时，构件表面很不平整，只有利用油灰筑成表面完整成形、光滑的保护壳，才好施以彩绘，这也从客观上带来油饰地仗的发展。

中国传统木构建筑的油饰工程可分为三大工序：清理底层、地仗、刷饰。

清理底层的主要目的是将材料表面清理干净并做初步处理，为下一步做好准备并使地仗与构件结合紧密。主要有斩砍、挠、洗、烧、除铲、撕缝、剔、刻、刮、磨活、汁浆等工序。

地仗的目的是为最后的油饰提供一个平整光滑的表面。简单来说，就是将油灰和麻混合并均匀地裹在构件表面，经过捉缝灰、扫荡灰、使麻、压麻灰、中灰、细灰、磨细钻生等工序最后成型。

刷饰。我国旧式油漆，均以光油为主，其中加入樟丹、银朱、广红等颜料，以丝头蘸油搓于地仗上，使油均匀一致，干后光亮饱满，油皮耐久，永不变色。其操作工序如下：浆灰，批细腻子，垫光头道油、二道油（本色油）、三道油（本色油），罩清油（光油）。

3. 雕刻

3.1 木雕

木雕在我国古代主要用于装饰和工具，而装饰领域则以建筑装饰用的最多，它们随着建筑本身的保存而流传下来。木雕雕饰包括建筑梁架构件装饰、外檐装修和室内装修，是建筑结合构架及构件形状、利用木材质感进行雕刻加工、丰富建筑形象的一种雕饰门类。

木雕材料选用初步应以木材质地精美、纹理细致、无疤节及开裂之情况为主，其次对于各种材质之木料做不同之施工，软材类如桐杉以透雕为主，硬木类则以毛雕（凹雕）为主，中等木材可作为浮雕之用，富有韧性之材料可为全雕（圆雕）之用。适于木雕的材料有黄杨木、檀香木、桧木、樟木、黑檀、紫檀、白檀等，其中黄杨木纹理细致、有美丽的外皮、坚硬，适合雕精致纹饰或小件器物；此外檀香木、沉香木及桧木有香气，常用于佛像雕刻；檀木、樟木、楠木常用于建筑及家具上，其气味芳香可防虫蛀。

木雕所用材料内外檐雕刻有所不同，外檐装修（包括大木）雕刻，一般用质地较松软的木材，如红松、椴木等，以防风吹日晒变形，而室内装修，则常用质地较硬、色彩雅致古朴的木材，如红木、花梨、紫檀、黄菠萝、樟木、楠木等高级木材。明清时期的木雕工艺，还常同其他工艺结合起来，在上面做翡翠、珠玉、珊瑚、螺钿、象牙之类镶嵌，使装修更加华丽典雅。①

一般而言，木雕匠师依大、小木作而分称“大木师傅”与“小木师傅”，其制作程序皆由纸上绘白描图案、粗坯、细坯和修饰四个步骤，完成后始作油漆保护木料与彩绘装饰美化。整体而言，雕刻方法可分为混雕、剔地雕、

① 马炳坚：《中国古建筑木作营造技术》，科学出版社 1991 年版，第 314 页。

线雕、透空雕、贴雕几大类，但是在不同的地域、不同的风俗习惯的影响下，建筑木雕的形式和雕刻技法的运用也不尽相同，木雕风格呈现出各自的特点。

北方皇家建筑和各类宫式建筑中的木雕往往刻工精细繁复，装板一般采用线刻、浅浮雕和贴雕等手法，多采用如意图案。垂花门的垂花以圆雕手法雕刻出各种花卉图案。飞罩则采用透空雕，刻工精良，层次丰富，形象生动。北方民居建筑木雕则质朴敦厚，通常“髹以桐油”，很少彩绘，大构件木雕粗枝大叶，盘旋缠绕，牵连牢固，细部则精雕细刻，注重装饰性。江南传统建筑多属民间宅院，由于制度限制，建筑面积有一定的规范，因而只能在装饰上多花费心思和财力。所以，江南地区的民间木雕精致古雅，构思巧妙，有中国绘画的意境和趣味（图 189）。

图 189　徽州民居木雕

3.2 砖雕

砖雕俗称“硬花活”，是建筑中特有的一种雕刻工艺，古代是在青砖上雕刻出人物、山水、花卉等图案，主要用于装饰寺塔、墓室、房屋等建筑物的构件和墙面，砖雕由陶艺、石雕等工艺发展而来，砖雕装饰是中国民间建筑最重要的特色之一，它熔铸了民间艺人的精湛技艺和各具特色的地域文化，与皇家建筑的华丽、严谨与程式化相比，浩如烟海的民间建筑雕饰却显得质朴、清新、不拘一格，其装饰题材也包罗万象，不仅反映了民间百姓的传统思维方式、文化观念与伦理准则，同时也寄托着人们世世代代的美好企盼与吉祥意愿。民间建筑的砖雕，主要用于外装修的建筑部位，如照壁、门头、什锦窗、墀头、檐板、廊心墙、山尖、院墙、透风、屋顶等部位（图 190、图 191、图 192、图 193、图 194）。

图 190　圆形“团龙”山花砖雕

图 191　正方形的砖雕为高浮雕戗檐

图 192　北京四合院如意门上的砖雕栏板

图 193　北京大殿屋顶上常见的砖雕鸱吻

图 194　北京四合院砖雕门楼

雕刻技法大致有平面雕、浅浮雕、深浮雕、透雕、圆雕、阴刻等。

传统砖雕基本沿袭明、清的做法，主要工艺有烧活、搕烧、凿活和堆活。

烧活是用泥塑或模压方法使砖坯成型，然后入窑烧制的工艺，特点是易于加工，成本低，但造型层次少，精细不足，这是最古老的一种工艺。

搕烧是在烧活的基础上进一步加工雕刻的技法，比烧活费工费时，但成品刚柔相济，线棱挺括、层次清晰，适于近观。

凿活是直接在成品砖上打凿、雕刻的工艺，又分阴线、平活、浅活、深活、透窟窿、透活、圆身等做法，技法全面，表现力最丰富。

堆活是砖雕的旁系，包括“堆”“镂”两种技法，在砖上以灰堆塑造型称之为“堆”；在抹灰的作业面上刻阴线称之为“镂”。以堆活完成的作品称之为“堆灰”或“影塑”。

3.3 石雕

我国石雕历史悠久、品种繁多，从用途上看，大致分为三类：一是用于建筑构件和装饰，如台基、柱础、栏杆、牌坊、石狮、石人、石兽及拴马柱等；二是为宗教服务的神佛造像，如山西云冈石窟、甘肃麦积山石窟、河南龙门石窟等；三是供室内陈设的欣赏品和具有实用功能的生活用品，如案头摆件、砚台及蒜臼、压石等。虽然这些石雕大都出自民间无名石匠之手，却表现出了令人折服的精湛技艺。石雕工艺在民间主要应用于民居住宅、祠堂、庙宇、牌坊、亭、塔、桥、墓等建筑局部和构件上，如门楣、抱鼓石、台基、石柱、柱础、拴马石、栏杆、望柱等部位。[①]

① 张道一、唐家路：《中国古代建筑石雕》，江苏美术出版社 2006 年版。

石雕手法主要有圆雕、浮雕、透雕、镂雕、沉雕等，在 20 世纪 60 年代又出现了影雕手法。

石雕主要经过开荒、刻画、磨光等工序完成，可参阅本书“石作”一章的相关内容。

4. 中国传统家具制作工艺

中国传统家具的发展源远流长，由于受民族特点、风俗习惯、地理气候、制作技巧等不同环境的影响，家具在类型、材质、结构、制作和工具运用等方面发展了一整套的工艺精湛技术体系。中国传统家具（这里指的主要是室内家具）以木材为主，也使用竹材和其他材料，类型丰富，形式多样。作为传统木工行当重要内容之一的传统家具工艺，是在家具制作史的发展中形成的，有一定的历史文化理论与工艺实践传承性。

人类家具意识的起源要比对居所的需要早得多。远古时代的人类以狩猎、捕鱼为生，居无定所，因而没有固定的居民点。但是，奔跑、行走和站立都会使身体疲劳，同时坐、躺和睡眠等行为需要一定的实物支撑。原始人类逐渐发现坐在圆木头或石墩上，可以避免与地面上的灰尘与湿气直接接触，同时也方便了坐与站，而睡在铺满落叶、茅草上或以兽皮为席或躺倚于拼起的几根树枝上也比直接睡倚在潮湿的地面上舒服得多。于是为了避寒暑隔潮湿，人们用茅草、树叶或兽皮为席，以树桩、石块作墩，形成最初的原始家具雏形。考古学家在发掘山西襄汾县陶寺村新石器时代晚期遗址时，从器物痕迹和彩皮辨认出随葬品已有木制长方平盘、案俎等，这是迄今发现的最早的中国木家具。

当木构建筑出现，人类脱离原始的穴居生活后，家具又随之得到新发展。夏商周开始，家具的各种类型都已出现。商周甲骨象形文字已达到四千余字，其中有一些直接反映这一时期的卧具，如“席”字示一长方形编为人字纹的席；“缩”字示一人卧于席上。床是席的发展，是对“席地而卧”的改善。“床”字示一有床腿支撑的平展床面，“疾”字示一病人卧于床上。

战国时，漆木家具处于发展期，青铜家具也有很大的进步。木家具如几、案、床类形体较大的家具，多为框架结构，以榫卯连接。常用的榫接形式有十字搭接榫、闭口贯通榫、闭口不贯通榫、开口不贯通榫、明燕尾榫等。如信阳楚墓出土的大木床、雕花漆几、木俎等，在足与框架、足与案面、屉板木梁与边框、围栏矮柱与床框之间的连接，就采用了以上各种榫接方法，结合牢固，外形美观。几、案类家具的足底，常加一根横木，称为“桧”（“桧”通“跗”，为家具之足），它既能支撑和固定器足，又能保护器足。这些结构经历代不断改进、发展，形成中国传统家具的重要特征，并沿用至今。

秦汉时期的家具类型又在春秋、战国的基础上发展到床、榻、几、案、屏风、柜、箱和衣柜等。不过，由于席地而坐，几、案、衣柜和睡眠的床、榻都很矮。几在春秋战国时多置于床上作凭倚；案到汉代多设于床前或榻的侧面，案面逐渐加宽加长；屏风呈两面或三面形，围在床的后面和侧边。至东汉末时，胡床也由西域传入中原，胡床是西北游牧民族的一

图 195　吴道子《维摩诘像》中的胡床

种可折叠的轻便坐具，坐时垂足（图 195）。由席地坐演进为垂足坐是家具史上的大变革，这一时期制作家具的材料较为广泛，除木材外，还有金属、竹、玻璃、玉石等。

魏晋南北朝是中国历史上的民族大融合时期，各民族之间文化、经济的交流对家具的发展起了促进作用。凳、扶手椅等原本是少数游牧民族或者是西亚、古印度的高式坐具于此时传入中原地区。这一时期是高式家具和矮式家具的并存期，新出现的家具主要有扶手椅、束腰圆凳、方凳、圆案、长杌、橱，并有笥、簏（箱）等竹藤家具。席地而坐的传统生活方式尚未完全改变，但垂足坐的生活方式毕竟很方便，已经被越来越多的人们所接受。床已明显增高，可以寝床垂足，并加了床顶、床帐和可拆卸的多折多牒围屏。家具的脚形有直脚、弯脚。须弥座的造型结构被引入家具之中，成为新式家具的支撑构件。

隋唐五代时期，家具发展的主要特点，一是进一步向高型发展，表现在坐类家具品种增多和桌的出现。家具高型化对住室高度、器物尺寸、器物造型装饰也产生一系列影响。二是家具向成套化发展，种类增多，并可

图 196　五代　顾闳中《韩熙载夜宴图》局部

按使用功能分类，如坐卧类、承物类、贮藏类、架具类等。五代画家顾闳中在《韩熙载夜宴图》中就描绘了成套家具在室内陈设、使用的情形（图 196）。

宋代是中国家具承前启后的重要发展时期。首先是垂足而坐的椅、凳等高脚坐具已普及民间，结束了几千年来席地而坐的习俗；其次是家具结构确立了以框架结构为基本形式。另外，家具在室内的布置也有了一定的格局。在结构上，壶门结构已被框架结构所代替；家具腿断面多呈圆形或方形，构件之间大量采用割角榫、闭口不贯通榫等榫结合；柜、桌等较大的平面构件，常采用“攒边”的做法，即将薄心板贯以穿带嵌入四边边框中，四角用割角榫攒起来，不但可控制木材的收缩，而且还起到装饰作用（图 197）。

此外，宋代家具还重视外形尺寸和结构与人体的关系，工艺严谨，多数以直线部件交结而成，外观挺秀刚直。宋代家具的种类有开光鼓墩、交椅、高几、琴桌、炕桌、盆架、座地檠（落地灯架）、带抽屉的桌子、镜台等，各类家具还派生出不同款式（图 198）。

明朝中叶，随着手工业的进一步发展，家具成了流通的商品，许多文人雅士参与了室内设计和家具造型研究。这些都促成了明代家具的大发展。明代家具在继承宋代家具传统的基础上，发扬光大，推陈出新，不仅种类

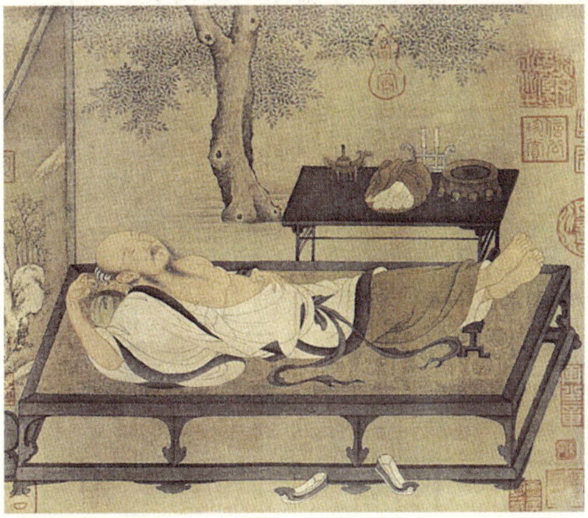

图 197《槐荫消夏图》

图 198　宋代开光圆墩

图 199　明代家具

图 200　清代罗汉床

齐全，款式繁多，而且用材考究，造型朴实大方，制作严谨准确，结构合理规范，逐渐形成稳定、鲜明的明代家具风格，把中国古代家具推向顶峰时期（图 199）。

清代的工匠崇尚在一件家具上同时采用几种工艺手法，如雕刻加镶嵌，彩绘加贴金、包铜或珐琅等，材料的运用也趋多样，常见的有家具上加玉、牙、藤、瓷等等。处理手法比起明代更趋多样化、复杂化。如这一时期出现的紫檀嵌瓷扶手椅、玻璃香几、嵌玉璧插屏、掐丝珐琅宝座等都是清代特有的家具装饰技法（图 200）。在家具转型过程中，在相当程度上仿效和借鉴了建筑大木结构技术，形成了唐宋以后家具的新面貌。清末以后，中国传统家具的发展，又面临着新的变化和转型，即西方化和近代化。

第十五章

独具特色的中国传统建筑营造技艺

传统建筑工艺是一个国家或民族历史文化宝库中的一颗璀璨明珠，是构成当地历史传统、地域特色和民族文化的重要因素之一，不仅对于研究当地人类文明的演进具有重要意义，而且对于展现世界文化的多样性具有独特作用，是人类共同的文化财富。

1. 侗族木构建筑

侗族祖先在魏唐之时，就有干栏式建筑，至今已有一千多年的历史了。《魏书·僚人》就有 “依树积木，以居其上，名曰干栏”的记载。侗族，属古代越人的一支，其木建筑有民居（木楼）、鼓楼、风雨桥、寨门、井亭、凉亭等，种类繁多，以风雨桥、鼓楼为代表，至今仍然保持了古代干栏式建筑的一些基本特征。

1.1 侗族木构建筑的主要类型

侗族的居民住房属于典型的山地干栏式木楼建筑。房屋依据地形地势的变化表现为不同的建筑形式，可分为高脚楼、吊脚楼、矮脚楼、平地楼等类型，高脚楼和吊脚楼是最为典型的干栏式木楼建筑。

高脚楼是侗乡传统的住房建筑，一般高二三层。规模较大的高脚楼面宽三四开间，进深九柱，高达四层。四壁用木板开槽密镶。为了通风，楼上部分开间不镶板壁而设木栏杆。楼两侧建栏杆护廊，顶部覆护檐，可以防晒防雨。整个建筑稳重而不呆板。这种楼大部分为悬山顶。古代都用杉木皮盖顶，从汉族地区引进烧瓦技术后，均以青瓦铺顶。高脚楼的底层不住人，是堆放农具杂物、饲养禽畜或置碓舂米之所。二层以上才是人们生活之处。

吊脚楼是高脚楼的一种变体，是一种前虚后实的楼房。吊脚楼，即房屋撑柱悬空不落地，因地制宜而建。吊脚楼立于平地，吊脚半边楼建于倾斜度较大的山坡上，后半边靠岩着地，前半边以木柱支撑，楼屋用当地盛产的木材建成。坡面开成上下两级屋基，下级竖较长柱，上级竖较短柱，使前面半间楼板与后面半间地面平行，形成半边楼。木柱木墙木楼板，楼皆建于数米高的石保坎上，房架高 6 ~ 7 米。每排柱的最外一根下部被截去，其高度与上面的屋基约略相同，形成吊脚柱，“吊脚楼”因此得名。

矮脚楼已不属于干栏式建筑。它以地面为基，不搭楼板。这种楼节省木材，但底楼比较潮湿。住矮脚楼的人家往往又在楼的两端配以偏厦灶房。畜圈禽舍则在屋外另建。

侗家的住房一般一家一幢，也有兄弟数家合一幢的。在地势平坦开阔的地方，常常是屋宇相连，房檐相接，屋廊相通，上一楼梯可达几家、十几家。

在流行侗戏的地方，很多村寨建有戏台（图 201）。戏台多设在寨子中间或紧靠鼓楼坪。侗族人民饮用泉水。一般在寨里或寨边都有精心修建的井泉。

侗寨周围和寨里分布着许多池塘，常年贮满着水，放养鱼儿。这些池

图 201　侗族戏台

塘并不专为养鱼，主要为了防火。特别是上百户的大寨都要在寨子中间修建池塘。有的在池塘中栽种莲藕。夏日荷花亭亭，莲香阵阵，又美化了环境。池塘已经构成侗寨不可缺少的组成部分。

鼓楼建筑结构多为密檐式宝塔形，一般结构是：上八边形、正六边形、四边形，还有独柱形，楼体立面有一层、三层、五层、九层、十一层乃至二十一层不等，顶部有悬山式、歇山式和攒尖式等。在攒尖式中，又有双叠顶和复叠顶。侗族鼓楼以四柱居多，以四根大立柱支撑，柱与柱之间用大柱以榫头穿连，外侧再竖起四根丈余高的柱子与四根枋的榫头穿连形成外柱，加檩和椽盖瓦形成下檐。又在内大柱的枋上再竖第二层外柱层层往上加。从第二层起每层外柱的高度明显缩短 1.3 米左右，每上一层，木枋亦须缩短一定尺寸。外柱层层加到与主承柱顶端平行后，再在顶上竖四根高约 3 米的鼓阁架子的柱子，阁架正中有一根中心柱，柱脚嵌在内主承柱的中部榫头穿枋部位的交叉柱上。中心柱与阁架上端平行以四根或八根穿枋相连接，呈辐射状榫头结构。鼓楼的六柱、八柱结构也大同小异。

侗族风雨桥，集亭、塔、廊、桥于一体，不仅建筑风格独具特色，而且其工艺水平高，被建筑学家们称为“榫卯抵承梁柱体系之大观”。风雨桥的上部结构，特别是亭、塔的内部结构其设计和工艺与鼓楼相似。风雨桥的下部结构，在墩台之上，采用密式悬臂托架简支梁体系。这一体系，在力学方面的运用达到了很高的程度，为建筑学家们所叹服。

1.2 侗族木构建筑的基本特征

侗族的木建筑古朴典雅，源远流长。由于一代代能工巧匠的传承与发展，形成了独特的建筑形式和精巧的民间工艺技术，并在其中寄托了侗族人民厚重的文化心态和审美追求，从而显示了它的基本特征：

①建房师傅仅用简单工具就能建造庞大木建筑的特殊才能，显示了民间工匠在长期的社会实践中积累和形成的民间工艺的手工性特征。

②侗族木建筑的传承没有文字记载，而能代代相传，它的传承方式，显示了侗族民间工艺特殊的口传身授的师承性的传承特征。

③侗族木建筑上的飞檐翘首、雕梁画栋，既有侗族人民的文化观念，也有民族的审美追求。这种相对独立又共同发展的文化现象，显示了侗族建筑的共存性特征。

④戏台、鼓楼坪的芦笙踩堂、节日庆典、婚丧娶嫁等活动，表现出建筑与文化紧密结合、相辅相成的依存性特征。

⑤围绕风雨桥、鼓楼举行的禳灾祈福、祭奠祖先、祈求风调雨顺等各种祭祀活动，显示了当地民族传统中的民间信仰特征。

⑥鼓楼所特有的讲演、集会、议事功能，显示了当地宗族观念和民族团结的群体性特征。

1.3 侗族木构建筑的营造技艺

侗族木构建筑汇聚成群落依山傍水，无论是结构复杂的鼓楼、风雨桥，还是较为简易的凉亭、吊脚楼建筑，其造型都独具特色，鼓楼在民居中凌空而起，威严挺拔；风雨桥飞檐翘首，卧江舒展；民居星点棋布，错落有致。这些形式各异、造型独特的楼、桥和民居建筑被技艺高超、经验丰富的匠师们设计和制造。

侗族工匠的建屋技术完全靠祖传和在实践中掌握。在实际工作中他们创造了十三个独特的建筑字符，这些字符在“丈杆”和大大小小方条木上标得密密麻麻。精明的建筑师们根据这条丈杆，造出了许多精美而宏伟的建筑。鼓楼的设计师和其他建筑的设计师不同，他们设计不绘制图纸，而是根据所建鼓楼的尺寸要求，如底层平面尺寸、重檐数、鼓楼高度等相关数据，凭着祖传和实践中总结的经验，先设计小样，用竹竿制作小样，然后按比例放大小样。

在建筑鼓楼过程中，掌墨人是至关重要的，他具有丰富的建筑经验，他是建筑过程中的总指挥，从选材到木料加工（进行卯眼、榫头的加工），最后到鼓楼的搭建（也即组装），成千上万根梁、枋、柱，全部都是杉木榫接，大小条方横穿直套，纵横交错，组建起一座座宏伟壮观的鼓楼。

（1）建筑用材

民居建造技术中对“就地取材，因材致用”原则的运用最为突出。各地民居中几乎将土、砖、木、竹、石等所有结构材料都运用了，居民可以在本地取得最便宜的材料来建造民居，中原一带长期使用木材为构架用材，其主要构架方式可分为两种。北方为抬梁式，即在柱上架叠梁条数层，再在各层梁端架椽条。此法是适应北方屋面厚重，荷载较大的特点，一则可用屋面重力保证构架稳定，另一方面这种构架可以分成构件拼装施工。南方则用穿斗式构架，即在柱上架檩，柱柱落地，柱间以穿枋和斗枋相联系，以保证构架稳定。此法是适应南方气候温和、屋面薄、荷载小、檩柱用材小的特点，这样每榀屋架可以在地面穿斗好，进行整体施工。

侗族鼓楼的建筑用材主要是杉木、竹子、桐油、白土、糯米以及猕猴桃藤。

①杉木

侗族鼓楼由上百甚至上万件杉木制作的构件组合而成，这些木构件中，除了椽子、望板外，其余全部采用榫卯接合在一起。侗族地区盛产各种木材，但唯独杉木用得最多，主要原因是杉木质地细腻、产量高、质量好、防腐、防虫、树干直，是比其他木材更优质的建筑材料。

②竹子

主要用来制作小样、丈杆和竹钉以及下料和组装时使用的竹签。竹签上标有尺寸和符号，以便在加工部件和组装时使用。竹签在建造大型建筑物中处于关键地位。小样是在建造大型鼓楼时所用的一个相当于现在人们所说的模型，但它又具有和模型不同的功能，它是为了怕工人在加工构件和组装时出现错误而制作的。而竹钉是用来放置用白土制成的小青瓦，这是整座鼓楼唯一不用榫卯的地方。

③桐油

桐油是用来对竹钉进行处理用的材料。用桐油处理过的竹钉，具有很强的耐用性、防腐性以及防虫性。

④白土

白土是用来制作屋顶用的小青瓦。用白土和水混合后先做成瓦状形，然后经高温烧制而成。

⑤糯米和猕猴桃藤

这是用来制作鼓楼层檐上的牛角、鸟或其他装饰品用的材料，是侗族人民的独创。将猕猴桃藤捣碎后用水浸泡，然后再用这些水来泡糯米，并将糯米蒸熟，最后将蒸熟的糯米和白土用浸泡过猕猴桃藤的水混合在一起，捏成牛角状或鸟状等用来装饰鼓楼的各种模样，其具有坚固性。

（2）建筑工具

“工欲善其事，必先利其器。”侗族的能工巧匠们深知工具在手工工艺活动中的重要地位，因而制备了多种工具，如钉斧、刨、钻、锯、鲁班尺、角尺、丈杆、锤、墨斗、竹签等。

①钉斧

钉斧是用来打眼用的。

②刨

刨是用来将木材的平面刨平，刨光的一种器具。

③锯

锯是用来分割木材的工具。将大块的木头锯成小的适合要求的木块。

④墨斗

墨斗是木工用来作为弹线的工具。墨斗穿穴贮墨，使丝潜染于穴中，用以正木使其成直。墨斗大多是用桑木制成的，也有用榉木制成，但使用效果不如桑木的好。

⑤鲁班尺

鲁班尺相当于现在的1.6尺，正反两面都写有字，是侗族工匠用来测量建筑物吉凶的一种工具。为了携带方便，有的甚至用牛皮纸制成。

⑥竹签

竹签是侗族工匠在建造木楼、鼓楼、风雨桥等各种木结构建筑时（尤其是大型建筑物）所必备的工具，这是侗族建筑中的精华，侗族工匠就是靠这些大大小小的竹签和丈杆而建成了许许多多宏伟的建筑。

⑦丈杆

丈杆是古建筑大木制作和安装时使用的一种既有施工图作用，又有度量功能的特殊工具。

在大木制作之前，先将建筑物的柱高、面阔、进深、出檐尺寸、榫卯位置都刻画在丈杆上，然后凭着丈杆上刻画的尺寸去画线，进行大木制作。在大木安装时，也用丈杆来校核木构件安装的位置是否准确。凭丈杆来进行大木构件的制作和安装是我们祖先留下来的传统施工方法。这种方法稳妥可靠，可避免发生差错，而且运用起来很方便，至今仍为广大工人和技术人员所采用。

丈杆分为总丈杆和分丈杆两种。总丈杆是反映建筑物面阔、进深、柱高等总尺寸的丈杆，它是确定建筑物高宽大小的总根据。在古代，建筑施工很少用施工图纸，而是凭丈杆来记录各部尺寸。总丈杆就相当于施工用的基本图纸。分丈杆是反映建筑物具体构件部位尺寸的丈杆，如檐柱丈杆、金柱丈杆、明间面宽丈杆、次间面宽丈杆等，是丈量记载各部具体尺寸和榫卯位置的分尺。分丈杆相当于施工中的具体图纸或详图。

侗族的丈杆和古时的匠师所用的丈杆在作用方面基本一样，只是制作丈杆所用的材料不同，侗族工匠使用的丈杆不是用方木制成的，而是用竹片制成的。小样是用竹子和一种类似于高粱秆的庄稼秆制成的类似于模型的框架。它的外形及结构和所要建造的鼓楼完全一样，只是大小尺寸和鼓楼不同，鼓楼是按小样放大倍数而制成的，但这并不是小样的主要用途，它的最主要作用是相当于监督员的作用，为了防止工人在下料时出现错误而造成材料及时间方面的浪费。

（3）建筑工序

组成一座完整的鼓楼骨架，需要有柱、梁、枋、檩、板、椽等多种构件。各类构件的功能各不相同，形状也不同，在建筑物中的位置不同。构件之间凭榫卯结合在一起。榫卯的形状、大小、相互之间的结合方式也有很大差别。要将数以千百计，而形状、功能、位置又各不同的构件有机地组合起来，构成一座宏伟壮观的鼓楼，要首先将单个构件准确无误地制作出来。

①制作小样

侗族的匠师们，以前从不用图纸，只是按设计要求，如鼓楼的底面形状和尺寸（一般皆为正方形）、层檐数（皆为单数）、角数（鼓楼上层角数有时和下层不同，如多为六角或八角，当然也有四角） 以及柱高等要求来制作小样。

②制作丈杆

将竹子劈开，用刨将其毛边稍加刨光，不至于刺手。横杆上用侗族所特有的符号标明柱、梁等排架的位置。纵杆上标注着柱、枋等的位置。

③取料及材料的初步加工

根据小样开列出各种构件所需材料的种类、数量、规格方面的料单。料单要列出具体的项目，比如主柱几根、檐柱几根、规格大小等等，每个构件都必须包含进去。之后应对材料进行检验，看有无腐朽、虫蛀、节疤、劈裂等进行详细检查，这是保证建筑物质量的第一道关口。

最后对材料进行初步加工（这是指画线前的加工），将荒料加工成规格材，比如枋材宽厚去荒，刮刨成规格枋材，圆材径寸去荒，砍刨成规格的柱、檩材料等。梁、枋等方形构件的初步加工。首先选择一个底面，将底面刮刨直顺、光平，待底面加工好后，再加工侧面。柱、檩类圆形构件的初步加工是取直，砍圆，刮光。

④画线

这是整个建筑过程中比较关键的一步，而且必须要由经验丰富的掌墨人来进行此项工作，一般的工人是无法胜任此项工作的。画线就是在已经进行过初步加工的材料上，将各构件的尺寸、中线、侧脚、榫卯位置和大小等用墨线标示出来，然后，工人才能按线进行加工。要使整个加工过程能够顺利进行，掌墨人首先要对鼓楼的整体结构有充分的把握，他要十分清楚所画的每个构件所在的位置，只有明确了各构件的具体位置，他才能确定榫卯的方向和形状。特别是转角处的构件更不能错位。画线完毕以后，还必须将位置用竹片标写清楚，以便安装时对号入座，而且这有助于防止漏掉或重复制作构件的发生。

⑤制作构件

本道工序是在画线的基础上，将画过线的材料按要求加工成柱、梁、枋、檩、椽等部件全部制作出来。此道工序是整个木质建筑的重心所在，它耗时最长，约占建筑过程的3/4的时间。

⑥组装

安装就是将已经制作好的各构件——柱、梁、枋、椽、檩等组装起来的过程。在进行此道工序前，首先要对各构件详细检查，确证各部件都按要求制作完毕，没有尺寸不符合的或漏掉未加工的构件。这是检验构件是否精确的时候。如果某些构件制作的不够精确，那么在组装过程中还要花费时间进行整修，这将有碍于组装的顺利进行。

用竹钉将椽子固定在框架上，以便上瓦。

屋顶的装饰，是指鼓楼瓴檐的装饰。装饰图案多是与侗族人民生活息息相关的图案，如牛角、鸟、白瓜（侗族人民非常喜爱的一种蔬菜）等。

经过上述工序，一座雄伟壮观的具有侗族独有特色的、代表着侗族民族性的鼓楼便大功告成，其蕴涵着侗族工匠的智慧和审美观，以及他们对美好生活的憧憬。

1.4 侗族木构建筑习俗

在建筑鼓楼时，首先由风水先生择定黄道吉日，并由掌墨人在主柱上画上第一道线，然后将主柱立起来。在上梁时，会将提前准备好的糯米饼、糖果等小物品从高处撒下来，人们会争先恐后地去抢这些东西吃，表示吉祥。在所有构件全部完工后即鼓楼组装前，侗族工匠要进行祭祖师爷——鲁班的活动。这些活动都是人民追求美好生活的外在体现，他们企求平安、健康的生活的美好愿望。

侗族喜聚族而居，单家独户很少见，侗寨少则几十户，多则上百户。沿溪河建寨是侗族择居的传统习惯。由于侗族是以稻米作为主食的民族，因此水是民族生存与发展的命脉，必须逐水而居。因此，侗寨大部分建在平坝周围或靠水的缓坡上。有的也建在大山里，但居住的地方总有一条溪水和一片稍平缓的土地。

侗寨的布局也显示出审美和实用价值。侗族很注重村寨的环境美化，讲究空间上的立体层次感，对村寨四周山岭上的树木妥加保护，不轻易破坏，成为村寨的绿色屏障。村头寨尾古木参天，郁郁葱葱。这些大树称为风水树，被视作护佑村寨的神物，禁伐忌砍。传统的侗寨以民居、鼓楼、萨坛、戏台、禾仓、禾晾、水井、道路、排水系统等一系列不同功能的建筑和设施组成。寨子周围修筑寨墙或栽植刺丛，以利于防卫。寨墙设有寨门。大寨有好几个寨门，在民间文学中常用“四个寨门八斗六楣”来表示族大兴旺。

2. 客家土楼营造技艺

最新的考古发现表明，四五千年前我国就已经用夯土方法修筑城墙。

夯土造屋早在殷商时代就有了。福建土楼民居的夯土墙正是源于中原地区。令人惊奇的是福建的客家人和闽南人在土楼的建造中把夯土技术提高到无与伦比的水平，创造了夯土建筑的奇迹。

土楼营造工艺精巧，规划构筑考究，充分利用自然空间，合理安排房屋布局，或依山或傍水，使居住的楼屋与自然环境相协调。土楼结构千姿百态，内部空间丰富有序，装饰工艺精湛高超。

2.1 客家土楼的类型

（1）殿堂式围屋

早期的土楼多以生土夯筑而成，永定县现存的不多。它内设上下厅堂、天井、后室、横屋、巷道等。无论是“二堂二横”还是“三堂四横”的殿堂式围屋，中轴线分明，整体呈方形，横屋只有一层或二层。这种酷似中原府第殿堂式的民居，源自黄河流域的传统建筑文化。在河南、陕西等地，文献记载和考古发掘的殿堂建筑和遗址都十分丰富。殿堂式围屋与府第式方楼相比，虽同一渊源，但规模较小，结构较简单，横屋明显高于厅堂、后楼。

（2）五凤楼

屋脊飞檐多为5层叠，犹如展翅的凤凰，故名。其形制与殿堂式围屋和府第式方楼相似，内设厅堂、横屋等（有的没有设中堂，简化成“两堂两横”），但最大区别在于五凤楼前低后高，逐级升高，后侧主楼最高，顶瓦呈层叠式。如若地基为山地斜坡，则楼内厅堂、横屋都随地势而呈阶梯式升高，楼内地面亦呈阶梯形。永定县高陂镇虎岭村的裕隆楼和古竹乡的福裕楼皆属前者。

（3）府第式方楼

“三堂二横”式结构，又称“三堂屋”，建筑平面与五凤楼相似，但一般规模较大，各种设施较齐全，门坪外还筑有围墙。在中轴线上的3座楼房，前低后高，间隔天井，天井两边为厢房。前座楼设前厅，出口为大门，中座楼设中厅，或称大厅，系全楼公共活动中心，后座为主楼，设正堂。中轴线两侧建前低后高的两落横屋，互相对称，横屋的房门均朝中轴线，与“三堂”相呼应。“三堂”与横屋之间分别有一长方形天井，前后以走廊与厅堂连接。前堂大门两侧廊厅分别设一小门作为横屋的进出口。天面为小青瓦汉代九脊屋顶。主楼高，出檐大，主次分明。永定县的“永隆昌”，占地11519平方米，乃两座府第式方楼组合而成的庞大的土楼民居建筑群，主楼高达五六层，共有92个厅、624个房间、144道楼梯、水井7口、晒坪8处，可见其规模之庞大。

（4）**方形楼**

这类土楼在永定县为数最多，结构较简单，或封闭式，或开放式（所有门朝外，店式，一字形）；或正方形，或长方形；或二三层，或四五层；或面阔二三间，或面阔多达十几间；或单独呈“口”字形，或“目”字形。通廊式平面。

（5）**走马楼**

大多倚山而筑，错落有致。形式有一字形、曲尺形、凹字形和回字形，其中凹字形、回字形走马楼系由方形楼演变而成。这种楼以二层楼为多数，一层为卧室、仓库。其有一个共同特点：在二楼的外部以木料架设一条外伸悬空的走廊。这种土楼是永定客家人在南迁过程中吸收了南方土著干栏式民居的优点，创造性地运用中原先进的夯土技术构筑而成的，它能适应山区的复杂地形和多雨潮湿的气候，且简单易建、省工省料。还有一种是依山建造的一字形土楼，在楼正面及左右两侧筑转墙，大门设于围墙一侧，全楼形似锁头，因而被称为“锁头楼”。

（6）**五角楼**

楼体与围墙均随地形而建，呈五角形，不规则；木质窗框、窗栏挑出。此外，永定湖坑镇还有八角楼。这类土楼设计巧妙，形制新颖。

（7）**纱帽楼**

或在溪边的石砌墙上挑出木制挑廊、小木屋，以木板围护，后侧连着高大的土楼；或半圆土楼与方形土楼组合，依地势前低后高。两者形似古代官员的乌纱帽，故名。

（8）**吊脚楼**

多为商业店面，沿街构筑，后傍河流；以木质地板挑出的木楼与前向的土楼连成一体，以木板围护，开窗，悬崖处以木柱支撑。

（9）**圆土楼**

圆土楼又称环形楼，旧时称圆寨，是永定县客家土楼中最出名的一种。有的是一环楼，更多的是二环以上的多环同心圆楼。多环同心圆楼外高内低，楼内有楼，环环相套。据粗略调查，永定县现存的圆楼就有360多座。其中有年代最久、环数最多的承启楼；以富丽堂皇著称的振成楼；直径最长的永福楼；直径最短的如升楼；圆中有方的永康楼和衍香楼；单元式的集庆楼；等等。

客家土楼从整体来看，以三堂屋为中心的五凤楼含有明确的主次尊卑意味，可以肯定，它是汉族文化发源地的黄河中游流域古老院落式布局的延续发展，在其群体组合中，只有轴线末端的上堂屋（主厅）采用了坚厚的夯土承重墙。

方楼的布局同五凤楼相近，但其坚厚土墙从上堂屋扩大到整体外围，十分明显的是防御性大大加强。圆寨，仅就名称而言，已表现出两大特性：一方面，在圆形建筑物中，三堂屋已经隐藏，尊卑主次严重削弱；另一方面，寨就是堡垒，它的防御功能上升到首位，俨然成为极有效的准军事工程。

客家土楼中以圆寨的坚固性最好。圆筒状结构能极均匀地传递各类荷载，同时外墙底部最厚，往上渐薄并略微内倾，形成极佳的预应力向心状态，在一般的地震作用或地基不均匀下陷情况下，土楼整体不会发生破坏性变形。而由于土墙内部埋有竹片、木条等水平拉结性筋骨，即便因暂时受力过大而产生裂缝，整体结构并无危险。

2.2 土楼的建造工序

建一座土楼一般要经过备料、开地基、打石脚、行墙、献架、出水、内外装修这 7 道工序。

（1）备料

①土——由红壤土、添岬泥、老墙泥（瓦砾土）组成的三合土。

②木竹——杉木、少量松杂木、老竹片、竹篾等。

③砂石——河砂、河卵石、山石块。

④石灰。

⑤青砖青瓦。

⑥土纸浆。

（2）开地基（放线、挖槽）

兴建土楼时，先请风水先生选址，选址之后就要具体定位。以圆楼为例，首先要确定的不是圆心，而是正门门槛的位置。随后再用罗盘定出楼的中轴线，即门槛中点与大厅后墙中点的连线，并在轴线的端头立“杨公先师”木桩，即定位的木桩，这样土楼的位置就确定下来了。“杨公先师”木桩，既是中轴线定位的标记，同时又是木匠先师、泥水匠先师的神位。有的地区用竹片代替木桩，上书“鲁班仙师荷叶仙师神位”，并在顶端插金纸做成的“金花”，系上红布条。同时举行开光仪式，杀鸡敬神，以保佑土楼施工过程的平安与顺利。在施工的过程中每天都要烧香，直到完工谢神。

若建造圆楼，根据基地大小和财力物力的可能、所需房间的多少，确定圆楼的规模、层数、间数和半径。再从门槛出发沿中轴线就不难找到圆心。用绳子绕圆心画圆并划分开间，这样圆楼内墙外墙的轴线均可确定了。随之依据基础的宽度画好基槽的灰线，这就是“放线”。

放线之后要选择一个良辰吉日动工挖槽，当地称“开地基”，土楼的基槽根据当地的土质情况，一般挖至老土（硬土），深 0.6 米至 2 米不等。楼基宽度与墙脚基本相同，有的略为放宽一些。基槽也叫基坑，地面以下的石砌基础称大脚坑，地面以上的墙角、腰壁称小脚坑。一般是大脚坑比小脚坑的宽度约大一倍以内，深度则据楼高与地基而定。楼高三层以内的，基坑深 60 厘米左右，干砌一至二路大石就行了。地基不实或易受洪水处，则挖至实处；虚土过深或沙底，若不放弃，则以打松木桩、填巨石等办法固基，或做低地面。

（3）**打石脚**

基槽开挖之后接着垫墙基、砌墙脚，当地称为“打石脚”。垫墙基之前，要在中轴线的后端，大厅后脚的基槽中摆放五块卵石代表“金木水火土”，称“五星石”，其摆放的次序也有讲究，“土”居中，“木”“水”在左，“金”“火”在右，曰金不怕火，水木相容，土生木、木生金。然后将公鸡血滴在“五星石”上，叫作“刮红制刹”。随之楼主发红包、放鞭炮后才可以开始垫墙基。墙基用大块卵石垒砌，卵石必须大面朝下，并用小卵石填塞缝隙。墙基砌平至室外地坪后，开始砌墙脚。

墙脚用河卵石或块石干砌，内外两面用泥灰勾缝。考察现存的土楼可以发现，明代早期的土楼通常不砌石墙脚，台基面以上即为夯土墙，后来才出现土墙外皮贴一层小卵石的墙脚，起到防水作用。只是清代以后的土楼才砌石墙脚，可见其不断总结经验逐步发展的过程。各地区土楼的墙脚高度不一，通常高 0.6 ~ 1 米。有洪水的地区要砌至最高洪水位以上，以避免洪水浸泡土墙发生坍塌。

干砌卵石墙脚也很有讲究：卵石大面要朝下靠稳，并使砌筑面保持向墙中倾斜，这样才能确保墙脚的稳定。同时砌筑时卵石块要大头朝内、小头朝外相互卡住，当地称“勾石”，这样才能保证墙脚砌好后，不容易被人从墙外撬开。这种干砌的方法实际上比座浆砌筑还要牢固，因为干砌石脚不怕水，靠泥浆砌筑的石脚则经不起水泡。同时干砌还能防止毛细管作用，使地下水不至于沿墙脚向上渗透，起到墙身防潮的作用。

在龙岩市的适中镇，由于地势较高，没有洪水的威胁，因此楼脚均用三合土夯筑，上部墙体才改用生土夯筑。

闽南沿海盛产花岗石，所以沿海的土楼常用条石砌墙，有的甚至高一层楼的外墙全部用条石砌筑。

（4）行墙

墙脚砌好后，接着支模板夯筑土墙，俗称“行墙”。行墙前夜要吃动工酒，开始行墙时还要放高升爆竹鞭炮。夯土墙的模板，客家人称为“墙枋”，闽南人称为“墙筛”。模板高约40厘米，长1.5～2米，用5～7厘米厚的杉木板制成。一副模板筑成的一段土墙俗称一版。模板一端支在“墙钉”上，用“墙卡”牢牢地夹在已经夯好的土墙上，另一端由搁在墙上的“墙针”支撑。“墙卡”的构造很简单，两肢呈弧形弯曲的方木（俗称“狗臂”），中间连一横木（俗称“狗颈”），用竹梢固定成“H”形，上臂较长张开如钳子，在其中卡下撑棍，模板就被牢牢夹住。夯完之后只要用木槌把撑棍向上拷起，则“墙卡”松脱，提起侧板中间的麻绳拉手，整个模板就可以搬动前移。模板端头的挡板下开两个小缺口，使竹片墙筋（俗称“拖骨”或“长筋”）能伸出来，使每一“版”土墙之间有很好的拉结。挡板上挂一铅锤，用以检查模板放置的垂直度。无论是方楼还是圆楼所使用的墙枋都为直线形，由于圆楼的直径很大，墙枋长度很短，每层先夯筑成折线形，外墙皮很容易修整成圆形。夯土的工具主要是舂杵，用质地坚硬的杂木加工而成，长约1.6米，两头为长方锥形，端部装铁头，中段收缩成圆棍便于双手握住夯筑。另备硬木制成的“拍板”，用以拍实夯好的土墙侧面，以提高土墙表面的耐水性。另有木制“补板”，是填补墙面小孔洞及修整墙面的工具。还用“墙铲”即带长柄的小铁铲来削去土墙侧面鼓出的不平整部分。

一“版”土墙通常分四层或五层夯筑，称“四伏土”或“五伏土”，每两伏土之间还夹有杉木枝或短竹筋作为“墙筋”，以加强土墙的整体性。

上下层还必须交错夯筑，不能出现通缝。每一层的头一“版”，端部要留斜踏步，以便交圈时搭接成整体。方楼的丁字墙或转角处上下枋要层层错开，内外墙还要同时夯筑。这些都确保了土楼墙身的整体性。

土楼外墙上的木门窗，在夯筑时都要预埋木过梁，完工时窗洞只是先挖小洞供通风采光，待墙体干透后才挖开到要求的尺寸，并安装窗框。一些不马上使用的房间暂时不挖洞。所以不少土楼先后打开的窗洞大大小小，并非整齐划一，显得格外活泼、自由。

（5）献架

每夯好一层楼高的土墙，要在墙顶上挖好搁置楼层木龙骨的凹槽，然后由木工竖木柱架木梁，这一道工序称为“献架”。因为土楼的外墙很结实，可以承载很大的重量，所以大梁的一端直接支撑在外墙上，另一端则支撑在内圈木柱之间的横梁上。柱与柱之间，架上搁置楼板的龙骨，每一开间并排数根龙骨，一端直接插入夯土外墙中，另一端支撑在横梁上，并有部分出挑，用于支撑楼上走廊地面。然后铺上木楼板，用竹钉固定。竹钉事先用热沙子炒过，干燥耐久。安装上木楼梯。

（6）封顶（出水）

大的土楼一年建一层，三四年后建好顶层再封顶，俗称出水。建造屋顶时，先架好木结构的梁架，通常是用穿斗和抬梁接合的方式。然后架檩条、钉望板，再铺屋瓦，用砖压住以免被风刮走，屋顶部分就算完工了。

（7）内外装修

土楼的结构在封顶出水后便告完成，接下来就是内外装修工作。内装修包括铺楼板、装门窗隔扇、安走廊栏杆、架楼梯、装饰祖堂等。外装修包括开窗洞，粉刷窗边框，安木窗、大门，装饰入口，制楼匾、门联，修台基、石阶等。大的土楼一般一年建一层，建了三四年之后封顶，装修又要一年左右，因此一座土楼的建造通常要花上四五年。

3. 苏州香山帮传统建筑营造技艺

中国历史上许许多多令人叹为观止的传统建筑均出自能工巧匠之手，其中最著名的要数苏州香山帮工匠了。北京故宫、天安门、苏州园林等精美绝伦的世界文化遗产，均是以蒯祥、姚承祖等为杰出代表的苏州香山帮匠人，以其超群的建筑技艺完成的惊世杰作。

香山帮工匠擅长复杂精细的中国传统建筑技术，是一个以木匠领衔，集泥水匠、漆匠、堆灰匠、雕塑匠、叠山匠、彩绘匠等传统建筑中全部工种于一体的工匠群体，它起源于春秋战国时期，形成于汉晋，发展于唐宋，繁盛于明清，史书曾有“江南木工巧匠皆出于香山”的记载，他们在长期的实践中形成了各自的“绝活”。自明朝始，以拙政园为代表的苏州园林，以北京故宫博物院、天安门为代表的大型皇家宫殿以及以西藏布达拉宫为代表的寺庙道观等杰出建筑作品，均出自香山帮工匠之手。从匠心独运的苏州古典园林到气势恢弘的北京皇家宫殿，香山帮匠人的精湛技艺传承发展，形成了一个技艺全面、水平精湛、特色鲜明、风格统一的古建筑流派。

3.1 香山帮营造技艺

香山帮工匠技艺精巧，工种繁多，主要有木工、瓦工、石工、漆工和假山工。木工分为“大木”和“小木”。大木是从事房屋梁架建造，指立柱上梁、架檩、铺椽，做斗拱、飞檐、翘角等形成建筑物的骨架，一般现场制作就地安装；小木是指进行门板、挂落、窗格、地罩、栏杆、隔扇、吴王靠等建筑装饰。有时也加工室内装饰如抱柱对、匾额、挂屏、家具等，清代以后又从小木中分化出专门经营木雕的雕花作坊。木雕的工艺流程有：整体规划、设计放样、打轮廓线、分层打坯、细部雕刻、修光打磨、揩油上漆。

除了分工细密外，香山帮工具也是很先进的。例如木匠用的凿子分手凿、圆凿、翘头凿、蝴蝶凿、三角凿五种，而每一种又有若干不同尺寸或角度的凿子。[①]

瓦工分“泥水”和“砖细”。泥水主要是从事房屋的围护，如打桩、铺条石、砌墙、抹灰、铺望砖、上瓦、做檐口、做屋脊、封火墙等；砖细是把砖块当木头来加工，主要是做磨砖、对缝等细活，诸如门宕、窗宕、贴面、漏窗、砖雕额枋、砖雕门楼、砖雕围墙、砖细坐凳栏杆，以及砖塔、砖幢、无梁殿等宗教建筑。

石工分“粗石”和“细石”。粗石匠从事开山采石；细石匠是将荒料加工成材，做成柱子、门槛、地坪、门枕、门楣、台阶、栏杆、侧塘石、露台、井圈、贴面等多种多样的建筑构件，大型的建筑有石桥、石牌坊、石塔、石幢、石屋、纪念碑、石码头等等。

漆工分油漆和彩画。

叠石理水、掇山植树、人工造园是香山帮匠人的特长，并有一支专业队伍称假山匠，虽人数不多但驰名中外，技艺高超，令人叹服。

雕刻是建筑的重要装饰手段，并承载了中华文化。我国传统建筑除了悬梁飞檐、结构嵯峨外，在装饰上极尽雕梁画栋之能事，其中尤以雕刻更为见重。

香山帮的建筑技艺，在土木工程上秉承了中国传统建筑的营造法式，有着浓厚的地方特色，在建筑装饰上则以苏式风格的木雕、砖雕、彩画见长，其木雕工艺精良，向来与浙江金华、东阳木雕并驾齐驱。砖雕在苏州民居建筑中得到了广泛运用和发展。香山匠人的砖雕，以线条蜿蜒有力、形象生动传神、风格柔顺秀逸、图案寓意吉祥、情趣雅俗兼备、刀法洒脱而著称于世。

香山帮传统建筑营造技艺被誉为苏式建筑的杰出代表，它将建筑技术与建筑艺术融为一体，是中国古代建筑业的重要流派。

---

① 崔晋余：《苏州香山帮建筑》，中国建筑工业出版社 2004 年版，第 30 页。

虎丘“断梁殿”建筑技术采用了菩萨顶、棋盘格、琵琶吊、斗拱等工艺。虽然是对接了两段栋梁，但仍然十分坚固，反映了香山帮建筑特点：矩形构架系统，每一个部件的构形和部件之间都是木与木的连接，其刚度全靠榫卯接合，不用一钉一铁，既精巧美观，又十分稳固。

开元寺的无梁殿是江苏省现存五座无梁殿中制作最精的一座。建于明万历四十六年。以磨砖嵌缝纵横拱券结构，不用木构梁柱檩椽，故习称无梁殿。整座殿阁宏伟庄重，故有“结构雄杰冠江南”之誉。在数百年前能造这样的无梁殿，充分表明香山工匠的高超建筑技艺。

3.2 香山帮名匠录

香山帮历代能工巧匠、名师辈出。春秋时期，香山帮工匠就参与了阖闾大城和吴王宫室的建设。其中的阖闾大城“郭周匝六十八里六十步，大城周匝四十七里二百一十步”。而吴王宫室中，单是姑苏台就“三年聚材，五年乃成，高见二百里”，而且“巧工施校，制以规绳，雕治圆转，刻削磨砻，分以丹青，错画文章，婴以白璧，镂以黄金，状类龙蛇，文彩生光”，其雕刻之精美，可见一斑。“吴之辟疆园，在昔胜概敌”（陆龟蒙）和“池馆林泉之胜，号吴中第一”（范成大）所描述的，都是香山帮工匠在晋时建设的苏州最早园林辟疆园。

“人稠过扬府，坊闹半长安”和“处处楼前飘管吹，家家门外泊舟航”（白居易）都是唐时苏州城市风貌的写照，如此繁华的胜景，自然离不开香山帮工匠们的妙手。苏东坡在《灵碧张氏园亭记》中曾感叹“华堂夏屋，有吴蜀之巧”，盖因如此，北宋末年，宋徽宗为营造园囿，专门在苏州设应奉局，征调吴郡工匠，这其中就有许多香山帮工匠。南宋绍兴年间，香山帮工匠们重建的齐云楼“轮奂雄特，不惟甲于二浙；虽蜀之西楼，鄂之南楼、岳阳楼、庾楼，皆在下风”（范成大）。

明朝是香山帮建筑的鼎盛时期，以蒯祥父子为代表的香山帮工匠们承担了承天门（天安门）、紫禁城三大殿以及乾清宫和坤宁宫的建设，后来又负责了十三陵之一明裕陵的建设。这些工程中，香山帮工匠们将他们的智慧发挥到极致，为我们留下了一份宝贵的遗产。此外，苏州园林更是历代香山帮匠人呕心沥血、薪火相传的杰作。事实上，不但苏州园林，江南一带的许多古典园林的建造都有香山帮匠人的参与。

但是，由于中国传统社会中“道器相分”，绝大多数的能工巧匠被湮没遗忘。清末王莘林对此曾不无感慨地说道：“香山广袤不过十余里，包罗万象，代有传人。固山川灵秀所钟，然不得山人纪述而表章（彰）之。”（见《香山小志·序》）因为在封建史学家看来，只有那些在“齐家、治国、平天下”舞台上登场亮相的角色，才能载入正史，就连设计建造北京明故宫的蒯祥在《明史》中也只字未提，即使在方志、谱乘、笔记中，对香山帮匠人也记载甚少。

（1）“蒯鲁班”——蒯祥

蒯祥（1398—1481年），字廷瑞，香山渔帆村人，出生于当地乡间的一个木匠世家，祖父蒯思明和父亲蒯福都是技艺精湛、闻名遐迩的木匠师傅，父亲蒯福在明代初年曾主持金陵（今南京）皇宫的木作工程，因他“能大营缮，永乐中为木工首”（《皇明通纪·坚瓠集》），故在当时的建筑工匠中颇有声望。由于明代户籍实行的是“世袭制”，不得脱籍，所以蒯祥子承父业，长大后也像父亲一样成为木匠。蒯祥聪明伶俐，心灵手巧，好学肯钻，受家庭的熏陶，从小就有志于建筑工艺，年幼时即秉袭祖业，随父学艺。据传，蒯祥16岁时便“能主大营缮”，享有“巧匠”美誉。

明永乐十五年（1417年），蒯祥随父应征到北京参加紫禁城的皇宫建设，因其技艺超群、勤劳肯干，三年后即被升为工部“营膳所丞”（相当于现在的总设计师兼工程师），成为统帅各匠的首领，设计并直接指挥明宫城的营建工程，对于蒯祥的建筑造诣，当时就有极高评价，同行叹其技艺如鬼斧神工，皇帝也每每以“蒯鲁班”称之。

永乐十九年至二十年（1421—1422年），紫禁城里的奉天、华盖、谨身三大殿和乾清宫被两场大火烧为灰烬。正统元年（1436年），明英宗登基下诏修复，蒯祥被任命为设计和施工总监，历时四年，三殿两宫全部竣工，史志上记载，他“自正统以来，凡百营造，祥无不予”；“正统中，重作三殿及文武诸司，效劳尤多”（转引《苏州史话》）。正统年间，他领导了五府、六部衙署和御花园的建设，京城中文武诸司的营建也大多出于他手，他还亲自主持明十三陵中的裕陵建造。蒯祥奠定了明清两代宫殿建筑的基础，他技艺娴熟，出神入化，朝廷为表彰他的杰出贡献，特地将他的像画在了《宫城图》上。

蒯祥的建筑技艺在当时已达到了炉火纯青、巧夺天工的程度，史志记载：“永乐间，召建大内，凡殿阁楼榭，以至回廊曲宇，（蒯）祥随手图之，无不称上意。”（康熙《苏州府志》）他精通尺度计算，能“目量意营，准确无误；指挥操作，悉中规制”；“每宫中有修缮……（蒯）祥略用尺准度，若不经意；既造成，以置原所，不差毫厘。指挥群工，有违其教者，辄不称旨”（乾隆《吴县志》）。可以说，在每项工程施工前，蒯祥都作了精确的计算，工程竣工之后，位置、距离、大小尺寸与设计图分毫不差，可见其对几何原理掌握得相当娴熟。

同时，他的榫卯技巧在建筑上亦有独到之处。中国古代的建筑大多是木结构，其关键在于主柱和横梁之间的合理组合。蒯祥不论在用料还是在施工等方面都精心筹划，营造的榫卯骨架都接合得十分准确、牢固，他还善于创新，发明了宫殿、厅堂建设中的“金刚腿”（俗称“活门坎”）。在北京皇宫府第的建筑中，蒯祥还将江南的建筑艺术巧妙地运用上去，他采用苏州彩画、琉璃金砖，使殿堂楼阁显得富丽堂皇。

当时与蒯祥一同参加北京宫城营建并作出较大贡献的香山匠人，还有石匠出身的陆祥、泥水匠出身的蔡某（佚名），陆氏也官至工部，蔡某官至尚宝司丞。

（2）“一代宗师”——姚承祖

近现代香山帮匠人的佼佼者有贾钧庆、姚承祖。

贾钧庆（1861—1954 年），香山小横山村人。出身于工匠世家，父亲贾耕年就是位巧木匠，贾钧庆聪明伶俐，光绪十年（1884 年），23 岁的他便独当一面设计营造上海天妃宫（原在上海河南路桥，1975 年移作松江方塔公园大殿）。他一生在江南大地建造过许多建筑。著名古建筑学家、园地专家陈从周先生曾专门撰文介绍，称他是“香山建筑的传人”。其儿子贾林祥继承父艺，代表作有苏州民冶路皇宫牌楼。

姚承祖是继蒯祥之后最有名的“香山帮”建筑大师，被誉为“江南耆匠”“一代宗师”。他生于清同治五年（1866 年），卒于 1938 年，香山墅里村人，出身于木匠世家，祖父姚灿庭不仅建筑技艺高超，而且善于总结经验，曾著有《梓业遗书》。姚承祖 11 岁便随叔父姚开盛到苏州城的开盛营造厂学木匠，不到 20 岁即在同行中崭露头角，后被推为苏州鲁班协会会长。他终年营建成于乡郡，一生设计建造的厅堂馆所、亭台楼阁、寺院庙宇不下百幢，现存的有光福邓尉香雪海梅花亭、木渎灵岩山寺大雄宝殿、木渎严家花园、苏州怡园主体建筑藕香榭、苏州人民路补云小筑等，都堪称是香山帮的杰作。

姚承祖是现代香山匠人中最早重视工匠教育的匠师，也是香山帮工匠中第一个走上高校讲台讲授建筑学的工匠。1912 年，他积极倡导成立苏州鲁班协会，将工匠组织起来，互相研究切磋技艺，以提高工匠本领与整体素质，并担任协会会长。他深感绝大多数工匠由于不识字，没有文化，因循守旧，墨守成规，缺乏创新精神，妨碍建筑技艺的传播和事业的发展，于是他在苏州最热闹繁华的观前街玄妙观旁开办梓义小学，在家乡创办墅峰小学，免费招收建筑工匠子女入学读书。 姚承祖匠艺高超，对香山帮传统古典建筑颇有研究，造诣较深，曾被邀请去苏州工业专科学校建筑工程系讲授建筑学，深受学生欢迎和赞扬。从 20 世纪 20 年代起，他就根据祖上家藏秘笈和图册，以及自己在苏州工业专科学校的讲稿，整理成《营造法原》一书。此书集中了历代香山匠人的营造经验之精华，也是唯一记述江南地区代表性建筑做法的专著。著名建筑学家刘敦桢先生称它“是南方中国建筑之唯一宝典”。其后裔世业其艺。

（3）“代代相传”——香山巧匠

民国以来，香山匠人中的能工巧匠有东山春在楼（俗称雕花大楼）的建造者陈桂芳、陈庆梁父子，史洪祥、史云芳父子，朱永祥；领导营建上海玉佛寺的蔡礼卿、钟春芳；浙江湖州南浔庞氏宜园的设计建造者顾祥甫；建造苏州观前街小公园楼馆的王子祥；上海市博物馆古建筑顾问徐文达；整修苏州北寺塔、虎丘塔和常州文笔塔的柳和生、陆文安；苏州东园六角亭（后移入拙政园）的郁安卿；等等。其中，顾祥甫与贾林祥是师兄弟，其主要建筑除南浔宜园外，还有苏州大学六角花篮亭、上海和平公园旱船等。经贾林祥介绍认识陈从周教授，后到上海同济大学建筑系工作，专门做“香山帮”古建筑模型，曾有“北有样子雷，南有顾祥甫”之誉。陈从周先生曾说：贾林祥、顾祥甫“两位都是名匠，我对他们事之如师，的确学到了很多东西”。

香山匠人代代相传，曾出现了许多建筑世家，除前面已经提及的外，还有梅舍村的李家，西庄村的徐家，小横山村的姚家、张家、贾家，蒋墩村的朱家等都以小木作著称；清明村的钟家则是叠山世家，其后裔钟如锦，20多岁就以叠假山出名，民国初年曾负责苏州怡园、狮子林假山的修缮工程。

4. 建筑世家样式雷

清代宫殿、都城、坛庙、陵寝、苑囿、府邸、衙署等国家建筑工程，按成例需由管理各工程事务的内务府、工部或钦派工程处等衙门，统领其所属设计机构——“样式房”的专职匠人，制作“画样”“烫样”“样式”

等，经皇帝钦准后支取工料银两，招商承修。这些从事建筑设计的专职匠人，通常被称为“样子匠”。“终清之世，最有声于匠家”的样子匠，莫不出自被人们誉为“样子雷”或“样式雷”的雷氏家族。

清代承担宫廷建筑设计的是七世世袭的“样房”雷氏家族，人称“样式雷”，他们制作的建筑模型称为“烫样”，图纸称为“画样”，工程说明书称“工程做法”。

在17世纪末年，一个南方匠人雷发达来北京参加营造宫殿的工作。因为技术高超，很快就被提升担任设计工作。从他开始一共七代直到清朝末年，主要的皇室建筑如宫殿、皇陵、圆明园、颐和园等都是雷氏负责的。这个世袭的建筑师家族被称为“样式雷”。

样式雷祖籍江西永修，从第一代样式雷雷发达于康熙年间由江宁来到北京，到第七代样式雷雷廷昌在光绪末年逝世，雷家有七代为皇家进行宫殿、园囿、陵寝以及衙署、庙宇等设计和修建工程。因为雷家几代都是清廷样式房的掌案头目人（用今天话说就是首席建筑设计师），即被世人尊称为“样式雷”，也有口语话“样子雷”的叫法。

雷发达在很长时间内被认为是样式雷的鼻祖。在样式雷家族中，声誉最好、名气最大、最受朝廷赏识的应是第二代的雷金玉。他因修建圆明园而开始执掌样式房的工作，是雷家第一位任此职务的人。康熙在《畅春园记》里曾经提到他非常牵挂一位杰出的匠师，即指雷金玉。

样式雷的设计事务贯穿清代皇家建筑工程的全过程，包括相地，勘测，完成总体规划、建筑设计和施工设计，以及装修陈设等设计，制作画样、烫样并编制施工设计说明的《工程做法》等；施工中还要参与抄平、灰线、放样，并适时制作工程进展及竣工实况的画样及说帖等等。这些事务，均由样式房的样子匠在钦差承修王大臣及辖官监督下完成。

第一是进行选址与总体布局。在开工前，样子匠随同有关官员和风水师进行现场勘查，确定基址并开展相应的建筑规划设计。选址的主要依据是中国古代的风水理论。其中，样子匠要丈量地势规模，绘出诸如《风水地势丈尺图》《山向定点穴图》等画样，然后将勘测结果精工绘制，贴签具说，进呈御览，样式房匠师也留底作为日后规划设计的基础。

待建筑基址及规制得到皇帝许可后，样子匠要在承修官督领下，按基址山势水形和典制要求，推敲各单体及组群布局，构思多个比较方案，还要参考以往设计资料，或测绘相关建筑实物。各方案经过再三推敲，精工绘制画样，并将建筑规模丈尺做法等详细注说，进呈皇帝御览和定案。

建筑组群的平面布局，通常都按照“百尺为形，千尺为势”的传统风水理念展开。如故宫太和殿中轴线两侧的距离分别是 100 尺。相关建筑的方案设计，多在复勘基址时现场酌拟，由承修大臣带同样式房匠人、算房算手及风水官员等，详细测量基址平面及高程尺寸，确定待修建筑从各单体直到总体布局的规模和形制。 对于陵寝建筑，还要详定穴位和山向，以穴中为基准控制点而展开建筑总平面及竖向设计。

第二是平格。在选址和酌拟设计方案时，要进行“抄平子”，即地形测量，用白灰从穴中即基址中心向四面画出经纬方格网，方格尺度视建筑规模而定。然后测量网格各交点的标高，穴中标高称为出平，高于穴中的称为上平，低于穴中的称为下平。最终形成定量描述地形的图样则称为“平格”。由此可推敲建筑平面布局或按相应高程图“平子样”作竖向设计。

由于经纬格网采用确定的模数，平格可简化为格子本，甚至仅记录相关高程数据即可，这就为数据保存和应用提供了极大方便。今天工程图中仍然用类似的方法表达土方工程量。

第三是制作烫样。所谓“烫样”，是指按照实物比例缩小，用草纸板、秫秸、油蜡和木料等材料加工制作的模型，因制作工艺中有一道熨烫工序，故称烫样。

在程序上，制作烫样是各项建筑设计的关键步骤。刘敦桢先生指出：“中国古代建筑设计的方式，在汉朝初期已有图样。到公元 7 世纪初，隋朝使用1%比例尺的图样和模型，且往往将中央政府所定式样，颁送各地区按图建造。一直到清朝还保持着这一优良传统，以图样和模型相结合，在三度空间内研究建筑设计，在此过程中，制作烫样模型是非常关键的步骤，需要恭呈皇帝御览，钦准后才能据此绘制施工设计画样，编制《工程做法》（即设计说明），以及核算工料钱粮。”

烫样与图纸、做法说明一起完成古建筑设计，而三者各有分工侧重。烫样则侧重于建筑的结构和外观以及院落和小范围的组群布局，并包括彩画、装修和室内陈设，因而是当时建筑设计中的关键步骤。又由于烫样的制作是根据建筑物的设计情况按比例制作的，并标注明确的尺寸，所以它可以作为了解当时建筑情况的主要依据，可弥补官书和实物资料的不足。

从形式上看，样式雷烫样包括三种类型：一种是全分样，即组群建筑烫样，以多座单体建筑或山石水系组成院落或景区，表现的是建筑的总体布局和周围环境的整体规划。由于它注重的是大效果，因此在组群建筑中注重整体空间及单体建筑的外部形象，而简化了对内部状况的描绘。另一种是个样，即单座建筑烫样，它展示的是重要单体建筑自外到内的形制彩画、

图202　圆明园思顺堂后殿烫样

建筑尺寸及其主要构造层次，可逐层开揭观览，内部情况和设计意图一目了然。还有一种是细样，主要表现局部性的陈设装修，细节的描绘更是细腻逼真（图 202）。

不论是全分样、个样还是细样，每组烫样上都贴有黄色标签，上面注明了建筑的名称、各部位的尺寸以及工程做法说明，记述详细清楚。从“夹陇捉节，刷浆见新”“檐头糟朽，挑换椽望”等标签的内容上可知，不仅新建建筑需要制作烫样，修缮工程也要做出烫样，说明建筑残坏程度、所修部位和做法，也要得到皇帝的钦定方可动工。

遵照钦准的建筑规制制作烫样，事先要由设计主持人按样揭看层次等，将烫样分件及组合进行设计，绘制分件制作草图及直观表现图。其中分件制作草图用于样式房内部，安排样子匠依样制作；直观表现图则在烫样完成前，供钦工处承修大臣及管理官员等审阅。这些草图只属工程部门内部使用。烫样呈送时，烫样层次及揭看次序由样子匠缮具并随烫样一并呈递。

第四是进行施工设计。依据钦准烫样进一步展开的事务，一要估工算料，作出工程经费预算即勘估，二要完成施工设计，包括整个建筑工程从总体、单体、细部到各结构构造层次详明的施工设计图，还要将这些画样大量复制，交付承修王大臣及督工官员，招商依样承修。工程由多家厂商分包时，各项目和相应地段划分还要绘制所谓分修地盘图，以利组织管理。为指导施工，严格贯彻建筑设计意图，确保质量，样子匠还要完成抄平子样、平子合溜尺寸样、刨槽均深尺寸样、安活地盘砌墩抄平掸线样等多种施工图。

在营建过程中，钦工处设在工地的办事机构即工次档房，也设有样式房和算房，样子匠到工听差，随工程进展办理有关事务，合同督工官员、算手并承包商工头等具体指导施工。此外，原设计凡属考虑未周、遇有不测情况或相关技术问题，又须制定设计修改方案或补充设计。此外，工程中还常因帝后意向变化而要裁撤或添加项目、改变结构构材或工艺，每遇此，也要完成相应设计，绘图贴说呈准后实施。这样，在设计事务中，又常有设计变更和添修工程等画样的制作。

对于规模大、工期长、技术复杂、质量要求高的建筑工程，由于承修厂商及协同工种众多，为及时掌握并控制和协调工程进展，样式房匠人则要据此将工程各阶段的进展情况分别绘制成形象直观的透视图，称为《已做现做活计图》，附以清单或说贴，按时呈送皇帝过目。完工后，按例应专门绘制相应的《竣工图》，进呈御览并存档宫中。

直至清代末年，雷氏家族有6代后人都在样式房任掌案职务，负责过北京故宫、三海、圆明园、颐和园、静宜园、承德避暑山庄、清东陵和西陵等重要工程的设计。像这样一个传承不辍的优秀建筑世家，设计出规模如此浩大、类型如此众多、技艺如此卓绝的不朽杰作，不但在中国，就是在世界建筑史上，都堪称无与伦比的奇迹。

5.《鲁班经》与中国传统木工厌胜

《鲁班经》原名《工师雕琢正式鲁班木经匠家镜》或《鲁班经匠家镜》，午荣编，成书于明代。与《营造法式》不同，其编制目的不是控制建筑造价而是一本民间匠师的业务用书。全书有图一卷，文三卷。《鲁班经》介绍行帮的规矩、制度以至仪式，建造房舍的工序，选择吉日的方法，说明了鲁班真尺的运用；记录了常用家具、农具的基本尺度和式样；记录了常用建筑的构架形式、名称，一些建筑的成组布局形式和名称等。

我国古代的建筑技术，正史很少记载，多是历代匠师以口授和抄本形式薪火相传。由匠师自己编著的专书甚少。宋初木工喻皓曾作《木经》，但早已失传，只有少量片断保存在沈括的《梦溪笔谈》里。唯独明代的《鲁班经》是流传至今的一部民间木工行业的专用书，现有几种版本，具有重要的史料价值。这部书的前身，是宁波天一阁所藏的明中叶（约在成化、弘治年间，1465 ~ 1505 年）的《鲁班营造法式》，现已残缺不全。它的特点是在内容上只限于建筑，如一般房舍、楼阁、钟楼、宝塔、畜厩等，不包括家具、农具等。编排顺序比较合乎逻辑，先论述定水平垂直的工具，一般房舍的地盘样及剖面梁架，然后是特种类型建筑和建筑细部，如驼峰、垂鱼等。另外，插图较多，与文字部分互为补充，且保存了许多宋元时期的手法。天一阁本之后一百多年的万历本，更名《鲁班经匠家镜》。内容和编排有较大的改动，但缺前面二十一页篇幅。稍晚，根据万历本翻刻的明末（崇祯）本，首尾完整，可以看到本书全貌。之后的翻刻本，都是从万历本或崇祯本衍出。《鲁班经》的主要流布范围，大致在安徽、江苏、浙江、福建、广东一带。现存的《鲁班营造正式》和各种《鲁班经》的版本，多为这一地区刊印。这一地区的明清民间本构建筑以及木装修、家具，保存了许多与《鲁班经》的记载吻合或相近的实物，证明它流传范围之广，以及在工程实践中的规范作用。

中国传统观念认为人和天地万物之间存在和谐共生的关系，因此人类的建造活动必然会对天地万物产生影响。同时，人类建造活动的产物——建筑也构成了人类自身生活的环境。这个环境将会左右生活于其间的人的命运。因此，建造活动的参与者——木匠就具有了一种能够执掌人吉凶的力量。《鲁班经》就有大量篇幅教人如何获得这种力量以及运用这种力量的技巧。这被称为“厌胜”。

“厌胜”意即“厌而胜之”，系用法术诅咒或祈祷以达到制胜所厌恶的人、物或魔怪的目的。人们平常生活中也时常能见到一些厌胜物，像雕刻的桃版、桃人、玉八卦牌、玉兽牌、刀剑、门神等等。“厌胜之术”又称魇镇之术，意思为“以诅咒厌伏其人”，是一种流传已久的巫术行为，无论是宫廷还是民间，都有人利用它来加害他人。如果哪一户人家被用了“厌胜之术”，轻则家宅不宁，时有损伤或惹上官非；重则患上恶疾，遇上灾劫，孩童夭折，甚至会家破人亡，是一种非常恶毒的诅咒。当然“厌胜之术”有恶也有吉，因人而异，因事而异。

《鲁班经》中的二十七条关于厌胜术的资料、所用的物品称之为“镇物”，其方法五花八门，不过并非全部都是用来害人的。在二十七条中，其中有十条能帮助居住者的家宅兴旺，甚至加官晋爵，坊间称之为“吉祥厌胜”。比如将一只小船藏于房屋的斗（楹柱和横梁间连系的木块）中，如船头朝内，会有利居住者的财运；朝外则有反效果。

据说因为古时的工匠地位低微，很多无良雇主会对其肆意欺压，克扣工钱，当他们感到深深不忿时便会在施工期间以“厌胜”术进行报复，在屋内埋藏一些称之为“镇物”的物品。比如将一个披头散发的女鬼图藏于柱中，居住者便会有死丧；将一个小棺材藏在正厅（堂屋）的枋柱内，会克死居住者；等等。

民间传说《鲁班经》非常神奇，每次阅读之前必须沐浴更衣，焚香叩头才可开卷阅读。而要学习书中的法术，则必然会使学习者或其家庭成员遭遇不测，因此《鲁班经》又被称作“缺一门”。

应当说木工厌胜术是特定历史条件下的产物，工匠阶层为了保护本团体的利益，有意制造神秘气氛，使人相信本团体有执掌吉凶的技巧。同时，随着民间文学的流传和渲染，这种技巧更加神乎其神。种种传说在演变的过程中常常与当时当地的民俗民风紧密结合，从而形成它的“合理的解释”，即所谓的“传说合理化”，于是增加了它的可信程度。随着社会的发展、科学的进步和文化的提高，也随着现代生活方式的快节奏和多样化，人们的迷信观念、鬼神观念也日趋淡薄，信仰方式也不断简化。更重要的是建造活动的参与者已经不再是靠血缘或亲缘结合起来，用口耳相授方式传输技巧的木工团体，取而代之的是用现代企业制度组织起来的无数拥有现代科学知识和科学精神的人。同时，保障企业和工人利益的法律制度也日趋完善。因此流传了几千年的木工“厌胜之术”失去了其赖以存在的土壤，开始逐渐淡出历史舞台，只作为一种历史现象而存在了。

结语

在前面的章节中我们一起了解了中国传统建筑中城市的严整、宫殿的辉煌、民居的亲切、寺庙的庄严、园林的委婉以及能工巧匠的鬼斧神工。中国传统营造技艺正在随着时间的推移和现代技术的发展而逐渐消亡。从某种角度来说，这种消亡是一种历史的必然。因为用现代的技术和工艺确实能够大幅提高效率。然而，历史的必然是否只能被消极地接受？答案当然是否定的。就像人类的灭亡也是历史的必然，但所有的人都不会坐以待毙，仍在运用人类的智慧创造属于人类光辉的未来一样，仍然有很多人致力于保护人类的非物质文化遗产，包括中国传统营造技艺。保护中国传统营造技艺不是为了让读者依据本书内容去亲手实践中国传统营造技艺，也不仅仅是为了激发民族自豪感，而是为了保持文化多样性。

2005 年 10 月第 33 届联合国教科文组织大会上通过的《保护和促进文化表现形式多样性公约》中，“文化多样性”被定义为各群体和社会借以表现其文化的多种不同形式。这些表现形式在他们内部及其间传承。文化多样性不仅体现在人类文化遗产通过丰富多彩的文化表现形式来表达、弘扬和传承的多种方式，也体现在借助各种方式和技术进行的艺术创造、生产、传播、销售和消费的多种方式。文化多样性是人类社会的基本特征，也是人类文明进步的重要动力。

中国传统文化作为众多文化形态之一，依赖无数文化载体才能存在。营造技艺只是无数文化载体中的一个。

在本书的编写过程中，研究生王春、黎扬琴同学为收集资料进行了大量工作，在此一并致谢！

由于著者水平所限，书中错讹之处还请大方之家批评指正！

2011年于北京

参考文献

[1] 赵广超 . 不只中国木建筑 [M]. 上海：上海科学技术出版社，2001.6.

[2] 臧尔忠 . 古建文粹 [M]. 北京：中国建筑工业出版社，2006.10.

[3] 王其钧 . 华夏营造——中国古代建筑史（第五版）[M]. 北京：中国建筑工业出版社，2005.8.

[4] 潘谷西，何建中 . 营造法式解读 [M]. 南京：东南大学出版社，2005.11.

[5] 楼庆西 . 中国古建筑二十讲 [M]. 北京：生活 • 读书 • 新知三联书店，2001.9.

[6] 张良皋 . 匠学七说 [M]. 北京：中国建筑工业出版社，2002.3.

[7] 潘谷西 . 中国建筑史（第五版）[M]. 北京：中国建筑工业出版社，2004.1.

[8] 王其钧 . 中国古建筑语言 [M]. 北京：机械工业出版社，2007.1.

[9] 张驭寰 . 中国古代建筑文化 [M]. 北京：机械工业出版社， 2007.1.

[10] 罗哲文，王振复 . 中国建筑文化大观 [M]. 北京：北京大学出版社，2001.1.

[11] 陶振民 . 中国历代建筑文萃 [M]. 湖北：湖北教育出版社，2002.8.

[12] 张复合 . 建筑史论文集（第 11 辑）[M]. 北京：清华大学出版社，1999.9.

[13] 中国土木建筑百科辞典编委会 . 中国土木建筑百科辞典 • 城市规划与风景园林 [M]. 北京：中国建筑工业出版社，2005.1.

[14] 刘敦桢．中国古代建筑史 [M]. 北京：中国建筑工业出版社，2005.12.

[15] 李允鉌．华夏意匠 [M]. 天津：天津大学出版社，2005.5.

[16] 陈植．园冶注释（第 2 版）．北京：中国建筑工业出版社，1988.

[17] 张驭寰，郭湖生等．中国古代建筑技术史 [M]. 北京：科学出版社，1985.

[18] 梁思成．梁思成全集（第五～八卷）[M]. 北京：中国建筑工业出版社，2001.4.

[19] 梁思成．中国建筑史 [M]. 天津：百花文艺出版社，2002.5.

[20] 白寿彝．中国通史（第 1 ～ 18 卷）[M]. 上海：上海人民出版社，1999.4.

[21] 中国大百科全书编辑部．中国大百科全书（第三版）[M]．北京：中国大百科全书出版社，2004.7.

[22] 丁万明．中华文化 5000 年 [M]. 北京：九洲图书出版社，1998.2.

[23] 孙大章．中国古代建筑史话 [M]. 北京：中国建筑工业出版社，1987.12.

[24] 张之恒，周裕兴．夏商周考古 [M]. 南京：南京大学出版社，1995.1.

[25] 王力．中国古代文化常识图典 [M]. 北京：中国言实出版社，2002.6.

[26] 史仲文等．百卷本中国全史（2）——中国远古暨三代习俗史 [M]. 北京：人民出版社，1994.

[27] 龚书铎等．中国社会通史（第一～六卷）[M]. 山西：山西教育出版社，1996.12.

[28] 罗西章，罗芳贤．古文物称谓图典 [M]. 西安：三秦出版社，2001.6.

[29] 赵安启 . 史记与中国古代建筑文化 [M]. 陕西：陕西人民教育出版社，2000.9.

[30] 李浈 . 中国传统建筑形制与工艺 [M]. 上海：同济大学出版社，2006.3.

[31] 黄雨三 . 古建筑修缮维护 • 营造新技术与古建筑图集 [M]. 安徽：安徽文化音像出版社， 2003.10.

[32] 李浈 . 中国传统建筑木作工具 [M]. 上海：同济大学出版社，2004.1.

[33]（宋）李诫 . 营造法式 [M]. 北京：人民出版社，2006.9.

[34] 潘谷西，何建中 . 营造法式解读 [M]. 南京：东南大学出版社，2005.11.

[35] 路玉章 . 古建筑木门窗棂艺术与制作技艺 [M]. 北京：中国建筑工业出版社，2008.1.

[36] 全实，程建军. 风水与建筑（上册）[M]. 北京：中国建材工业出版社，1999.5.

[37] 覃力 . 古建筑文化图说——说门 [M]. 山东：山东画报出版社，2004.6.

[38] 李玉祥 . 中国古镇图鉴 [M]. 陕西：陕西师范大学出版社，2003.9.

[39] 林洙 . 中国古建筑图典 [M]. 北京：北京出版社，1994.4.

[40] 张驭寰 . 中国古建筑装饰讲座 [M]. 安徽：安徽教育出版社，2005.12.

[41] 路甬祥，乔十光 . 中国传统工艺全集——漆艺 [M]. 郑州：大象出版社，2004.8.

[42] 陈鹤岁 . 汉字中的古代建筑 [M]. 天津：百花文艺出版社，2005.1.

[43] 崔晋余 . 苏州香山帮建筑 [M]. 北京：中国建筑工业出版社，2004.12.

[44] 陈明达 . 古建筑与雕塑史论 [M]. 北京：文物出版社，1998.12.

[45] 陆玉章 . 古建筑砖瓦雕塑艺术 [M]. 北京：中国建筑工业出版社，2002.2.

[46] 郭黛姮 . 中国古代建筑史（第三卷）：宋、辽、金、西夏建筑 [M]. 中国建筑工业出版社，2003.9.

[47] 韦明铧 . 古建筑文化图说——说台 [M]. 山东：山东画报出版社，2005.4.

[48] 程国政 . 中国古代建筑文献精选（先秦—五代）[M]. 上海：同济大学出版社 , 2008.1.

[49] 尹力 . 古建筑文化图说——说墙 [M]. 山东：山东画报出版社，2005.4.

[50] 中山大学中国非物质文化遗产研究中心 . 中国非物质文化遗产（第 9 辑）. 广东：中山大学出版社，2005.12.

[51] 黄汉明．福建土楼——中国传统民居的瑰宝 . 北京：生活·读书·新知三联书店，2003.10.